U0309114

作者简介

王文斌，男，汉，1968年4月28日，河北省石家庄市鹿泉区，本科，中国地质大学（北京），水文工程地质高级工程师。现就职于河北省水文工程地质勘查院，任副院长，研究方向：水文、工程、地质、环境生态。

水利水文工程与生态环境

王文斌 著

吉林科学技术出版社

图书在版编目（CIP）数据

水利水文工程与生态环境 / 王文斌著. -- 长春：吉林科学技术出版社，2018.10（2024.8重印）
ISBN 978-7-5578-5171-2

Ⅰ. ①水… Ⅱ. ①王… Ⅲ. ①水资源—资源开发—水利工程 Ⅳ. ① TV213

中国版本图书馆 CIP 数据核字 (2018) 第 239452 号

水利水文工程与生态环境

著　　王文斌
出 版 人　李　梁
责任编辑　孙　默
装帧设计　陈　磊
开　　本　787mm×1092mm　1/16
字　　数　200千字
印　　张　13.25
印　　数　1-3000册
版　　次　2019年5月第1版
印　　次　2024年8月第3次印刷

出　　版　吉林出版集团
　　　　　吉林科学技术出版社
发　　行　吉林科学技术出版社
地　　址　长春市人民大街4646号
邮　　编　130021
发行部电话/传真　0431-85635177　85651759　85651628
　　　　　　　　　85677817　85600611　85670016
储运部电话　0431-84612872
编辑部电话　0431-85635186
网　　址　www.jlstp.net
印　　刷　三河市天润建兴印务有限公司

书　　号　ISBN 978-7-5578-5171-2
定　　价　98.00元
如有印装质量问题　可寄出版社调换
版权所有　翻印必究　举报电话：0431-85659498

前　言

随着经济和社会的发展，人们对河流的开发利用程度越来越大。水利水文工程在实现防洪、发电、航运和供水效益的同时也改变了天然河流的生态系统，影响了河流的生态环境，打破了河流的连续性，威胁了河流的水生生物生存。保护和恢复健康的河流生态系统，实现人与河流和谐发展，是水利水文工程建设和调度的新思路。研究筑坝对河流的影响，有利于更正确地认识和了解河流生态环境问题，更好地维持河流生态系统的健康生命，从而实现人水和谐，这具有重要的理论和现实意义。

现在水利水文事业发展方向是变工程水利为资源水利，而生态环境又是经济、社会持续稳定发展的基础。在进行水利水文工程项目的规划、设计、施工及管理运行中，生态环境问题必须引起足够的重视，并以科学、严肃、认真的态度予以深入研究、探索。水资源的开发利用应当在充分考虑水资源的生态功能、环境功能和景观功能等综合的开发模式下进行，真正体现生态效益、经济效益和社会效益的统筹兼顾，必须将环境影响评价作为水利水文工程建设中必不可少的组成部分，通过进行科学的环境影响评价，可以尽早对水利水文工程所造成的生态环境影响采取必要的措施，尽量减少和避免不利影响的产生。在尊重自然规律的前提下，利用工程措施及非工程措施等手段，充分发挥水的资源功能、环境功能和生态功能，以实现流域内水利和经济社会的可持续发展。坚决遏制浪费资源、破坏资源的现象，以可持续的方式开发利用水资源，实现开发与保护的平衡，实现水资源的永续利用。

目　录

第一章　水利水文的发展

第一节　水利的起源

探求水利的起源，就要追寻人类的进化过程。世界古文明的四大发源地——埃及、美索不达米亚、印度和中国，无不借助于河流的慷慨赠予，这是举世公认的事实。人类社会的发展史本身就说明了水利在人类的生存和发展中所起的重要作用。

一、水文起源与人类社会

世界上最早的水文观测是在中国和古埃及开始的。早在尼罗河远古时代，人们就在治水过程中积累水文知识。主要分为以下几个方面的内容：

（一）水文测量

1. 水文测量

公元前约3500年古埃及在尼罗河上设置水位观测设备。公元前4世纪印度开始观测雨量。公元前251年，中国秦代李冰在都江堰工程渠首上游约1km处的白沙邮，作三石人，立于水中“与江神要（约定），水竭不至足，盛不没肩”（《华阳国志》），以控制干渠引水量。这种石人水尺直到东汉建宁元年（168年）仍在采用。到宋代，“离堆之趾，旧镌石为水则，则盈一尺，至十而止，水及六则，流始足用”。宋嘉枯中（1056年）已改在宝瓶口右侧离堆石壁上刻画“水则”共十则（一则合今31.6cm），要求侍郎堰底以四则为度，堰顶高以六则为准。既用来控制堰体修筑高度，又作为河道疏浚标准，从而达到调节控制宝瓶口进水量的目的。明清以来仍以水则作为宝瓶口的水位计，只是按水位来调节控制引水量和作为维修工程的标准较前越来越精密，使都江堰工程二千余年至今不衰，成为中国古代运用水文特性兴建水利工程和巧妙地利用水位控制工程运用的创举。

中国隋代，用木桩、石碑或在岸上石崖上刻画成“水则”观测江河水位。曹魏黄初四年（公元223年），中国在黄河支流伊河龙门崖壁用石刻记录洪水位。1075年，中国在重要河流上已有记录每天水位的“水历”。宋代的吴江水则碑已把水位与附近农田受淹情况相联系。至明清时期，水位观测已比较普遍，并用快马驰报水情。另外，长江上游川江涪陵城下，江心水下岩盘上有石刻双鱼，双鱼位置约相当于一般最枯水位。岩盘长约1600m，宽15m，名白鹤梁。梁上双鱼侧有石刻题记："广德元年（据考证应为二年、公元764年）二月，大江水退，石鱼见，郡民相传丰年之兆。" 764—1949年间石上共刻有72年特枯水位题记。川江枯水石刻，除涪陵白鹤梁外，尚有江津莲花石、渝州灵石及云阳龙脊石等多处。莲花石在江津川江主航道北侧礁石上，1978年曾出露。灵石在重庆朝天门嘉陵江、川江汇口脊石上，有汉、晋以来17个枯水年石刻文字。龙脊石在云阳城下江心，有自宋至清题刻170余段，有53个特枯水位记录。这是中国也是世界上历时最长的实测枯水位记录。

中国清代中叶以前，水文工作的主要内容是雨量、水位测报。自秦代以来，封建朝廷订有地方向中央报告降雨情况的制度，但其负责的部门和官员已无可考。战国时期秦国建都江堰，立石人观测水位，其后在一些水利工程上设立水则，这类观测由地方官员指派专人管理。南宋以来，对有洪水威胁的主要河流，汛期要观测水位并上报朝廷。测报由中央政权布置并由防汛部门或官员管理。

2. 其他测量

公元前11世纪的商代，甲骨文中有降雨的定性记述。据1975年在湖北云梦县睡地虎秦墓出土的秦代（公元前221—前206年）竹简《秦律十八种・田律》（《睡地虎秦墓竹简》，文物出版社）载（译文）："下及时雨和谷物抽穗，应即书面报告受雨、抽穗的顷数和已开垦而未耕种田地顷数。禾稼生长期下雨，也要立即报告降雨量和受益田地顷数。如有旱灾、暴风雨、涝灾、蝗虫及其他虫害等损伤了禾稼，也要报告受灾顷数。距离近的县，由走得快的人专送报告，距离远的县由释站传送，在八月底以前送达。" 汉承秦制，汉代也有"自立春至立夏，尽立秋，郡国上雨泽"测报雨量的制度。（《后汉书・礼仪志》）从此历代都有要求全国各地报雨的制度。宋淳枯七年（1247年），秦九韶所著《数书九章》记述全国州县用天池盆、圆罂测雨及竹笼测雪和雨雪深度的计算方法。

中国战国时期的水利家慎到（约公元前395年—前315年）曾在黄河龙门用"流浮竹"测定河水流速，只是当时没有计时工具，以比拟物速如"驯马""竹箭"的速度来形容流速的大小；汉代张戎于公元4年提出"河水重浊，号为一石水而六斗泥"，说明当时已对黄河含沙量做过观测。公元1世纪，古希腊的希罗提出河流的流量取决于流速和过水断面面积。宋元丰元年（1078年），中国开始出现以河流断面面积和水流速度来估计河流流量的概念。公元1342年，中国的李好文著《长安志图》记有计算流量的单位名"徼"。

(二)河川径流

据《竹书纪年》载：夏帝癸十年（公元前16世纪），“伊洛竭”为黄河支流伊洛河发生枯水现象的最早记载；此书还记载：“汤十九祀（商代称年为祀）大旱，二十到二十四祀均大旱，王祷于桑林，雨。”推测为黄河、淮河、海河流域最早的一次连旱记载。商代（公元前1400年前后）的甲骨文中有许多记载有关雨雪、洪水方面的卜辞。

据顾实所著《穆天于传西征讲疏》（成书于1931年）中考证：由周史官记于周穆王十三年至十四年之际的《穆天子传》于晋太康二年（281年）与《竹书纪年》一书同时出土于汲县（今河南省卫辉市）古家，以日记形式记述了穆王及随从于十三年（公元前989）闰二月从宗周（今河南洛阳）出发，经今河北、山西、内蒙古河套入宁夏、甘肃、青海、南疆，西过帕米尔，经中亚，于十二月到达欧洲大平原的波兰华沙，休整三个月后，于十四年（公元前988）三月起程东归，十一月回到宗周，前后历时二年。沿途跋山涉水，行程三万五千里，记录经过的河流湖泊达19处之多，并记有雨雪风旱等天气情况，是中国最早的一部水文地理游记著作。

周代（公元前11世纪—前6世纪）的一部诗歌总集《诗经》中，有不少关于泥沙、泉水、河流、天气等方面的记述。如“相彼泉水，载清载浊。我日构祸，易云能穀？”（小雅·四月）、“泾以渭浊，提提其沚。”（邶风·谷风），这是以水体的清浊来比喻事物的变化。“北风其凉，雨雪其雾。”（邶风·北风）、“朝脐于西，祟朝其雨。”，这是关于天气的记述。“沔彼流水，朝宗于海。”“烨烨震电，不宁不令。百川沸腾，山冢崒崩。”（小雅·十月之交），这是关于河流和地震的记述。“笃公刘，逝彼百泉，瞻彼溥原。”“笃公刘，既溥既长，既景乃冈，相其阴阳，观其流泉，其军三单。”（大雅·公刘），这是公刘为人们定居和农田灌溉而进行查勘测量、气候观测和寻找水源等活动的记述。“爰有寒泉，在浚之下。”（邶风·凯风）、“冽彼下泉，浸彼苞稂。”（曹风·下泉）、“有冽氿（音轨）泉，无浸获薪。”（小雅·大东）、“我思肥泉，兹之永叹。”（邶风·泉水），这里“下泉”（即下降泉）、“氿泉”（即裂隙泉）、“槛泉”（即上升泉）、“肥泉”（即出同归异泉，见《词源》“肥泉”释文）等的分类，可见当时人们对地下水已有较多认识。

春秋时期（公元前8世纪－前5世纪）的《管子》书中一记载有较多的水文概念。如《度地》篇一记述有对河流的分类：“水有大小，又有远近。水之出于山而流入于海者，命曰经水，水别于他水，入于大水及海者，命曰枝水；山之沟一有水一无水者，命曰谷水（季节河）；水之出于他水，沟流于大水及海者，命曰川水；出地而不流者，命曰渊水。此五水者，因其利而往之，可也：因而扼之，可也。”将河流分为

“经水”(干流)、“枝水”(支流)、“谷水”(季节河)、“川水”(人工河) 和 “渊水”(湖泊), 这在水文地理学上，是世界上最早提出的河流分类概念。又如《水地》篇有：“夫水，淖弱以清……素也者，五色之质也。淡也者，五味之中也。”说到纯水无色无味，为淡为素。水能中和五味 (酸、咸、辛、苦、甘) 而成为淡水。据此，并对春秋诸国的水质做了评价：“夫齐之水，遒躁而复：楚之水，淖弱而清；越之水，浊重而泊；秦之水，淤滞而杂；晋之水，枯旱而浑；燕之水，萃下而弱，沉滞而杂；宋之水，轻劲而清。”说明北方河水多泥沙，含多种化学元素，以致易淤、易浑、易浊、易滞；南方河水则较清纯。在《地员》篇中，还对水质与地下水的埋深的关系做了描述。

据《周礼·稻人》(公元前8世纪—前5世纪) 载：“稻人，掌稼下地。以储蓄水，以防止水，以沟荡水，以遂均水，以列舍水，以浍泻水……。”提出管农业的人要掌握灌溉水源和注意防洪的技术，要有灌溉和排水渠系。这是中国农业水文方面的最早记载。在《周礼·匠人》中：“凡天下之地势，两山之间必有川焉，大川之上必有涂焉。凡沟逆、地防 (不平貌) 谓之不行，水属不理孙 (意顺)，谓之不行。梢沟，三十里而广倍。凡行奠水，磬折以参伍。欲为渊，则句于矩。凡沟，必因水势：防，必因地势。善沟者水漱之，善防者水淫之。”讲到修建渠道时，要考虑水流速度、水面比降和泥沙等问题。

东晋常璩 (约291—361年) 撰《华阳国志》，共12卷，附录1卷。记述今陕南汉中、甘南及川、滇、黔等长江上游各省自远古到东晋永和三年 (347年) 间的建制沿革、统辖郡县之境域、道里、土地、水文地理、水利、物产、民俗及人物等史事。史料精详，为中国现存早期的水文地理著作。公元527年中国的郦道元著《水经注》定性描述了我国境内河流的概况，所引河流多达5000条以上，而且逐一记述河流源头、流经地区、流域地形、水文、气候、土壤、矿藏、农业、水利、地理沿革、历史故事、碑刻题记等。

(三) 水沙关系

汉太始二年 (公元前95年) 据《汉书·沟洫志》载：“太始二年，赵中大夫白公复奏穿渠。引泾水，首起谷口 (今云阳县治谷)，尾入栎阳 (在今陕西临潼北渭水北岸)，注渭中，袤二百里，溉田四千五百余顷，因名曰白渠。民得其饶，歌之曰：田於何所？池阳 (今陕西泾阳县西北)、谷口。郑国在前，白渠起后。举锸为云，决渠为雨。径水一石，其泥数斗。且溉且粪，长我禾黍。衣食京师，亿万之口。’言此两渠饶也。”说明当时径河水含沙量大，引泾淤灌，增加土地肥力，得以增产。还有“河水重浊，号为一石水而六斗泥”。这是最早见于史书的关于黄河泥沙的数量记录。数字虽然粗略，但与时今黄河洪水期间的沙峰时的含沙量比较，仍不失其真实性。

关于水沙关系的论述很多，历代的治河方略中多有涉及。据《汉书·沟洫志》载：汉平帝元始四年（公元4年），“大司马史长安张戎言：水性就下，行疾则自刮除，成空而稍深。河水重浊，号为一石水而六斗泥。今西方诸郡，以至京师东行，民皆引河、渭山川水溉田。春夏干燥，少水时也，故使河流迟，贮淤而稍浅；雨多水暴至，则溢决。而国家数堤塞之，稍益高于平地，犹筑垣而居水也。可各顺从其性，毋复灌溉，则百川流行，水道自利，无溢决之害矣”。张戎根据黄河多沙的特点，提出在春季枯水时期，停止中、上游引水灌溉，以免分水过多，造成下游河道淤积而遭决溢之患；要保持河水自身的挟沙能力，排沙入海。这是史书上关于黄河的水沙关系和利用水力冲沙的第一次记载。他的这一见解，到明朝潘季驯发展成为“束水攻沙”的主要治河理论。明万恭（1515—1592年）在万历元年成书的《治水筌蹄》中提出：“如欲深北，则南其堤，而北自深。如欲深南，则北其堤，而南自深。如欲深中，则南北堤两束之，冲中间焉，而中自深。此借其性而役其力也。”他首倡“筑堤束水，以水攻沙”之法。这一“束水攻沙”法在其后任的潘季驯（1521—1595年）治河工作中得到了实施。潘在黄河下游治理中注意修筑两岸堤防，还筑洪泽湖出口高家堰以增蓄来自淮河的清水，并相机放泄清水入黄，冲刷其下游泥沙入海，这就是著名的“蓄清刷黄”的方法。潘季驯将他四任河道总督的治河经验及总结前人的治河理论和经验汇集成《河防一览》一书，对后世治河影响很大。

北宋沈括（1031—1095）在其名著《梦溪笔谈》中写道：“予奉使河北，边太行而行。山崖之间往往衔螺蚌壳及石子如鸟卵者，横亘石壁如带。此乃昔之海滨。今东距海已近千里，所谓大陆者，皆浊泥所湮耳。大河，漳水、滹沱、涿水、桑乾之类，悉是浊流。今关陕以西，水行地中，不减百余尺，其泥水东流，皆为大陆之上，此理必然。”他推断华北平原为多泥沙河流所淤泥沙淤积而成，为地质学意义上的堆、冲积平原概论。

（四）水文循环

战国时期（公元前5世纪－前3世纪）据《庄子·徐无鬼篇》（约成书于公元前369年－前286年）载：“风之过，河也有损焉；日之过，河也有损焉。请只风与日相与守河，而河以为未始其樱也，恃源而往者也。”说明水面蒸发与风和日照有关。精辟地阐明了水面蒸发现象和河水经风吹、日晒而不干涸的原因，是河水有源源不断的补充，实质上就是水流连续性定理的原始表述。

吕不韦（？—前235年）在公元前239年主编的《吕氏春秋·冬纪》篇中记有：“孟冬之月……水始冰，地始冻；……仲冬之月，……冰益壮，地始诉；……季冬之月，……冰方盛，水泽腹坚。”说明在先秦时期，黄河流域人民对冰情现象已有所认识。《吕氏春秋·圆道》篇中提出了中国早期对水循环的概念：“云气西行，云云然，冬夏不辍；水泉东流，日夜不休；上不竭，下不满，小为大，重为轻，圆道也。”揭示了地处太平洋西岸的中国水循环的途径和规律。水汽从海洋不断吹向大陆，在大陆上空回旋，凝降为雨；地上、地下的水流向海洋，日夜不息，海洋也常注不满，涓滴汇合成河海，海水又蒸发为浮云，形成水的大循环。此外，关于水循环现象的认识，还有据《宋书·天文志》载：何承天（370—447年）《论浑象体》[南朝宋元嘉十六年（439年）]一文中关于水循环的一段描述：“百川发源，皆自山出，由高趋下，归注于海。日为阳精，光耀炎炽，一夜入水，所经燋竭，百川归注，足于补复。故旱不为减，浸不为溢。”

公元88年前后，东汉王充（公元27—约97年）所著《论衡》一书的“顺鼓篇”中说：“案天将雨，山先出云，云积为雨，雨流为水。”在“说日篇”中说：“雨之出山，或谓云载而行，云散水坠，名为雨矣。夫云则雨，雨则云矣。初出为云，云繁为雨，……。”在“物势篇”中说：“下气蒸上，上气下降。”对地面蒸发、行云、降雨的水循环现象做了解释。在“书虚篇”中说：“其朝夕往来……，其发海中之时，漾驰而已；入三江之中，殆小浅狭，水激沸起，故腾为涛。……涛之起也，随月盛衰，小大满损不齐同。”对河口潮汐的生成做了解释，并第一次指出潮汐生成的大小与月的圆缺有关。

战国时屈原（约公元前340—前278年）在《天问篇》中，对自然现象和社会历史传说提出170多个问题，表示质疑。唐柳宗元（773—819年）在所作《天对》中对屈原提出的这些问题均一一做了回答。如屈问“东流不溢，孰知其故？”（即江河向东流入大海，为何大海的水不见漫溢？）柳答：“东穷归墟，又环西盈。脉穴土区，而浊浊清清。坟沪燥疏，渗渴而升。充融有余，泄漏复行。器运浟浟，又何溢为？”（即水向东流入大海，海水蒸发成水汽上升，遇冷凝结，飘浮空中为云，又向西回归大陆上空下降为雨。填充在土壤孔隙里的水有浊有清。高地干燥的土壤，水渗入后便会上升蒸发。土壤水饱和以后便会产生径流，水流通过各种途径运行不停，最后注入大海，如此循环不已，海水又怎么会漫溢呢？）柳宗元正确地解答了1100多年前屈原提出的问题。他把地表水、土壤水和地下水及海洋水的运动与水循环联系起来，推进了前人的认识。（《柳河东全集》，中国书店出版，1991年）

（五）水文知识的运用

传说距今4000多年以前大禹治水时，经过调查研究，认识了水情，采取疏导措施，取得了成功。当时已经懂得治水必先知水，并已有水文调查意识的萌芽。

据考古发掘，浙江余姚县河姆渡村在公元前35世纪－前30世纪时已有人工水井；浙江湖州市邱城遗址下层，有公元前27世纪的九条排水沟和两条宽1.5m—2m的大型引水渠。说明这些地区的居民当时已知道引用地表水和地下水进行灌溉。距今约六千年前，半坡人定居在今陕西西安城东6km处的半坡村。该处为河流二级阶地，下距河流较近，饮水方便，又有一定高度，不易被一般洪水所淹没，周围地形平坦，土地湿润肥沃，易于耕作，出入方便。证明半坡人选择居住地时，对旱涝枯水变化的认识已十分清楚。

周定王十年至十六年（公元前597年—前591年），楚令尹孙叔敖兴建"周百二十里，灌田万顷"的灌溉工程芍破（今安丰塘），至今发挥效益，可见当时已有相当的工程水文知识。

据《左传・襄公二十五年》载鲁襄公二十五年（公元前548年）："楚篇掩为司马，……数疆潦，规偃潴，町原防，……。"说掩为官后，计算暴雨水量，规划蓄水工程，划定防洪范围，已掌握初步的工程水文知识，并运用于水利工程之中。

秦昭襄王五十六年（公元前251年），秦蜀郡守李冰创建都江堰，将岷江水引入成都平原。早期以航运为主，兼有防洪、灌溉的效益，后来逐步演变为以灌溉为主的水利工程。至迟魏晋时，已具备分水、溢洪、引水三大主要工程设施的雏形。且到现在还在使用，此工程中，对于泥沙、水位与流量的关系等方面的研究与解决办法都做得非常巧妙，堪称中国水利史上的一朵奇葩。

中国的秦始皇为了完成全国统一，克服进军岭南的运输困难，于始皇二十八年（公元前219年），命监郡御史禄开凿灵渠，以通湘江与漓江之间的运道。是二千余年来岭南（今广东、广西）与中原地区的主要交通干线。灵渠由渠首、南渠和北渠三部分组成。渠首拦河坝拦断湘江上游（海阳河）以抬高水位，分水入渠，南渠与漓江沟通，北渠与湘江相连，以实现通航。拦河坝折成人字形，称大天平和小天平，平时水入两渠，洪水季节，将多余水量溢流排入湘江故道。在大、小天平的交点起和由上游海阳河深乱延伸砌成一长70m的导水堤（称作桦嘴），以劈水分流，平顺地导入南北两渠。两水比例为1∶2左右。海阳河多年平均流量17.33m^3/s，一般可保证通航的需要。灵渠上有多处分洪和节水建筑物，以保障安全和通航水深。整个工程形成有机的科学建筑群体，有效地实现了输水和通航功能，效益显著。

唐长寿元年（692年）据《新唐书・地理志》载："有相思埭，长寿元年筑，分相思水，使东西流。"为沟通柳江与桂江间的人工运河，近代称"桂柳运河"。系利用漓江支流良丰江和柳江支流洛清江的二级支流相思江之间无明显分水岭地形，且有地下水自岩洞中流出，水量不大，常年不竭，为运河基本水源。运河两岸石灰岩地貌遍布池沼洼地，洪水时期，水量蓄积地面，同山坡水流汇集一起，为运河的补给水源。分水塘在运河中部，以东称东陡，水向东流入良丰江；以西称西陡，水向西流入相思江。运河坡度平缓，良丰江水涨，江水可通过运河泄入相思江；相思江水涨，江水可通过运河泄入良丰江，有平衡水量和排洪的作用。相思棣的建成，可直接沟通桂林同广西西北部和贵州东南部的水运，以免沿漓江至梧州再溯流而上的回运路程。

唐大和七年（833年）浙江鄮县（今鄞县）县令王元暐创建它山堰。筑堰以前，海潮可沿甬江上溯到章溪，潮“来则沟潜皆盈，出则河港俱涸，田不可稼，人渴于饮”。为减轻鄞江水系旱涝潮灾害，县令选在勤江上游章溪出山处的四明山与它山之间，用条石砌筑成上下各36级的拦河滚水坝，名为“它山堰”，作为阻咸引淡的渠首工程。堰上之水，平时七分入南塘河以供灌溉和城市用水，三分入奉化江以供通航；涝时三分入南塘河供水，七分入奉化江。另在灌区尾水上建三锲（即闸），涝时排泄河网余水，以防洪水涌入城市；旱期又可开闸纳淡，补充灌溉水源。至宋开庆元年（1259年），在宁波城内平桥下设立“水则”，据此水位可以推算各处水情，确定各闸开启时间，作为各闸控制运用的根据，使它山堰历经千余年仍在发挥引流、排洪、阻咸的重要作用。

不论是都江堰、灵堰，还是它山堰，如果没有深刻地掌握当地的水文情况、河道水流特征、水位、流量等变化的规律，都是不可能兴建成功的，更不用说工程巧妙的布局与良好的运行效果了。

这一时期的特点是：

（1）开始了原始的水文观测。

（2）开始形成和积累原始水文知识。诚然，这些原始的水文观测和水文知识是比较粗糙、零星、感官性的，但它为当时的生活和生产提供了重要的水文依据，标志着水文学的萌芽。

二、奠基时期（公元1400—1900年）

欧洲文艺复兴带来的科学思想的解放和技术进步，极大地推动了人类对水的研究和认识，为水文学发展成独立的学科奠定了基础。这主要表现在几个方面：

（一）测量仪器

水文仪器的发明，使水文观测进入了科学定量的阶段，并推动了水文站和水文站网的建立。1424年中国全国采用测雨器观测雨量。1442年朝鲜全国采用统一制作的“测雨器”观测雨量。1535年中国的刘天和创制“乘沙量水器”取含沙水样。15世纪以后，水文测量技术和设备有了显著的发展。1610年Sanotiro创制第一台流速仪。1639年意大利的Casetill创制欧洲第一个雨量筒，开始观测降雨量。1663年

Wren 等人设计的自计雨量计，以记录降雨过程的雨强变化。1687 年 Halley 设计发明蒸发器，测量海水蒸发量，估算地中海的水量平衡。与水文有关的水力学测试设备如 1732 年瑞士的 Bernoulli 发明测压管、同年法国的 Pitot 发明的新的测速仪一皮托管。1790 年德国 Woltwnann 发明流速仪。1870 年美国的 T.G. 埃利斯发明旋桨式流速仪。1885 年美国的 Pirce 发明旋杯式流速仪。

(二) 水文测量

近代水文仪器的发明推动了水文测量的发展以及水文站的建立。

明洪熙元年 (1425 年)，中国制成统一尺寸的雨量器，令全国各地观测雨量。1650 年开始观测死海水位。1674 年法国的 Perrault 在发表的《泉水之源》一书中，提出塞纳河流域年雨雪量为年径流量的 6 倍。1724 年 (清雍正二年) 中国北京开始记录逐日天气和降雨雪的起迄时间、入土雨深，即著名的历时 180 年之久的雨雪分寸记录，称《晴明风雨录》。直至光绪二十九年 (1903 年) 停记，可惜无定量记录。1732 年中国绘制以寸计的降水量等值线图。1746 年中国黄河老坝口设立水志，即水尺观测水位并报汛。1840 年瑞士的 Agassiz 于瑞士温特阿尔冰川建立世界第一个冰川研究站。1841 年中国北京开始用现代方法观测和记录降水量。1850 年法国的 Belgrand 用相应水位法作洪水预报。1856 年中国长江汉口设立水位站，为中国现代水位观测的开始。1885 年瑞士 Fore 发现湖泊的异重流现象。1886 年奥地利的 Forchheimer 作地下水流网图。

清道光二十年 (1840 年) 鸦片战争后，帝国主义势力入侵，中国变为半封建半殖民地社会。从咸丰十年 (1860 年) 起，帝国主义控制的海关陆续在上海、汉口、天津、广州、福州等港口码头设立水尺观测水位，为其侵华舰船航行服务。还在各地教堂设立测候所，收集降水量等气象资料，最早的有北京 (道光二十一年，1841 年)、香港 (咸丰三年，1853 年)、上海徐家汇 (同治十二年，1873 年) 等。

(三) 水文学理论和公式

1500 年左右意大利的 Da Vinci 提出水流连续原理，并提出用浮标法测流速。1680 年前后中国的陈演提出流量计算方法。1738 年瑞士的 Bernoulli 父子提出水流能量方程即著名的 Bernoulli 方程。1775 年法国的 Chezy 提出明渠均匀流公式即谢才公式。特别是在 19 世纪，许多理论和公式相继出现。1802 年英国的 Dalotn 提出蒸发与水汽压的关系，确定了道尔顿定理。1851 年 Mulvaney 首先提出了汇流时间的概念，提出推理公式，计算小流域的最大洪峰流量，也就是现在的径流计算的推理法的基本形式。1856 年法国的 Darcy 建立了描述渗流运动规律的 Dacry 定律，为研究土壤水和地下水动力学奠定了基础。1863 年，法国的 Dupuit 提出井的平衡水力学方程式。1865年法国的巴赞提出计算谢才系数的巴赞公式。1869年瑞士的冈吉耶和库特尔提出计算谢才系数的冈吉耶—库特尔公式。1871年法国的Siain-Venant推导出描述明渠缓变不稳定流运动规律的St.venant方程组，为研究河道及坡面洪水运动和流域汇流奠定了基础。1876年瑞士F.-A.福雷尔用流体力学公式计算湖泊波漾。1879年，Duboys第一次提出推移质输沙率公式。此外1889年爱尔兰的Manning提出计算明渠流速的水力学计算公式（曼宁公式）。1892年，King指出，土壤持水量显著受土温的影响。1899年英国的Stokes提出泥沙沉降速度公式即Stokes公式。1900年美国的Seddon提出洪水波速的计算公式即Seddon公式。

以上这些理论的出现表明人类对水的运动变化规律的认识，已由萌芽时期那种以古代自然哲学为依据的纯粹思辨性猜测，发展到了以科学事实为依据，进行假设、演绎和推理，进而建立各种水文理论体系的新阶段，标志水文学作为一门近代自然科学已奠定基础。

三、20世纪国际水文学发展的几个阶段

周文德先生在他的《应用水文学手册》一书中把20世纪以来的水文学发展分为三个阶段:（1）经验阶段（1900—1930年）;（2）推理阶段（1930—1950年）:（3）理论化阶段（1950—1975）；爱尔兰的Dooge先生在周文德先生工作的基础上，把20世纪水文学的发展分为四个阶段:（1）经验阶段（1900—1930年）:（2）推理阶段（1930—1950年）;（3）理论化阶段（1950—1975年）;（4）计算机化阶段（1975—2000年）。

（一）经验阶段（1900—1930年）

进入20世纪，大量兴建的防洪、灌溉、道路、城市等工程，要求水文学解决越来越多的实际水文问题，水文学的应用特色逐渐体现出来。具体表现在:

（1）设置水文站网，观测、调查、收集水文气象资料，为生产建设提供水文情报。很多国家开始出版水文年鉴，提供水文数据。而且还有一些其他专门性刊物作为补充，例如1921年开创的*Saletr*。

（2）为满足水工建筑物水文计算的要求，大量的经验公式和参数估计方法相继出现。Mead分别于1904年和1919年以及Meyer于1917年论述了水文计算方面的早期成果。

从1914年概率（坐标）纸被用于选配流量频率曲线，把概率理论引入水文计算，提出水文频率计算方法以来，统计学与水文学就紧密联系在一起。1924年Forster开始了非正态水文极值（skewness of hydrologic extremes）的研究。这些成果在1930年Hazen所著的《洪水流》一书中有较为详细的论述。

在蒸发量方面，1926年Bowen建立了第一个理性的Bowen比率公式，在蒸发流潜伏热与可感知的能流热之间建立了关系。

1899年Slichier很好地阐述了有关地下水文学的知识，并被作为美国地质调查年度报告的一部分出版。1907年Buckingham对非饱和土壤水进行研究，引入了毛管势的概念。在1923年上半年和1923年下半年Mienzer的两篇对美国地质调查的论文里，对1900—1920年地下水文学取得的进展做了详细的阐述。

1907年Hoyt和Grover提出用比重测流计（Current meter）测量径流的实践方法，当他们在四十年后第一次对液体比重计的使用进行调研时，才发现这种方法具有难以估量的价值。用这种方法测量的结果被系统地出版，并与历史记录进行比较。1928年Glasspoole和Brookes提供了这些比较数据。

1914年Gilbert在他的专著中描述了美国地质调查局早期在泥沙输移方面所做的工作和他本人的研究成果。1920年Exner提出了适用于河床推移质的连续方程。1913年Dvais对冲积地形学进行研究。该领域的许多早期重要研究成果被Schumm和Mosley的1972年出版的著作收录。

（二）推理阶段（1930—1950年）

此阶段解决实际水文问题的方法已由经验的、零碎的知识，逐渐理论化和系统化。其主要的发展历程概括如下：

（1）建立水文实验站，如1934年苏联的瓦尔达依水文实验站，美国的科威达水文实验站，这些实验站为生产建设提供了水文数据，并为探索降雨径流变化规律提供了资料。

（2）产汇流理论、计算公式及其他一些公式理论相继提出。1931年Richards提出了非饱和土壤中水蒸发潜热流和可感知的能量热流交换的基本控制方程，提出了测量土样中的基质势的方法，并讨论了不同干湿条件下的滞后现象。

此阶段的二十年被证明在理论水文学的发展过程中是富有成果的时期。在美国，地球物理协会出版了各种出版物并召集了一系列的会议，成果尤为丰硕。1931年Horton在由美国地球物理协会出版的《关于水文科学》中回顾了这一发展框架。1945年Linsley、Kohler和Paulhus合著出版了《应用水文学》，对近二十年取得的进展进行了总结归纳，此著作是第一本全球发行的关于水文学的书。KoluPaila在他1961年编撰的综合书目中列出了1950年以前关于水文测量方面的重要出版物。

在这一时期，水文学方面的大部分成果与水库的设计有关。在该时段早期，1934年Sherman和Horton在向国际水文科学学会提交的报告中，对水文循环各因素做了详细阐述。Thornthwiate于1935年和1948年对蒸发估计方法做了改进，1950年

Blancy 和 Cirddlc 对蒸发量估计方法做了改进，成为降雨径流从经验向理论转变的重要标志。其中的关键一步在于 1948 年 Penman 引入了蒸发势能的概念，并用组合方程进行估计，这种方法后来成为处理蒸发问题的通用方法。同年，Budyko 发表了他第一篇关于蒸发问题的文章。

地下水水文学方面，1935 年 Theis 提出蓄水层的非平衡运动方程。1940 年，Hubbert 提出了关于地下水流动的基本理论。1946 年 Jacobr 提出弹性蓄水层概念。

关于产汇流方法，经验公式渐渐被统计分析方法所取代。1936 年 Jvaris 等对这一领域的整体情况进行了全面总结。苏联的 Kritskii 和 Menktel 等学者于 1934 年和 1950 年将普遍适用的伽马分布模式应用于这一问题。50 年代以后，这些方法被其他学者进一步改进并推广。1949 年 Waletr Langbein 应用数学中的极值理论推导出年最大值频率与部分时段序列频率之间的关系。流域内的洪水过程演算也取得了可观的进展。

在洪水预报方面，1932 年 Sherman 提出经验单位线。1936 年 Hoyt 等使用的单位线法，这些在美国地质调查局出版的专著中有详细的描述。1945 年，Clark 提出可以通过简单叠加时一面一曲线来近似单位线形状。十年后，这篇论文成为与单位线方法有关的重要理论发展的起点。

1945 年，70 岁的 Robert Horton 发表了具有里程碑意义的论文，将排水与径流过程联系起来。这篇论文中关于流域构成的假定引发了水文学和地形学的一个新研究思路。

1949 年 Linsley 的《应用水文学》和美国土木工程师协会编著的《水文手册》的问世，标志着应用水文学的诞生。

（三）理论化阶段（1950–1975 年）

在理论化阶段的二十五年里，水文学研究者以水文学本身取得的成果为基础，并借鉴其他学科的成果，开始建立理论成果体系。1964 年周文德出版了《应用水文学手册》，包括有水文实践理论基础的描述。同时该书中有两章内容反映了当时冰雪水文学情况，包括 Garska 的雪调查和 Meier 的冰川调查。1969 年 Eagleson 在《动力水文学》一书中对物理水文过程进行了科学、全面地论述。

在地下非饱和水流领域，这一时段取得的主要进展是 Philip 于 1957 年和 1969 年所做的与阻塞渗透有关的理论工作。由于在某些领域的理论上未取得实质的进展，因此虽然 Lake Hefner 使用精确的仪器和复杂的物理公式对蒸发问题进行了仔细的研究，但与 1954 年 Harbeek 等建立在气压差和风速基础上的经验公式相比，仍未能取得任何进展。

在汇流方面，1952 年 Polubarinova-Kchina 及苏联合作者发表了一篇关于地下水的文章。Horton 于 1945 年提出的确定性方程被 1966 年 Sherve 提出的随机方程所代替。同时，其他新的概念相继提出，1962 年 Leopold 和 Langbein 提出熵的概念。Langbein 于 1964、1965 年提出了河道地形冲积特征是自组织系统的结果。这在当时曾引起激烈的讨论。这一时段关于河流形态和坡降形态方面的论文在 schumm（1972）以及 Schumm 和 Mosley（1972）的书中被提起。

这一时段的一个新发展是 1970 年 Dunne 和 Black 引入非霍顿（表面径流）概念。这一时期还介绍了关于植被对表面流量影响的水文研究。与这个问题有关的研究可参见 1967 年 Sopper 和 Lull 以及 1975 年 Monteith 的著作。

在径流和洪水预报方面，所采用的研究方法包括确定性方法和随机方法。而且水文模型的研制也进入加速发展期。数以百计的水文模型相继问世。1961 年 Amorocho 和 Orlob 开始研究汇流响应的非线性方法的应用。Kalinin 和 Milyukov 在明渠恒定流中运用简化的圣维南方程确定河段的特征长度，使河段中径流的输入路径，等于单一线性水库中径流的输入路径，1957 年 Kalinin 和 Milyukov 建议以更长的长度代替特征长度。1959 年 Dooge 提出用一组线性水库和渠道互相串联来模拟流域汇流的系统。同时将单位线方法与线性时不变系统理论联系起来，1964 年 Amorocho 和 Hart 评述了系统方法的种种应用，认为其对水文学研究是完全适用的。同年，Kulandaiswamy 分析了把一个流域视为一个系统来研究的优越性。本阶段末期，现代水文学家 Dooge 于 1973 年撰写的"水文系统的线性理论"专著正式出版。总结了确定性方法的成果。

此外，在水文学的统计方法应用方面也取得了长足的进步。1951 年 Hurst 利用实测数据证明了尼罗河水系中存在长期相关性，并对其他水系中的这种现象进行了研 究。1965 年 Matheorn、1967 年 Kartvelishvilii、1970 年 Kacmzarek， 以 及 1962 年 Thomas 和 Fieirng 和 1972 年 Yevjevich 开始用随机过程的方法研究水文学。1954 年 Moran、同年 Barnes 和 1974 年 Svanidez 等用应用统计学的方法研究水库库容问题。

在这一阶段，随着水文学在理论方面取得进展，在计算机化方面也取得了初步进展，Skibitzke 于 1960 年和 1963 年在模拟仿真以及 1960 年 Linsley 和 Crawford 在数字仿真方面都取得了进展。

L Vovich 于 1974 年对全球水量平衡问题进行了评估。同年苏联的 Koruzn 等人在《国际水文学 10 年（1965—1974）》中第一次对全球水量平衡进行了较为仔细的研究。

（四）计算机化阶段（1975—2000年）

在1950—1975年期间，模拟计算机和数字计算机都被应用于水文系统的仿真。但自1975年后，数字计算机占据了主导地位。数字仿真最早的例子是最初的1960年Linsley和Crawford提出的斯坦福模型。随着大型计算机的进一步发展，也相应建立起了包含更多参数的更为复杂的模型，这种放弃通过理论进步对水文现象进行深入研究，而过多地集中精力于细节的仿真所带来的弊端在实地测量中得到了证实。

尽管如此，在这25年期间仍取得了显著的进步。水文学本身自20世纪70年代以来由于电子计算机的普及和发展并应用于水文问题而取得了很大改进，建立了很多类型的水文模型，随着计算技术的进步，这些模型也越来越多地包含综合性基本方程，以描述基础的和物理的过程。特别是80年代后期，借助于计算机性能的提高，打破了过去表层水文学中一些理论和方法都是建立在假想的均质土壤中运动的概念基础上，建立了能考虑地质不均匀条件下更加切合实际的模型及其解法。而且由于控制理论大量引入到实时水文预报中来，实现自动的实时校正，以解决单纯用数学而许多时候与实际出入过大的问题，使水文预报的预见期和精度有了较大提高。

1980年Ambur引入了自校正预报器算法，采用广义AMAR模型，在多瑙河Budapest–Baja河段直接进行水位预报。系统输入、输出皆用水位距平值处理，这是突破水文学流量演算概念，直接建立水位预报模型的较早尝试。1996年的*Journal of Hydorology*刊登的Connel和Todini的一篇文章对此做了很好的评述。

在地下水水文学领域，感兴趣的主要问题是建立在连续介质力学基础上的非均质蓄水层小尺度方程在大尺度问题中的运用。其中最具有代表性的是Freeze（1975）和Gelhar（1976），Delhomme（1979）和De Marsily（1982），以及Dagan（1986）。

水文学在坡面汇流学领域也取得了较大进展，其中一项主要的成果是1979年Roidrguez–itube和Rainlod。将汇流响应函数与汇流排水模式通过地貌单位线的概念结合起来。1997年Roidrguez–itube和Rainlod出版的书里对近20年里此方面的文章进行了综述。1982年Burtsaert写了一部关于蒸发问题的著作。除此，与降水和蒸发问题相关的主要研究扩展到降雨区域结构研究，1982年Eagleson将水文模型与气候模型耦合起来。

在径流和汇流响应领域，取得的进展不大。1950—1975年时期在确定性和随机性方法方面取得的零星进展没有像预期的那样被集合起来。Eagleson于1972年、Klemes于1978年在该方向上做了一些尝试。

在这25年间，水文研究的特点与大陆或全球尺度问题有关。在该阶段Baumgartner和Reichel于1975年、Eagleson于1978年以及shiklomanov于1997年均对全球水量平衡问题进行了全面的评估。更为重要的是水文学家们对大尺度水文过程动力学包括全球性反馈机理进行了探究。Eagleson 于 1978 年研究气候、土壤以及植被等因素的联系，于 1986 年分析大的流域的生态优化问题；1991 年 Entehkabiet 等研究永久性湿润或干旱土壤上蒸发水蒸汽再形成当地降水的影响；1994 年 Eagleson 总结了该领域内的总体进展情况。

美国早在 20 世纪 60 代就开始用电子计算机处理水文资料，1971 年建成水文资料库，1975 年建成全国水文（气象）信息网。20 世纪 70 年代，美、欧、日各国相继实现了计算机处理水文数据的系统。

遥感技术的进展也给水文学带来了活力。除用于水文资料和信息的传递外，利用遥感技术测量大范围的土壤水分、雪盖层、淡水冰及海冰等都有很大进展。在高山冰川和极地的冰岩芯钻取，获取了可贵的古气候的记录，对研究全球气候变化过程有很高的科学价值。随着卫星分辨率的不断提高，遥感技术在获取大范围且不易由地面获取资料地区的水文信息方面将起更大的作用。通过高性能卫星的遥感资料，建立全球水循环和水文模型以及水文模型和大气环流模型的耦合成为可能。

四、我国水文工作发展概况

（一）新中国成立前（1900—1949 年）

从有史以来到鸦片战争，是中国水文工作的古老文明时期，水文事业萌芽和发展较早，但后期受封建制度的制约，同西方发达国家相比发展不快。

从鸦片战争到新中国成立，是中国水文工作的外来影响时期。开始进行近代的水文观测、水情传递、水文资料整编和分析计算。但水文工作发展有限，且极不稳定。

清宣统三年（1911 年），成立江淮水利测量局，中国自己开始进行近代水文测验工作。民国时期有所加强。1914 年，成立全国水利局。其后，陆续成立广东治河处、顺直水利委员会、扬子江水道讨论委员会、太湖水利工程处、导淮委员会和黄河水利委员会等流域机构，主持开展各流域的水文工作。1930 年，全国建设委员会设立湘鄂湖江水文总站和岳阳水文分站，负责洞庭地区水文测验工作。1934 年，成立全国经济委员会，内设水利处，负责管理水利（含水文）业务，另设中央水工试验所。至 1937 年抗日战争前夕，全国有水文站 409 处，水位站 636 处，雨量站 1592 处，总计 2637 处。抗日战争爆发后，国民政府迁往重庆，全国经济委员会撤销，成立经济部。中央水工试验所于 1938 年 10 月设立水文研究站，统筹西南各省水文测验。1941 年，成立水利委员会，下设工务处第四科主管水文与勘测。1942 年，中央水工试验所改为中央水利实验处。抗日战争胜利后，水利委员会改组为水利部，内设水文司，管理水文事业。经过长期战争，全国水文工作大部停顿。至1949年新中国成立时，只接收水文站148处，连同其他测站，总计353处。

在此期间，引进了西方水文技术。先后根据一些潮位资料，确定了吴淞、罗星塔、大沽等水准基面，开始用近代仪器作水准和地形测量。水位雨量观测开始有自记仪器。流量测验广泛采用流速仪法和浮标法，泥沙测验采用取样过滤法。水文测验组织形式则有驻站与巡测两种方式存在。从1928年起，一些流域机构制订水文测验规范文件。1941年，中央水工实验所制订《水文水位测候站规范》等文件。1940年，中央水工实验所成功试制了旋杯式流速仪并建立水工仪器制造实验工厂，开始生产现代水文仪器。从清光绪八年（1882年）起，在每十年一期的《最近十年各埠海关报告》上刊布雨量水位月年特征统计表。以后，一些流域机构也刊布过经过统计整理的水文资料。1935年，全国经济委员会水利处出版了1933年的《全国水文报告》和《全国雨量报告》。

光绪十三年（1887年），在山东济宁和河南开封间，首次用电报拍报水情。以后，各河陆续使用。1930年，国民政府研究院布置长江干流各测站每日向该院气象研究所电报水位。1936年，全国经济委员会制定各河的《民汛办法》(共16条）。抗日战争前，在编制《永定河治本计划》《整治运河计划》《导淮工程计划》时，都用欧美方法做过水文分析计算。1948年，在编制赣江流域规划时，用单位线法按设计暴雨推算设计洪水。一些学者在区域水文、泥沙研究方面也做过一些开创性的工作。1931年到1948年在《水利》杂志上发表有关水文论文84篇，李仪祉、张含英、沈晋等还发表过黄河水文的专著。

民国4年，河海工程专门学校开始招生，其后在清华、北洋、中央、武汉等大学培养水利人才均先后开设有关水文课程。还有从国外留学归国的水利科技人员，他们组成了旧中国水文工作的骨干。

在此期间，在帝国主义势力为侵略目的在中国进行水位雨量观测之后，中国政府引进西方技术，开始建立近代水文工作。在一些方面缩小了与西方技术水平的差距。但战争频繁，经济建设发展缓慢，水文工作处于薄弱、动荡的状态。

（二）迅速发展（1950—1957年）

从新中国成立到1957年，是中国水文工作的迅速发展时期。在8年多的时间里，取得了前所未有的成绩。

1949年10月1日，中华人民共和国宣告成立。次月成立水利部，并设置黄河、长江、淮河、华北等流域水利机构。随后各大行政区及各省、市相继设置水利机构。

这些机构内都有主管水文工作的部门。水利部起初设测验司，1950年成立水文局。1951年水利部确定水文建设基本方针是：探求水情变化规律，为水利建设创造必备的水文条件。1954年，各大行政区撤销，各省、市、自治区水利机构内成立水文总站，地区一级设水文分站或中心站。1956年，水利部成立水利科学研究院，内设水文研究所和泥沙研究所。

新中国成立后，水文测站迅猛发展。至1951年底，水文部门的水文站已有796处，连同其他测站共2644处，超过了以往历史最高水平（1937年）。从1955年起，进行第一次全国水文基本站网规划，至1957年，水文站达2023处，连同其他测站共7259处。水利水电勘测设计部门、铁道交通部门也设立了一批专用水文测站。气象部门的降水蒸发观测、地质部门的地下水观测，也有了迅速发展。此期间随着过河设备的改进，测洪能力大为增强。1955年，水利部颁发《水文测站暂行规范》，在全国贯彻实施。在测验组织形式方面，则从新中国初期的巡测驻测并存走向全国一律驻测。在此期间，水文部门和勘测设计部门广泛开展了历史洪水调查工作，取得重要成果。水利部组建南京水工仪器厂，研制生产水文仪器，并开展群众性的技术革新活动。群众创造的长缆操船、水轮绞锚、浮标投放器、水文缆道等，都有很好的效果。

1949年10月，华东军政委员会水利部组织以谢家泽为主任的水文资料整编委员会，进行江淮流域积存的水文资料整编工作。该委员会于1950年11月撤销，未完工作由长江水利委员会继续完成。随后，各单位组织进行其他流域、省区的水文资料整编。在50年代，旧中国积存的水文资料全部刊印分发，共91册，资料整编技术也有很大提高。新中国的观测资料，则陆续实现逐年整编刊布，从1955年开始做到当年资料于次年整编完成。

1950年，水利部颁发《报汛办法》。全国布设水情站386处，以后几年又有大幅增长。从1951年起，逐步开展国内重要河段洪水预报的研究和实践。水利部水文局先后于1951年、1955年编印《怎样预报洪水》和《洪水预报方法》，推动此项工作普遍开展。水文情报预报也都有所开展。水文情报预报在1954年长江大洪水等的历年防汛工作中发挥了重要作用。枯水预报、施工预报也都有所开展。新中国成立后，流域规划和水利水文水利工程建设极大地促进了水文分析计算工作的发展。1954年，黄河规划委员会提出了根据流量资料计算设计洪水的方法。水利部组织人员从1955年起集中研究暴雨洪水的频率分析方法。一些科研和规划设计部门还研究了从暴雨计算设计洪水的方法和设计洪水的计算标准。1957年中国出版《洪水调查和计算》，开始进行全国范围的历史暴雨洪水调查。

在此期间，水文部门设立了一批径流、蒸发、水库、河床实验站，进行实验研究。新中国建国初期开始在长江、黄河、铁科院西南所、中国科学院地理研究所等单位和一些省区建立水文实验站，积极开展区域水文研究。1957年，地理所第一次提出全国水量估算成果，进行第一次全国水文区划。50年代中期，勘测设计部门两次估算全国水能蕴藏量。1956年，水利部水文局创办《水文工作通讯》，泥沙研究所创办《泥沙研究》专业刊物。

为工作急需，从1950年起，华东军政委员会、东北水利总局、淮河水利专科学校、黄河水利专科学校等设短期水文干部训练班，培训水文人员。随后，一些中等技术学校开设水文专业。1952年创办华东水利学院，设置了中国第一个正规水文系，1954年起开设本科。与此同时，清华大学、天津大学、四川大学也都开办水文班。1956年以后，成都工学院、南京大学、中山大学、新疆大学等也先后创办了水文专业。在此期间，通过政治思想教育和实践锻炼，水文队伍建设取得了很大成绩，涌现出一批英雄模范人物，形成了实事求是、艰苦奋斗的优良作风。

自1951年起，中苏、中朝分别签订了水文合作协定。从1953年起，中国还先后向越南、印度、巴基斯坦等国传递跨国河流的水情，中国向苏联派遣了一批留学生。在1955-1959年间，水利部还聘请苏联水文专家索柯洛夫来华协助工作。

这个时期，在经济建设迅速发展的形势下，中国水文事业蓬勃发展，取得了世人瞩目的成就。各级人民政府对水文工作给予了重视和支持，保证了人力和经费。学习苏联有关经验，也加快了发展步伐。但在水文管理研究、行政法规建设方面则比较薄弱。

（三）曲折前进（1955—1978年）

在1958年到1978年间，中国经历了“大跃进”、调整时期和“文化大革命”。与整个社会形势相联系，水文工作呈现出曲折前进的状况。

1958年4月，由水利、电力两部合并的水利电力部召开全国水文工作跃进会议，制定了《全国水文工作跃进纲要（修正草案）》。1959年1月，全国水文工作会议提出“以全面服务为纲，以水利、电力和农业为重点，国家站网和群众站网并举，社社办水文，站站搞服务”的工作方针。在水利电力部的督促下，各省、市、自治区将水文管理权下放给地县。在一个短时期内，水文工作有新发展，但在1960—1962年经济困难时期，许多测站被裁撤，技术骨干外流，测报质量下降，水文工作陷入困境。1962年5月，水利电力部召开水文工作座谈会，提出“巩固调整站网，加强测站管理，提高测报质量”的方针。1962年10月，中共中央、国务院水文测站管理权收归省一级水利电力厅，扭转了水文工作下滑的局面。1963年12月，国务院同意将上海、西藏以外的各水文总站及其基层测站收归水利电力部直接领导，由省一级水利电力厅代管。1966年“文化大革命”开始后，水文事业遭到破坏。1968年，水利电力部水文局被撤销，一些省级水文机构也被合并或撤销。1969年4月，水利电力部军事管制委员会通知：将省一级水文总站及所属测站下放给省一级革命委员会。大多数省、自治区又将水文管理下放给地县，再度出现上次下放所产生的问题。1972年，水利电力部召开水文工作座谈会后，陆续有所纠正，水文工作情况开始有所好转。1976年10月，粉碎“四人帮”。1977年12月，水利电力部召开全国水文战线学大庆学大寨会议，提出要加快水文队伍革命化，加快水文技术现代化的步伐，为水利电力和其他国民经济建设的新跃进当好尖兵。水文工作走向恢复和发展。1978年，水利电力部成立水文水利管理司，省级水文机构也陆续恢复，但水文管理仍大部分在地县。

在“大跃进”时期，水文站快速发展，1960年达到3611处。还在水库、灌区建立了大批群众站，但许多站建设质量不高。1960年水文资料能刊入《水文年鉴》的水文站只有3365处，而在经济困难时期又大批裁撤。1963年底基本水文站减为2664处，群众站大部垮掉。调整时期水文站有所恢复。1963~1965年，水利电力部水文局组织对中小河流的站网进行过一次验证分析。“文化大革命”初期，水文站又裁撤了一些，1968年底有水文站2559处。1972年后有所恢复。1978年底水文站增至2922处。

在“大跃进”期间，广泛开展技术革新的群众运动有一定效果，但要求过高过急，也出现过一些浪费。在经济困难时期，测报质量下降。1962年后，各水文机构进行了测站基本设施整顿，努力贯彻规范。至1964–1965年，定位观测资料质量达到了当时的历史最好水平。在“文化大革命”中，绝大多数水文职工坚守岗位，基本保持了测报和整编工作的持续进行。但规范被批判，出现无章可循、质量下降的现象。从1972年起，水利电力部水利司组织修订新规范并出版水文测验手册，扭转了局面。70年代中，水文缆道和水位雨量自记有明显进展。1976年，长江流域规划办公室水文处试用电子计算机整编刊印水文年鉴成功，以后陆续推广。从70年代起，随着地下水的大量开发和江河水污染的加剧，水利、地质部门的地下水观测和水利、环保部门的水质监测也都有了显著进展。

“大跃进”时期，针对中小水利建设急需，各地普遍编制《水文手册》，供中小工程水文计算使用。1959年8月，水利电力部水文局召开算水账工作会议，推动此项工作。1963年出版了《中国水文图集》。70年代中，许多地方重新修订了水文手册。1975年淮河大水后，开展了对防洪标准及可能最大降水和可能最大洪水的研究。

“大跃进”时期，水文教育和科研都有所发展。1958年，中国科学院地理研究所成立了水文研究室。随后在中国科学院系统成立冰川、沼泽、湖泊等研究单位。

1959年中国在新疆乌鲁木齐河源建立起中国第一个高山冰川研究试验站。1962年，水利电力部设立南京水文仪器研究室。1964年，中国水利学会水文规划委员会在武汉召开全国水文预报学术讨论会。1966年，遇到“文化大革命”的严重破坏。水文教育制度被打乱。1969年，水利水电科学研究院被撤销。粉碎“四人帮”后，1977年成立南京水文研究所，1978年恢复水利水电科学研究院，成立泥沙研究所，翌年成立水资源研究所。水文教育也逐步恢复。《水文工作通讯》于1959年改为《水文月刊》，1960年停刊；1963年恢复，称《水利水电技术（水文副刊）》，1966年“文化大革命”开始后又停刊，直到1979年才恢复。

从1960年中苏关系恶化后，中国水文界与国外的交往很少。1973年，中国派谢家泽参加世界气象组织成立100周年水文庆祝大会；之后派人员参加第一届国际水文会议，还参加了联合国教科文组织的国际水文计划，情况开始转变。1977年，中国水利学会水文专业委员会参加国际水文科学协会。从该年起，中国举办过三期国际洪水预报讲习班。

这一期间的进展和挫折，管理权的两次大范围的下放和上收，为水文工作提供了宝贵的经验教训。对水文资料积累和水文服务的关系，自力更生与国际交流合作的关系，也有了比较深刻和全面的认识。

（四）改革开放（1979—）

1978年底中共十一届三中全会以后，中国进入了改革开放的新时期。水文工作也进入了新的发展阶段。

1979年2月，水利、电力两部分开，水利部恢复水文局。1982年，水利、电力两部再次合并。到1984年，除上海外，全国各地水文管理权已经上收到省一级水利电力厅局。1988年4月，水利部再次单独成立，水文局改为水文司，一些具体业务并入水文水利调度中心。1994年1月25日水利部水文司正式成立。对全国水文工作进行行业管理，负责部属水文站网的建设与管理，组织全国水资源调查评价。1999年6月25日，水利部成立水文局，明确将水利部水资源水文司承担的有关指导全国水文工作的职能划入水文局。明确水文局为水利部承担行政管理职责的事业单位，负责全国水文行业管理，受水利部委托负责水利系统通信行业管理和全国水利系统计算机应用行业管理。

在此期间，水文站网的测站数有所增长。1988年基本水文站达3450处，连同其他测站，共有21050处，之后有缓慢下降趋势。1990年水文站3265处，测站总数为20106处。此期间广泛开展站网分析研究，设置了江西德兴雨量站密度实验区等基地，并着手编制《水文站网规划导则》。1985年编制了水质监测规划，1988年提出了2000年水文站和雨量站建设规划，1989年编制了地下水观测井网规划。1999年水利部《水文基础设施建设实施意见》颁发。水文站达到3657处，测站总数达到42067处。至2000年，基本水文站3124处（含其他部门管理的水文站244处），水位站1093处，雨量站14242处，水质站2861处，地下水监测站11768处，向县级以上部门水情站7559处，与1998、1999年比基本水文站减少533处，主要原因是以前部分省、自治区统计的资料将水文部门专用水文站也列入其中，这与统计要求不符；二是一些省、自治区误将流域机构水文部门管理的水文站统计在内，造成重复统计并使其他部门基本水文站偏大。2000年各类水文站网在保持稳定发展的同时，逐步进行了优化调整，雨量站、水质站、地下水监测站点有所增加。

在此期间，水文测验技术有显著进展。1990年水位、雨量自记站在总站数中的比例分别达到了59%和62%，流量、泥沙测验的仪器设备、测验方法方面的研究取得了许多新成果。安徽、河南等地还开展了能迅速地反映水质情况的水质动态监测。1985年，水利电力部颁布《水文勘测站队结合试行办法》，站队结合改革在全国铺开。至1990年，完成了119处基地建设，并扩大了收集资料的范围。长江水利委员会水文局在大宁河，四川省水文总站在渔子溪进行了无人值守水文站和用卫星传输水文数据的试点，取得了成功。从1982年起，对水文测验规范进行了全面修订，并制订了一批水文仪器标准。1992年11月，全国水文勘测工技术大赛在长沙举行。1999年12月全国水文测报设施更新改造工作会议暨水文测验新技术、新仪器推广应用交流会在北京召开。1999年10月国际标准化组织水文测验技术委员会（ISO/TC ll3）第二十届工作会议在北京召开，来自印度、美国、英国等国家和国内水文测验专家参加了会议。期间国内引进并推广欧美等先进测验仪器，取得良好效果。

在此期间，水文系统的电子计算机应用有了长足的发展。水利（电力）部水文局组织编制了资料整编的全国通用程序。1980年，全国水文资料中心成立。从1985年起，在全国流域的省级水文单位统一配置VAX11系列小型机。至1990年，全国已全部使用计算机整编水文资料，整编技术也有了一批新成果。1984年，水文水利调度中心研制使用电子计算机的水情数据接收、翻译、存贮、检索系统取得成功，投入使用并向全国推广。在一些防汛重点地段，建立起水文自动测报系统，并实现了联机预报。从80年代起，筹建分布式全国水文数据库，至1990年开始在全国铺开。至2000年底，全国已有30个省（区、市）和流域的水文单位达到了国家水文数据库基本建成的标准（其中1999年通过验收的单位为16家，2000年增加8个），即数据库里实际存贮的数据量达到2000年的数据总量的80%以上，录入误码率应小于1/10000，并有较好的查询功能，基本可取代水文年鉴向外提供服务。另外，从1999年底起，根据国家防汛指挥系统工程项目办的安排，对原水文数据库系统设计进行了补充和修改。2000年4月完成了对原水文数据库系统进行的补充设计报告。

80年代中，水利（电力）部有关部门组织编制短历时暴雨径流查算图表，完成了历时洪水调查资料的汇编刊印。水文情报预报工作在1981年长江上游洪水、1985年辽河洪水、1988年和1989年嫩江洪水的防汛斗争中以及1998年大洪水中，发挥了巨大作用。1991年水文效益达40亿元，1995年全国主要洪灾区由于水文预报及时准确所减少的直接经济损失近150亿元。1998年，水文测报减灾效益达800多亿元，是1997年水文投入的110多倍。流域水文模型等预报技术进一步发展，预报服务面进一步扩大，在许多地方为水资源的调度管理提供依据。水文分析计算工作继续为流域规划、水利工程建设提供依据。并制订和颁发了一批技术标准。全国1998年度综合测洪精度和预报合格率达到90%以上。有关单位的水文专家对1998年大洪水进行水文分析和技术总结，全面分析了1998年大洪水的成因、发生过程、影响因素及一些重大问题，提出了《1998中国大洪水》分析报告，并对大洪水的测报工作进行了总结。1999年1月，由水利部信息中心主持召开的全国水文情报预报与监测业务技术经验交流会在哈尔滨举行。会议回顾并总结了过去水文情报、测验和测验工作的成绩和经验，提出了今后的工作目标和方向。

从1979年起，根据经济建设急需，水利（电力）部水文局组织各水文单位与有关部门合作，进行第一次全国水资源评价。1981年印发《中国水资源初步评价》。1987年出版正式成果《中国水资源评价》。许多地方在此次评价的基础上，逐年评价，编印刊出逐年的"水资源公报"。1980年6月《中国大百科全书·大气海洋·海洋科学·水文科学》卷开始组织编写。1985年《中国水图》开始编制，编制工作以南京水文所为主。1990年，水利部水文司编制《水文工作十年（1991—2000）发展纲要》。同年，《中国水文志》专题工作组成立，并于1997完成。

在此期间，水文科研工作有新进展。1979年12月，水利学会水文专业委员会在江苏无锡召开成立大会，同时，与南京水文所联合召开暴雨洪水理论学术讨论会，并于1981年底出版《暴雨洪水计算论文汇编》。1980年，受中国水利学会委托，水利部水文局和水文专业委员会在长沙召开第一次水文测验学术讨论会，会后将52篇论文编写成选集。1981年，成立南京水利水文自动化研究所。同年，将1979年恢复的《水利水电技术（水文副刊）》改名为《水文》双月刊，向国内外公开发行。1981年12月9日–17日，水利部水文局与中国水利学会水文专业委员会在四川成都召开全国水文预报学术讨论会，会后选用45篇论文编写《水文预报论文选集》于1985年2月出版。1983年10月中国地理学会冰川冻土分会在兰州召开全国冰雪学术讨论会及会员代表大会。同年水利部水文局在上海举办全国水文流域模型研讨班。1984年，成立水利电力部水质试验研究中心。在三峡工程的论证工作中，有关科研单位和高等学校对有关泥沙问题进行了大规模的物理和数学模型试验和演算，为工程决策提供依据。1985年11月18日–23日，中国水利学会水文专业委员会与部水文局在四川成都联合召开第二次全国水文测验学术讨论会。34篇论文推荐在《水文》杂志上陆续发表。1988年5月，水利部水调中心在西安召开全国水文预报学术讨论会，交流自1981年成都水文预报学术讨论会以来的经验和成果。1990年全国水文水资源情报网在成都召开水文计算学术讨论会。1995年11月20日—23日，海南省海口市召开了全国水文预报与减灾学术讨论会，Oconnor博士参加了会议。

水文教育，在纠正“文化大革命”错误之后正常发展。水利电力部先后在湖北襄樊、江苏扬州设立全国水文培训中心，举办国际水文培训班。1984年国际泥沙研究培训中心在北京成立。1990年全国水利职业技术教育学院在湖北成立。各级水文单位采取短训班形式，培训电子计算机、水文缆道、水质监测方面的人才。许多水文单位还组织青年工人进行文化补习、技术培训。各高等学校每年都开办培训班，培训内容丰富，许多知识讲座集理论与高科技实践于一体，收到了很好效果。

此期间的国际水文交流合作，繁忙多样。中国的水文机构参与了世界气象组织的水文委员会、联合国教科文组织的国际水文计划、国际水文科学协会、国际标准化组织明渠水流测量技术委员会等的活动。1980年3月24日—29日，第一届国际河流泥沙学术讨论会在北京召开（会议确定国际河流泥沙学术讨论会今后将定期举行），提交论文70篇，其中中国41篇，会后出版论文集两卷。1980年4月，我国出席国际水文预报学术讨论会，提交的《新安江模型》论文被列为主报告。1981年，中国签订水文合作协定书，组织多次人员互访、学术研讨。1984年，在北京成立国际泥沙研究培训中心。中国与一些邻国进行水情和资料交换。中外还合作建设了几个水文自动测报系统。1990年10月，由中国水利学会和国际水文科学协会共同主办的国际水资源水文基础学术讨论会在京举行，这次会议主要就水资源管理中的一些水文学基础等问题进行了讨论。1992年4月，水利部在上海举行第二次中美水文情报预报研讨会。1993年9月，水利部和爱尔兰Galway大学水文系共同组织的国际水文预报研讨会在北京召开。合办、承办的国际会议大量增多，出国考察、学习的人员也大量增加。1999年10月国际洪水与干旱学术研讨会在南京召开，来自国内外100多位水文、水资源专家参加了会议，并进行了学术交流。2000年6月，由水利部水文局局长陈德坤任团长的中国代表团参加了在法国巴黎UNESCO总部召开的第五次国际水文计划与国际水文科学协会（IHP/IAHS）联合学术讨论会。会议主题为环境、生命与政策水文学。

在水文管理方面，1984年底，水利电力部召开全国水利改革座谈会，提出水利工作方向是“全国服务，转轨变型”。1985年1月，水利电力部召开全国水文工作会议，确定水文改革的主要方面为全面服务，实行各类承包责任制，实现技术革新，讲究经济效益，推行站队结合，开展技术咨询和综合经营。水文改革有所进展，但水文经费短缺愈来愈严重。1987 年 4 月，国家计划委员会、财政部、水利电力部联合发出经国务院同意的《关于加强水文工作的意见的函》。其中，提请地方在水利水电基建费中，每年划出一定数额投资给水文部门用于发展水文事业。各地陆续贯彻后，情况有所好转。各水文单位在搞好基本工作的同时，积极开展技术咨询、有偿服务、综合经营以增加收入，有一定成效。1988 年，全国人民代表大会常务委员会通过《水法》。3 月，在全国水文工作座谈会上，杨振怀副部长提出水文工作的中心是贯彻《水法》，全面服务。1990 年，水文机构负责人座谈会对水文工作模式归纳为“站网优化，分级管理，技术先进，精兵高效，站队结合，全面服务”，指导水文工作向前发展。1992 年国家物价局、财政部《关于发布中央管理的水利系统行政事业性收费项目及标准的通知》明确了水文专业有偿服务。1999 年 11 月 25 日—27 日，水利部在北京召开全国水文工作会议，从跨世纪水利发展的战略高度，阐述了水文工作的重要性，提出“理清思路，明确任务，抓住机遇，加快发展”。2000 年 8 月水利部发了《关于加强水文工作的若干意见》(水文 [2000]336 号) 提出加强水文行业管理、理顺管理体制、完善水文投入机制、扩大水文工作内涵、加快水文现代化建设，转变思路、深化水文改革等方面的意见。在水文工作进入市场的情况下，从原来的全部公益服务向公益服务有偿服务相结合的方向转化。《水法》颁布后，水利部水文司着手起草水文工作行业管理的配套法规。水文局成立后，水利部明确了其管理职能，使水文工作行业管理更加规范。

中国水文工作的发展历程表明，社会的需求是发展水文工作的动力。中国水文工作随古代防洪抗旱、灌溉航运的需求而萌生发展，并随社会经济的兴衰而有起伏。新中国成立后，经济建设全面铺开，水文工作不断拓宽领域，加大力度。针对中国严重的洪水、泥沙等问题，发展了有中国特色的水文学科学与技术。

第二节　水利水文的概念

一、水文科学性质及发展方向

(一) 水文学定义

“水文学”作为一门科学是在社会生产发展和人类活动需要中逐步形成的，它是一门年轻的科学。水文学的研究对象是降水、蒸发、入渗、地下水径流、河川径流以及溶解物或悬浮物在水流中的输送等。水文学主要研究地表面或近地表面的水。水文工作者一直研究符合这些现象的基本规律，理解和预测自然界一些与水有关的现象。国际水文科学协会（LAHS）虽以水文科学命名，但并未给出水文科学的定义，仅在协会的章程中提到协会的宗旨是："促进水文学作为地球科学和水资源学的一个方面的研究；研究地球上水文循环和陆地上各种地表水和地下水、雪和冰及其物理的、化学的和生物学的过程，这些形态的水与气候及其他物理的和地理的因素间的关系以及它们之间的相互作用；研究侵蚀和泥沙同水文循环的关系：检验在水资源管理和利用中的水文问题以及在人类活动影响下水的变化；提供水资源系统优化利用的坚实科学基础，包括在工程设计规划、管理和经济方面传授应用水文学的知识等。"

美国联邦政府科技委员会于1962年定义水文学是一门关于地球上水的存在、循环、分布，它的物理、化学性质以及环境包括与生活有关事物的反应的学科。Wiesner于1979年在《水文气象学》一书中（罗树孝译）提出：水文循环之研究对象为水分在气态、液态和固态三种情况下之运动现象，如何由海洋、陆地和生物体中蒸发和蒸散到大气中。再经复杂之气象变化和降水过程回至地面，然后以各种不同方式进入几乎所有之合成物和有机体内。故"水文学"亦可解释为水文循环之科学。1987年《中国大百科全书》定义水文学是关于地球上水的起源、存在、分布、循环运动等变化规律和运用这些规律为人类服务的知识体系。1988年，美国水文科学机遇委员会给水文科学的范围定义为：①陆地水循环中一切尺度的物理和化学的过程，以及和水循环相互间有重要作用的生物学过程；②地球系统所有方面的全球水平衡的时空分布特性。

也有人提出水文学是一门研究水在地表和地下的数量和质量特质的地学学科，水文学和湖泊学是需要互为辅助的学科。

（二）水文学术界的争论

水文学是地球科学的组成部分，也是现代技术科学的一个领域。水文学是研究地球上水的起源、存在、分布、循环、运动变化规律的科学，从1856年达西定律或1889年推理公式算起，水文学体系的形成和发展过程已一百多年。今天，水文学已发展成有一系列分支学科组成的涉及整个水资源，并与多边缘学科相互渗透的、与社会科学紧密联系的一门综合性学科。但是，由于水文现象复杂性，同时受大气、下垫面和人类活动的多重影响，实践中又往往要求对水文现象和水文要素做出定量的预估，再加上多个边缘学科的引进（应用数学、系统论、生物化学等），以及人们在应用中加入某些假设和主观臆断，从而使当今国内外水文界对水文学的评价和前景产生了不同的认识和观点，在不少的国际会议（也包括一些国内会议）展开了争论，归纳起来主要有两方面，即科学与技术、科学与生产应用的关系，数学方法与物理基础的关系。

1. 科学与技术之争

从1983年的第18届IUGG大会期间，IAHS就组织了关于水文学发展方向的讲座，并提出进行“2000年的水文学”问题研究，曾任国际水文科学协会主席（1975—1979年）及国际科学联合会理事会主席（1991—1995年）的爱尔兰Dooge认为水文学的发展要加强其服务作用，并出于应用而不断扩大信息来源，以求进一步深入认识水文现象本质，达到更好地为实践需要服务的目的。1983年他在第18届IUGG大会上应邀作“地球上的水”的报告，指出：“由于水的广泛影响（物理学的、生物学的、经济上的、社会上的），水文学家常常超越作为地球科学一个分支的界限。”他还提到“最早期的水文活动是因为实际需要而进行”。这些观点在当时尚未引起争论。到1986年在罗马召开的“未来的水”学术报告上，英国Beven提出由于当前水文学中所应用的一些假定以及建立在这些假定基础上的公式和实际现象有很大出入，从而认为水文学的发展遇到了危机。美国Yevjveich认为由于人类活动及环境变化，原先水文学只限于流域内研究问题已经不够用，从而限制了水文学的发展，因此应该大力加强理论工作。1987年美国Bras和Eagleson提出了“水文学是被遗忘的科学”文章，认为水文学作为地球科学中的一员，但尚未建成现代的科学体系，给水文学保留的位置尚属空白。他们抱怨说几十年来水文学承担的实际应用问题太多，以致耽误了本身的科学建设，例如水文学问题的尺度、平衡、稳定、遥控联系、时空变化等问题都有待于开展基本研究，但由于大量的水文研究是针对实际问题，因此无暇顾及水文学的基本研究。这些问题的提出，为自1987年第19届IUGG大会以来关于水文学性质和发展方向的论战拉开了序幕。

（1）关于认为水文是科学的论述

在1987年第19届IUGG大会上，加拿大的Klemes当选为IAHS主席。在他的任期开始，就尖锐地提出了水文学当前存在的问题。他强调应当把水文学当作地球科学的一个强有力的方面发展，并认为“水文学家不能跟在水资源管理后边跑”。他极力主张“水文学是科学，不是技术”，因而认为解决工程需要的水文问题“不应当是水文学分内的事，”他认为水文学由于背上水资源工程这个沉重的包袱而延缓了自己的发展。1988年klemes在大会期间再次阐明他对未来水文学发展方向的观点。他认为，水文学目前尚未能建立其巩固的科学基础，这种轻视水文科学基础的倾向正是由于把水文学当作纯粹的数字游戏而很难根除。他呼吁水文界应当努力加强水文学的自然科学意义，并防止水文教育和水文实践中偏离物理过程而陷入数学迷魂阵（正如爱尔兰Nash所说的“黑板水文学”一样），否则水文学就会陷入绝境。因为不建立在可靠的水文学基础上所拿出来的数字，而仅仅根据一些抽象的假设或概念的演算而得出的数字如果就能适应需要的话，那就可以根本不要水文学家。因此当务之急是重视加强水文学的科学基础工作。尽管字典上解释水文学是一门科学，但是，贴着水文学标签的四分之三的工作包括大量研究论文、教科书、手册及大学课程，归根到底不属于水文学的范畴，而是企图在缺乏水文学知识的条件下，解决与水文有关的技术。因此当前水文的任务不是提高对水循环的认识，而是解决与水有关的紧迫问题，这些与水有关的技术不可能使水文学本身形成一门科学。他认为当前水文学科领域存在一种偏向，就是侧重于解决与水有关的技术问题，或者说把水文学者变成水利工程师、水资源管理人员，只回答一个水文的数字，例如，给出一个大坝所必须提供的设计洪水相应的洪水水位有多高？一个地区的水资源评价的数量有多少？等等，而忽视了水文本身的研究。这方面的论点与当前水文学的发展水平不如其他科学迅速有着一定关系，始终担心水文学的发展裹足不前。

1989年在联合国教科文组织和国际水文科学协会组成的水文教育专门小组，于1990年提出专门报告，建议把水文教育放在地球科学系，加强基础学科的科目，以及包括水文循环的各类水文现象的物理机制，陆面及大气间热通量和水分通量的耦合以及全球水文气候学等科目的学习。

美国水文科学机遇委员会于1991年发表的《水文科学的机遇》报告认为，一个时期以来水文学过多地去解决实际问题，因而妨碍了水文学的发展，未能建立起水文学自己的体系。他们提出要把水文学当作地球科学的一部分，而不应再成为解决水资源工程问题的附庸。今后的水文科研工作重点应放在水文循环的化学和生物学分支、动力学作用尺度、水储量和水分与能量通量一致的全球尺度观测，以及人类活动的水文效应等方面。

(2) 关于水文是技术的论述

另一种观点认为水文学的发展动力主要来自对人类社会的服务与应用，来自社会对水文学的需要。1987—1991年期间任IAHS水资源系统专业委员会主席、1991—1995年期间当选为IAHS主席的Shamir认为，水文学是水资源管理的基础，水文学的前进恰恰是水资源管理的需要来推动的。曾任国际水力学研究会主席（属国际科学联合会理事会）的Plate于1990年在他担任水研究委员会主席时在联合国教科文组织的大会上说："有人说水文学在成长过程中，由于和区域水资源开发联系在一起，似乎失去很多。但是，如果不扎根到区域水资源问题，水文学不但不会对工程师和科学家有诱惑力，也不会引起人们的重视。"他认为水文学要解决实际问题，要把水文学的界限伸展到水循环以外的领域去，并且认为水文学发展到今日已经不是纯自然科学，而是解决与水有关问题的综合科学。

(3) 关于水文科学两重性的论述

一位日本学者则赞成1950年美国 Willians 的一种说法，即水文学在自然科学中有其独特的一面，即其成长往往与其他有关的科学的新发现有联系。

爱尔兰的 Nash 认为，水文学家有通过观测和试验来寻求在流域的或更高层次上的经验关系的做法，并且公认这种方法是合理的，而不是单纯依靠对基础物理学定律的综合。1991年他在一篇报告中，提出水文学既是一门科学，又是一种多门基础科学应用的学科。他认为水文学应当建立在基础科学和应用两个支柱上，或者说，水文学有两重性的作用，而过分依赖其中之一就会导致灾难。

赵人俊1991年在《从实际出发研究水文学》一文中说："国内外正在讨论水文学如何发展的问题，比较公认的看法是：发展得比较好的是一些实际应用的方法技术，可统称为工程水文学。但作为水文科学，则尚缺乏科学体系与科学方法，理论水平不高，原因在哪里？有的认为是没有找到一个合适的数学理论，有的认为是没有与地理地质等学科联系起来，有的认为是工程师出身的人修养不够，也有的认为能实用即可，不必追求科学理论。但仔细回顾一下，情况不是这样简单。只要有一种新的数学出来，在水文上都是有反映的，有时还很强烈。富里哀级数，概率论与数理统计，随机过程与时间序列分析、模糊数学……但其结果，用于工程问题则可，揭发水文规律则无。其他学科的知识也有引进，如地质之于地下水、地貌之于汇流……但也未在揭发水文规律上起多大作用。归结起来，没有从水文的实际情况出发是一个根本原因。往往是把别的学科的理论与方法在水文问题上套用，并未与水文规律结合起来。如概率论与数理统计，在工程水文学中用得很多，但实际的水文现象及其观测资料，并不符合一般概率论的前提要求。又如水力学，是河道与流域汇流的基本理论，但由于水文现象的边界条件很复杂，直接应用水力学并不成功，等等。另外，还有一些成功的例子，如产流理论与山坡水文学，线性系统分析等，它们都是从直接研究水文规律得来的，不是从其他学科中搬来的。从其他学科中搬来一些先进的理论与方法，套在水文资料上以拔高水文学的科学水平，是不能成功的。套用一下比较省力，因为不必深入全面了解研究水文问题本身，只要找到水文资料即可。不懂水文的人也可以做这件事，而且成果的外观比较好看，容易受到重视。"

1987年出版的《中国大百科全书·大气科学、海洋科学、水文科学》卷中，对水文科学定义为："水文科学是地球上水的起源、存在、分布、循环、运动等变化规律，和运用这些规律为人类服务的知识体系。"即包括科学性质和应用两个方面的内容。在中国提交给第20届 IUGG 大会的《国家水文科学报告》中，是这样回答这个问题的："40年来中国水文学发展的实践证明，水文学的发展动力是社会的需要，是生产实践的需要。只有坚持水文学为国民经济建设服务的方向，水文学才能随国民经济建设的发展而取得大的进展。”“社会实践向水文学提出一系列新的要求和问题，水文学必须适应新的形势，不断丰富和补充新的工作任务与相应内容，把水文学提高到新的水平。”

2. 数学方法与物理基础的关系

20世纪60代以来，由于计算机的发展，水文研究工作广泛地使用各种复杂的数学方法，这是其他学科相互渗透的结果，对水文学的发展起到了一定的作用。的确，在使用数学方法时也出现盲目性和脱离水文基本概念的现象。klemes曾经指出，水文学本身是一门科学，而不是其他科学的附属物。但是，目前尚未能建立起巩固的科学基础，这种轻视水文学基础的倾向正由于把水文学当作纯粹的数学游戏而很难根除。中国著名的物理学家周培源，1984年在南京紫金山天文台召开的一次天文科学大会上指出，科学研究应着重于物理机制，而不是数学，离开了物理实质，数学是无用的。

(三)21世纪水文科学的发展趋势

当今水文界的争论焦点在于水文学的基础与水文学为生产服务的关系问题。不难看出，水文学的基本研究和水文学为生产服务是十分必要的，两者不能偏废，而应有机地结合起来，在为生产建设服务的过程中，探索水文学的基本规律，促进水文学的发展。正如1987年Dooge所说，人类对水文现象的不断深入认识和对水文规律的提示是通过理解—应用—理解这样一个循环往复的过程进行的。因此，水文学的发展要加强其服务作用，并出于应用的需要而不断扩大资料信息的来源，以求进一步深入认识水文现象的本质，达到更好地为实践需要服务的目的。

然而，水文界的争论是客观存在的。究其原因不外乎三个方面：第一，在科学研究或生产应用中，忽视水文基本规律、基本概念，在使用数学方法时，生搬硬套、张冠李戴，缺乏物理基础，脱离实际。正如klemes曾经引用水文杂志某编辑审核某研究生的论文时所说的，授予该研究生的学位他无异议，但希望告诉该研究生，洪水的形成是由于暴雨和融雪，而不是过剩的随机数。这一段话是对那些忽视水文基本概念的有力讽刺；第二，在研究过程中，由个别到一般，由局部到整体，由低级到高级是一种规律，应该允许的。只看到一面而忽视了另一面，总认为自己研究的东西是正确的，旁人研究的东西是错误的。例如，产流汇流是径流形成过程中两个既有区别又有联系的环节，于是，有的看重产流研究，否定汇流研究：有的着重汇流研究，否定产流研究，各持己见，莫衷一是，无补于研究工作的深入和发展；第三，对水文学的基础研究，缺乏统一的认识。不少学者认为当今水文界轻视水文学基础的倾向十分严重，强调要加强水文学的基础研究。什么是基础？如何加强基础？在认识上不一致，可能把一些属于基础研究的东西批判了，或者借批判忽视科学基础的研究而否定了应用研究的必要性。

无论是科学与技术、科学研究与生产应用还是数学方法与物理基础的关系的论争，一句话，就是当今水文水利界与生产实践之间存在着差距，科学研究要形成生产力，两者要紧密结合、互相促进，这个问题有待于水文工作者共同努力去解决。

近些年来，联合国教科文组织下属的国际水文科协提出和开展了许多有重大科学意义和社会意义的水文学国际合作计划。这些计划主要有国际水文计划第五阶段（IHP-IV）、水文和水资料计划（HWRP）、地球能量和水文循环实验计划（GEWEX）以及国际地圈和生物圈实验计划（IGBP）等。在科学研究工作中的重点，在于：①水文循环的化学和生物学分支；②动力学作用的尺度；③水储量和水及能量通量的协调一致的全球尺度观测；④人类活动的水文效应。

综合分析上述诸项国际科学工作计划，可以看出水文学正在出现的发展趋势，主要表现在以下几方面：①大尺度、宏观水文问题受到越来越多的重视，建立地区和全球水文模型成为今后一个时期水文学研究的主要方向；②把水圈、气圈、岩石圈和生物圈视为一个完整的地球系统进行研究，从系统的角度研究这些圈层之间的相互关系，并预测未来的变化；③人类活动对自然水圈，进而对全球环境影响的研究，将不是停留在目前一般性描述的阶段，而是发展到更高的水平，人—水圈—地球环境将可能发展成为一门新学科；④随着科学研究中全球意识的增强，上述问题的研究尺度范围将快速而全面地扩展到全球领域。

在这样的背景下，水文学获得了新的动力和机会，出现了许多新特点。这些特点主要是：①水文学的领域正向着为水资源可持续开发和利用服务的方向拓展，产生了水资源水文学；②在人类活动对自然水体进而对自然环境产生越来越多消极影响的前景下，水文学正朝着另一新方向一环境水文学方向发展；③现代科学技术使获取水文信息的手段和分析水文信息的方法有了长足的进步；④水文学和其他学科之间的交叉学科正在兴起，水文学不断分出新的分支学科；⑤水文学研究的国际合作空前加强，使水文学研究由国家规模发展到国际规模，促进了全球宏观水文问题的研究和交流。这些特点，标志着水文学进入了现代水文学时期。

第三节 水利水文工程的进程及发展

一、水利发展历程演变

(一) 社会经济发展与水利发展之间的互动机理

社会经济发展与水利发展之间表现为相互作用、相互激励、相互制约的关系。一方面，随着社会经济的快速发展，水管理政策制度的逐步完善，水利投资额的快速增长，会使水资源供给能力增强，水资源利用效率提高，农业用水比例下降，生态用水比例上升，水污染治理能力提升，水污染排放量减少，防洪能力增强，有效缓解水利发展的滞后性，促进社会经济可持续发展和生态环境健康发展，最终保障社会公众的生存安全生态安全与国家安全；另一方面，中国人口众多，人均水资源占有量少，且水资源时空分布不均，水旱灾害频发。社会经济快速发展过程中，由于水利发展相对于社会经济发展的滞后性，会导致用水总量、地下水开采量和水污染排放量增加，进而形成水资源短缺、水环境污染、水生态退化、水灾害加剧等相互影响的现代综合型水问题和多重水危机，制约社会经济的可持续发展，影响生态环境的健康。

相互影响的现代综合型水问题和多重水危机有：①水资源短缺，主要表现为从资源性短缺转向供水不足、水浪费和水污染相互作用形成的综合性短缺，水资源供需矛盾突出，水资源相对不足；②水环境污染，主要表现为从常规污染物的传统型污染转向新旧多种污染物相互影响的复合型污染；③水生态退化，主要表现为从最初忽视水生态保护、水资源过度开发导致的水土流失严重转向水污染加剧和水利设施管理不善导致的水生态恶化，虽局部水生态得到改善但整体退化；④水灾害加剧，主要表现为从水生态退化、江河防洪标准低导致的灾害损失增加转向极端气候事件导致的灾害风险上升。水资源短缺、水环境污染、水生态退化和水灾害加剧等4大水问题相互作用、彼此叠加，构成了相互反馈作用的复杂关系，对社会经济可持续发展造成了巨大挑战和严重威胁，对水生态环境健康发展的不利影响也将愈来愈强烈，最终影响社会公众的生存安全、生态安全与国家安全。

(二) 水利发展的历程演变及其特征表现

按照上述社会经济发展与水利发展之间的互动机理，随着不同时期经济发展阶段的演变，结合水资源、水环境、水生态、水灾害等4个维度的变化态势，水利发展必然经历3个过渡期。首先，实现从自然水生态赤字扩大向自然水生态赤字缩小转变；其次，实现从自然水生态赤字缩小向局部的自然水生态盈余转变；其三，从局部的自然水生态盈余向全面的自然水生态盈余转变，最终根本扭转自然水生态环境恶化的趋势。因此，水利发展历程的演变可分为以下 4 个阶段（所有数据来源于中国水利统计年鉴、中国环境统计年鉴、中国水资源公报、中国环境统计公报）。

1. 第一阶段（1949—1980 年），自然水生态赤字缓慢扩大期。从农业主导过渡为工业主导的社会经济发展过程中，主要以粗放型水资源利用方式为主，水资源过度消耗利用、水环境污染与水灾害危机渐趋严重，水生态退化态势凸显。此阶段的水利发展特征体现为：水利投资额占 GDP 比重的波动性较大，由 1958 年的 1.63% 提高至 1960 年的 2.29%，随后逐步下降至 1980 年的 0.6%；总用水量从 1949 年的 1031 亿 m^3 增长至 1980 年的 4408 亿 m^3，总用水量增加超过 3 倍，年均增长率达到 4.8%；人均用水量为 446.6 m^3，万元 GDP 用水量高达 9700m^3，水资源利用效率低下；1980 年废水排放量增加至 239 亿 t，水环境缓慢恶化。与此同时，水旱灾害成灾率达到 30%—40%，形成了对自然水生态环境的巨大冲击。由于水资源供给不足，地下水开采量逐渐扩大，导致水土流失面积缓慢增加，自然水生态系统逐渐退化，自然水生态赤字缓慢扩大。

2. 第二阶段（1981—2010 年），自然水生态赤字急剧扩大至开始缩小期。在工业主导的社会经济快速发展过程中，水资源从粗放型利用向集约型利用方式转变，水环境从污染日益严重向逐渐好转转变，但水生态退化渐趋严重，水灾害风险较高。此阶段的水利发展特征体现为：水利投资额由 1980 年的 27.07 亿元增长至 2010 年的 2319.93 亿元，年均增长率高达 16%。其中：① 1981—1997 年，自然水生态赤字急剧扩大，至 1997 年，总用水量持续增加至 5566 亿 m^3，用水量年均增长率为 1.4%，水资源供给严重不足。水资源利用效率虽有提高，但仍与发达国家存在较大差距，万元 GDP 用水量为 705m^3。废水排放量由 1980 年的 239 亿 t 增加至 1997 年的 415.8 亿 t，年均增长率达到 3.3%。地下水资源的过度开采、环境污染的加剧、开发建设活动的全面推进，导致水土流失面积快速增加，自然水生态系统快速退化。2000 年，水土流失面积占比 38%，防洪能力指数（高标准防洪保护区面积占防洪保护区总面积的百分比）仅 21%，使 20 世纪 90 年代水旱灾害明显增加，1990—2000 年水旱灾直接经济损失占同期 GDP 的比重平均为 3.3%。②自 90 年代中期以后，通过实施可持续发展战略，贯彻落实科学发展观，提出生态水利建设思想，促使自然水生态赤字由急剧扩大转为开始缩小，1997—2010 年，用水量年均增长率降为 0.6%。水资源利用效率提高，至 2010 年，万元 GDP 用水量为 151m^3，水土流失面积占比 37%，下降了 1 个百分点。同时，工业 COD 排放量由 1997 年的 1073 万 t 下降至 2010 年的 434.8 万 t，实现经济发展与工业 COD 排放量的脱钩。生态用水比例增加到 2%，主要江河湖泊水功能区水质达标率为 46%。防洪能力指数提高至 40%。

3. 第三阶段（2011—2030年），自然水生态赤字缩小、局部自然水生态盈余期。从工业主导过渡为服务业主导的社会经济发展过程中，水资源将得到合理配置与高效利用，水环境得到有效保护并日益好转，水生态退化态势被遏制并逐渐修复，水灾害风险降低并逐渐消除危机。此阶段的水利发展特征预计将体现为：通过实行最严格的水资源管理制度，水资源利用效率与效益进一步提高，2030年万元工业增加值用水量（以2000年不变价计）将降低至40m³以下，灌溉用水量和用水总量得到严格控制，灌溉用水量先达到顶峰，实现农业发展与灌溉用水量的脱钩。随后用水总量逐步到达顶峰，2030年用水总量控制在7000亿m³以内，实现经济发展与水资源消耗利用脱钩；通过建立健全水环境管理体制机制，加强水环境保护，2030年主要污染物入河湖总量控制在水功能区纳污能力范围之内，水功能区水质达标率提高到95%以上，水污染排放总量得到严格控制，水环境质量全面改善，实现经济发展与水环境压力脱钩。同时，通过加强水土流失治理与地下水管理，严格控制地下水开采，自然水生态系统长期退化态势被遏制，且自然水生态系统逐渐修复，自然水生态赤字达到高峰并逐渐缩小，出现局部的自然水生态盈余。

4. 第四阶段（2031—2050年），全面的自然水生态盈余期。在服务业主导的社会经济发展过程中，预计水资源高效利用、水环境有效保护、水生态全面修复、水灾害危机消除。此阶段的水利发展特征预计将体现为：2030年以后，用水总量与水污染物排放总量实现零增长，自然湿地保护率提高，地下水资源采补平衡，水灾害危机消除，实现经济发展与水资源消耗利用、水环境压力、水生态退化以及水灾害危机的全面脱钩。最终，自然水生态系统全面修复，实现全面的自然水生态盈余。水利发展更加注重自然水生态资产的增值，通过不断增加自然水生态资本的投入，包括水利工程建设的投入、水污染治理和水环境保护的投入、水土流失治理和林业建设的投入，以及防灾减灾体系建设的投入，为人类生存的生态环境带来巨大的自然水生态效益。

二、水利发展进程评价指标体系设计

（一）水利发展的四大目标体系

鉴于社会经济发展与水利发展之间的互动机理，为了保障社会经济的可持续发展与水资源的可持续利用，水利发展必须尽快形成完善的目标体系，主要包括四大目标体系：

1. 社会经济发展与水资源利用的目标，即构建绿色生产体系和覆盖全社会的水资源循环利用体系，按照减量化、再利用、资源化原则，完善水资源循环利用回收体系，持续提高水资源利用效率和产出效益，降低万元工业增加值水资源消耗，提高农田灌溉水有效利用系数，控制农业灌溉用水量和取水资源总量，减少水资源消耗利用，促使用水总量尽快达到零增长，加快实现社会经济发展与水资源消耗利用的脱钩。

2. 社会经济发展与水环境保护的目标，即减少废污水排放，控制水污染物排放总量，降低万元 GDP 水污染物排放量，提高城镇污水处理率和七大水系国控断面水质好于 III 类的比例；促使生活和生产的水污染物排放总量逐渐减至水环境容纳能力内，尽快达到水污染物排放总量零增长，水环境质量全面好转，实现社会经济发展与水环境压力的脱钩。

3. 社会经济发展与水生态修复的目标，即增加水生态资本，减少水土流失面积与荒漠化面积，提高生态用水比例和自然湿地保护率，严格控制地下水开采量，保障地下水资源的采补平衡，促使水生态系统尽快达到全面修复，加快实现社会经济发展与水生态退化的脱钩。

4. 社会经济发展与水灾害防治的目标，即增强抵抗水灾害的能力，降低水灾害发生的概率，降低水旱灾害直接经济损失占同期 GDP 比重，提高防洪能力指数，促使建立健全的水灾害防治体系，加快实现社会经济发展与水灾害危机的脱钩。

第四节　传统水利的特点及不足

一、中国传统水利的特点

“治水者治国”。四千年前的大禹，就是以治水成功而成为夏王朝的开国之君的。从传说中的大禹治水以来，除水害、兴水利的活动不仅是奴隶社会、封建社会农业经济的基础，而且是历代社会政治稳定的重要条件之一。因此，历代统治者对水利建设都不敢掉以轻心。这是中国古代水利之所以历经曲折，但依然能向前发展的社会原因。在漫长的过程中发展形成的中国传统水利，主要具有以下特点：

第一，水利门类齐全，水资源利用广泛

中国古代水利门类之全，水资源开发利用、之广泛，是世界上少有的，从防洪、灌溉、航运，到水产养殖、改善环境等工程，无一不齐，无所不包。这是世界上许多国家，包括一些文明古国所不能比拟的。商周时期在黄河流域已经有了系统排灌工程。最迟在西周，已有对堤防工程的经验总结。春秋时期，江、淮、河、汉的下游已有众多的运河工程。秦汉时期，城市供水工程开始大量兴建。东汉以后，各种水利机械相继发明和推广。可以这样说，现代“水利”二字所涵的主要内容，除水力发电外，中国古代在唐以前就完全具备了。

第二，工程多，规模大

中国古代水利工程兴建之多、规模之大也是世界上少有的。从北到南，全国主要水系的干支流上几乎没有一条河不曾修建过水利工程。特别是黄河、淮河、长江、海河、珠江、辽河几大水系，历代都有防洪、灌溉和航运工程的兴筑。其中除辽河水系水利发展稍晚，其他水系在先秦以前就有开发利用的记载。就连西北的吐鲁番盆地，其水利开发也可溯源于西汉。司马迁《史记·河渠书》中记述的水利工程建设，就已遍布中国主要水系的上、中、下游。稍后，北魏时期郦道元《水经注》中所记述的水利工程，则更是星罗棋布，遍布全国主要经济区域。中国古代水利工程不仅多，而且规模大。这一方面表现在工程效益和影响范围大，另一方面表现在工程量大。战国中期，西门豹主持兴建引漳十二渠，“溉邺，以富魏之河内”。秦灭蜀后，李冰主持修都江堰工程，使川西平原成为天府之国，为灭楚奠定了雄厚的物质基础。古代水利工程规模之大、耗费人力物力之巨，竟至于战国末期韩国鼓动秦国修引泾灌溉工程，企图以此来削弱秦国国力，免除其被秦吞并的威胁。两汉时期，黄河防洪工程更是规模浩大，在黄河下游形成两道气魄恢宏的千里大堤。西汉时，仅沿河十郡修堤费用，就“岁费且万万”。东汉王景治河，“发卒数十万”，虽简省役费，然犹以万亿计。“北宋农田水利建设在王安石时期达到空前的高潮。据不完全统计，兴修水利田，起熙宁三年至九年（1070—1076),(开封）府界及诸路凡一万七百九十三处，为田三十六万一千一百七十八顷有奇。”仅在开封等地引黄淤灌面积即达650万亩之多，这是古代埃及和印度的淤灌所不能比拟的。

第三，形式多样，各具特色

中国由于地域辽阔，地形复杂，气候多样，因此，在实践中创造了开发利用水资源的多种类型，既有蓄水工程，如春秋时期楚国修建的芍陂，又有众多的引水工程；既有有坝取水工程如战国时期的引漳十二渠、智伯渠等，又有无坝取水工程如秦国的都江堰、郑国渠等；还有两汉时期在淮河汝水流域和汉水唐白河流域出现的破库串联、长藤结瓜型的灌溉工程。汉晋以后，在东南沿海又出现了适应特殊情况的拒咸蓄淡工程。在新疆干旱地区，则创造了开发地下水资源的独特形式—坎儿井工程。中国水利工程的多样性、适应性和灵活性在世界上也十分鲜见。

第四，发明创造众多，水利著述丰富

中国古代在水利科学技术方面的创造，可以说不胜枚举。在水工结构方面，春秋时期就建成了拦河坝，战国时期已有堆石溢流坝，汉代则已有滚水坝和挑水坝，唐代则创造了空腹坝。古代坝工种类之多，居世界之首。水闸出现也很早，南宋时期出现了类似近代的船闸，末元时期则出现了多级船闸。中国船闸的出现，比欧洲荷兰、德国、意大利等国同类船闸的出现要早五六百年。在防洪工程中，我国创造了世上独一无二的坝工，堵口和截流技术在古代世界也遥遥领先。在施工方法上，秦代已利用物理、化学原理，创造了“积薪烧石，再以醋浇之”的石方开挖技术，西汉时期又创造了开挖隧洞的“井渠法”。在水力机械方面更是发明众多。东汉发明了水排、水车、水磨、水碾，还发明了倒虹吸。汉唐时期已有类似近代的水准仪。这些发明创造曾于汉唐时期先后传入欧亚许多国家，它的影响，史有明载。

二、传统水利存在的问题

水利是我国国民经济和社会发展的基础产业，传统水利工程是为达到除害兴利目的的基础设施。目前，随着我国经济的发展，面对资源紧张、环境污染加剧、生态系统破坏等严峻问题，新形势下对水利提出了越来越高的要求。传统工程水利相对落后的现状，已暴露出日益严重的水问题。这些都迫使传统工程水利必须加快改革发展，尽快向现代生态水利和可持续发展水利的转变。这是水利行业在新时期的奋斗目标和改革方向，也是水利工作者应该深入研究和思考的问题。

（一）传统工程水利建设现状及存在的问题

传统工程水利是指对社会经济可持续发展具有重要作用的防洪、排涝、供水、灌溉、水运、水力发电等为达到除害兴利目的而修建的基础设施，是防止洪涝灾害，进行水资源有效保护、开发和利用，以满足人们生产和生活需要的水利设施。新中国成立后60多年来，围绕防洪、排涝、供水、灌溉等，开展了大规模的水利基础设施建设，取得了巨大成效。

随着经济社会可持续发展，传统工程水利建设虽然做出了巨大贡献，但同样也带来了各种问题，对生态环境的影响也越来越明显，存在的问题分析如下：(1) 传统工程水利不重视把整个流域作为一个完整的系统进行规划、治理和管理，其涉及范围仅限于局部河道及其水工建筑物；(2) 传统工程水利是以功能性工程水利建设为主，是一种对自然的改造，对人与自然的和谐相处缺少考虑，对生态环境造成了很大的影响；(3) 传统工程水利比较重视对水资源功能的开发和利用，以追求短期最大的经济效益，而忽视了对生态环境的保护带来的可持续性长远社会效益；(4) 传统工程水利的河道治理是用最经济河道断面输送最大流量，经过工程化治理后的河道丧失天然河道的特征，裁弯取直，严重渠化，浅滩深潭消失，水流的多样性消失，生物栖息地遭到破坏，生物多样性下降，河道生态环境功能破坏严重；(5) 传统工程水利的水库建设破坏了水流和生态的连续性，造成了一系列生态环境问题，硬质堤防的建设破坏了水陆的物质交换和连续性，使大量湿地、河漫滩消失，生态系统遭到破坏；

(6) 传统工程水利建设从业人员人才结构单一，多是水利水文学相关专业，缺乏与生态水利相关的专业人才，缺乏多学科联动能力，缺乏对生态水利方面的研究。

(二) 对传统工程水利向现代生态水利转变的建议

1. 水利工作者要转变思路，树立治水新观念

要实现工程水利向生态水利的彻底转变，首先要理清治水思路，转变治水观念，树立现代生态水利新观念。

一是各级水利行政主管部门应该首先转变观念，起到行政主导作用，贯彻治水新思路，要树立水利管理法制化、市场化的新观念。要站在生态水利的角度来看待防洪、排涝、供水、灌溉、发电、航运等方面的具体部署和工作要求，在水利行政管理上，要逐步从政策法规、规划、计划、投入、管理、科研、教育方面，加大生态水利的分量与比重，以加速传统工程水利向生态水利的转变。同时，应该加强组织生态水利建设相关知识的宣传、研究和培训工作，修编传统工程水利大纲，制定与生态水利相适应的规划设计大纲，组织编制生态水利设计指南和工程验收办法，推动生态水利的快速顺利发展。

二是传统工程水利评审专家也应该率先转变思路，学习和研究生态水利新知识，同时要引进生态、环保、景观、园林等相关专业的年轻实力派专家，丰富专家团队的专业结构和知识体系，提升专家团队的评审指导水平。

三是传统水利规划设计院、施工单位、管理单位及其他从业单位，都应该积极转变观念，配备与生态水利发展相适应的多学科人才，提升社会责任感，切实将现代生态水利建设落实到位，避免水利工程大跃进形势下伪生态工程的泛滥。

四是各地政府部门要转变重目标效益和行政区域利益的观念，树立以市场为导向，以全流域综合利益为目标，重长期生态经济效益的观念。

2. 建立现代化管理机制

现代生态水利需要新的与之相适应的现代化生态水利管理机制，要加强对水资源的统一管理和市场分配机制，促进生态水利工作的全面开展。特别是从制定法规、健全管理机构和完善水利管理体制上做出努力，进一步推进水资源的生态管理。

3. 加强跨学科人才培养

为适应现代生态水利的发展，要加强跨学科人才的培养，提升水利工作者的技术水平，加强对生态水利系统的科学研究。同时要建立和完善生态水利的科研、教育以及勘测设计等业务部门，制定相关的计划和具体的工作任务，从而推动现代生态水利事业的快速发展。

过去一段时间，由于传统工程水利对水资源的无节制开发利用以及对短期经济

效益的追求，导致了河道生态基流不足、地下水位下降、湿地系统破坏、生态系统退化、水污染加剧等诸多问题。社会发展到今天，必须转变对治水的认识，正确处理好水资源开发利用与生态环境保护的关系，高度重视现代水利建设中的生态环境问题，推进生态文明建设。因此，生态水利是现代化水利工程建设的必然选择，是保护和修复生态环境的迫切需要，是经济社会发展对水利建设更高层次的要求，是生态城市建设对水利工程建设的要求。同时，生态水利的建设是一项涉及多学科的综合性的复杂工程，任重而道远，水利工作者要不断地研究和探索，努力推进我国生态水利事业的发展。

第二章　生态系统与区域生态效应

本章会对区域生态效应的概念内涵、具体特点和分类、主要研究内容、研究的难点与关键问题进行详尽的阐述。为后续章节深入分析研究水利工程的生态效应区域响应问题奠定了较坚实的理论基础。

第一节　生态系统基本理论

生态系统（Ecosystem）的概念最早由英国生态学家 A.G.Tansley 提出。他认为“完整的系统，不仅包括生物复合体，而且还包括人们称为环境的全部物理因素的复合体。这种系统是地球表面上自然界的基本单位，这些生态系统有各种各样的大小和种类”。生态系统这个术语的产生，主要在于强调区域内各种生物间、生物与周围环境间的功能上的统一性。生物与生物、生物与环境总不可避免地发生着相互联系、相互作用的过程，而且通过能量、信息与物质等的交换过程相互联结成一个整体，这种特殊的整体就构成一个生态系统。因此，生态系统是指在一定空间中共同栖居着的所有生物与其环境之间不断进行物质循环和能量流动、信息传递过程而形成的统一整体，是地球生物圈中的一个层次。

一、生态系统的组成结构

一个物种在一定空间范围内的所有个体的总和称为种群，而所有不同种的生物的总和称为群落（Population）。生态系统由生物群落和非生物环境两部分组成，而其构成要素多种多样，常常把其构成要素区分为四个组成部分非生物环境、生产者、消费者和分解者，其中后三个部分是生物群落的三大功能类群。

非生物环境包括参加物质循环的无机物和有机物，以及气候或其他物理条件，是生态系统中生物赖以生存的物质和能量的源泉，是生物活动的场所。主要有水、土壤、温度、风、大气、光、氧、二氧化碳、无机盐、非生命的有机物、岩石等等。

生产者指能利用无机物制造有机物的自养生物，主要有绿色植物，也包括一些蓝藻、绿藻、光合细菌等。它们的作用是能够把环境中的无机物合成有机物，并把能量以化学形式固定到有机物内。

消费者指直接或间接依赖生产者制造的有机物生长的异养生物，主要有草食动物、肉食动物、寄生动物、腐食动物等。

分解者又称为还原者，指把动植物残体的有机物分解为简单的化合物，并释放能量的异养生物，主要为细菌、真菌、无脊椎动物等。

水利工程的生态效应区域响应研究和评价的基本对象是生态系统，也就是说研究生态系统在水利工程建设和运行后，受到这个外力干扰作用下的动态变化响应，以及其累积结果，并对这些响应做出评价结论。

二、生态系统的基本结构与功能

生态系统结构是指生态系统中各组成成分相互联系的方式。

(一) 生态系统的基本结构

(1) 时空结构

时间结构是指由于时间变化而产生的生态系统的结构变化，时间上可以是一年四季的周期性变化，也可以是生态系统不同的发展时期。空间结构是生态系统各组成成分的空间分布或配置，包括各组成部分在空间上的规模、尺度、分布、排列以及相位关系的总合。

(2) 物种多样性

物种多样性是指生态系统中物种组成的多样化，是描述生态系统结构和群落结构的方法之一。物种多样性与生境的特点和生态系统的稳定性是相联系的。描述物种多样性的指标是多样性指数。

(3) 营养结构

生态系统中的营养结构即食物网及其相互关系。生态系统是一个功能单位，以系统中物质循环和能量流动作为其显著特征，而物质循环及能量流动在某种程度上说又是以食物网为基础进行的。

(二) 生态系统的功能

生态系统的基本功能是物质生产、能量流动、物质循环和信息传递。

(1) 物质生产

生态系统中的物质生产主要是由绿色植物担当的，把太阳能转变为化学能，贮存在有机物中以供生态系统中各种生命活动的能量所需。生物生产包括初级生产和次级生产过程。前者是生产者把太阳能转变为化学能的过程，后者是消费者的生命活动将初级生产品转化为动物能，这两个过程彼此联系，但又是分别独立进行的。

(2) 能量流动

能量指物质做功的能力。生态系统中的能量流动是指能量通过食物网在系统内的传递和耗散过程。生态系统中的能量包括动能和势能两种形式。生物与环境之间以传递和对流的形式相互传递与转化的能量是动能，包括热能和光能；通过食物链在生物之间传递与转化的能量是势能。所以，生态系统的能量流动也可以看作是动能和势能在系统内的传递与转化的过程。

(3) 物质循环

生态系统中的物质主要是指生物维持生命活动正常进行所必需的各种营养元素。包括近30种化学元素，其中主要是碳、氢、氧、氮和磷五种。这些营养物质存在于大气、水域及土壤中。物质循环是指生命活动所需的各种营养物质通过食物链各营养级的传递和转化，周而复始地循环，完成生态系统的物质流动。物质循环和能量流动不同，它不是单向性的。同一物质可以在食物链的同一营养级内被多次利用，各种复杂的有机物质经过分解者分解成简单的无机物质归还到环境，再被生产者利用，周而复始地循环。

(4) 信息传递

信息传递（信息流）指生态系统中，各种生命成分之间及生命成分与环境之间的信息流动与反馈过程，是生物之间、生物与环境之间相互作用、相互影响的一种特殊形式。它的作用与能流、物流一样，是把生态系统各组分联系成一个整体，并具有调节系统稳定性的作用。整个生态系统中能流和物流的行为由信息决定，而信息又寓于物质和能量的流动之中，物质流和能量流是信息流的载体。

生态系统的核心组成部分是生物群落，通过生产者、消费者、分解者的相互作用而构成食物链和食物网，使由绿色植物固定的来自非生物环境的物质和能量能不断地在生物间转移，最后回到环境中，形成物质循环和能量流动，此过程还存在系统关系网络上一系列的信息交换。任何生态系统都在生物与环境的相互作用下完成能量流动、物质循环和信息传递的过程，以维持系统的稳定与繁荣。因此，能量流动、物质循环和信息传递是生态系统的三个基本功能。

生态系统中的三大功能类群的生物学过程有生产者与有机物的合成过程、消费者与有机物的转化过程、分解者与有机物的分解过程等。上述三个基本功能与三个生物学过程密不可分。

三、生态系统的特点

在生态系统的组成中可知道，其中含有生命成分同时，生物群落又是生态系统的核心，因此就使得生态系统具有生命特征，进而使生态系统成为一般系统的特殊形态，其组成、结构、功能、调控及研究方法等都不同于一般的系统。

1. 生态系统具有一定的自动调控功能。自然生态系统中的生物与其所处的环境条件经过长期的进化适应，逐步建立了相互协调的关系，从而使生态系统具有一定的自动调控能力。具体主要表现在下列方面：

(1) 同种生物的种群密度的调控；

(2) 异种生物种群间的数量调控；

(3) 生物与环境间相互适应的调控。

上述这些调控常常可达到生态系统功能上的协调和动态平衡。

2. 生态系统具有空间结构。生物所处的环境是实实在在的实体，所以生态系统通常与一定的空间相联系，反映一定的地区特性及空间结构。生态系统往往以生物为主体，呈网络式的多维空间结构。

3. 生态系统具有随时间变化的特点。随着时间的变化，生态系统中的生物发生着产生、发展、死亡的变化过程，同时环境也在不断地演变和更替。因此生态系统和自然界许多事物一样，发生着产生、形成、发展的过程，也有着发育、繁殖、生长和死亡的特征。生态系统可分为幼年期、成长期和成熟期，并表现出鲜明的历史性特点和特有的整体演化规律。

4. 生态系统具有开放性特点。无论何类生态系统，都具有不同程度的开放系统，不断地外界输入能量和物质，经过不断的转换而输出，进而维持系统的有序状态。

四、生态系统的类型划分

生态系统处在一定区域内，是通过能量流动、物质循环和信息传递构成的具有特定结构的功能整体。凡有生物的地方，生物就与其相应的居住环境构成一个生态系统。对生态系统类型的划分，目前尚无一个统一和完整的分类原则，为便于研究，常常按以下方式划分：

1. 按生态系统的形成和人类对生态系统的影响

按生态系统的形成和人类对生态系统的影响程度来划分，可以将生态系统划分为自然生态系统、人工生态系统和半自然生态系统。

自然生态系统指未受到人类干扰或扶持，在一定空间和时间范围内依靠生物及其环境本身的自我调节能力来维持相对稳定的生态系统，如原始森林、荒漠等生态系统。

人工生态系统指按照人类需求建立起来的，或受到人类活动强烈干扰的生态系统，具体如农田、城市、果园、生长箱等。

半自然生态系统是介于自然生态系统和人工生态系统之间，也就是基于自然生态系统，通过人工对生态系统进行调节和管理，便于为人类服务的生态系统。人类经营管理的天然林、人工草场等均属于半自然生态系统。

2. 按生态系统的环境性质和形态特征

按生态系统的环境性质和形态特征来划分，可以将生态系统划分为陆地生态系统和水域生态系统两类。

陆地生态系统是地球上最重要的生态系统类型。根据植被类型和地貌的不同，陆地生态系统可划分为森林生态系统、草原生态系统、荒漠生态系统、陆地人工生态系统等。这些生态系统为人类提供了居住环境以及食物和衣物等生活必需品。

水域生态系统根据水体的理化性质不同，又可分为淡水生态系统和海洋生态系统。

淡水生态系统包括江河、泉水、溪流、湖泊、水库、池塘等，总体而言，可细分为河流生态系统、湖泊生态系统和沼泽生态系统。海洋生态系统也很复杂，由于海洋的连通程度很高，海洋生物的分布范围也大，从海岸线到远洋、从表层到深层，水的深度、温度、光照等不同，生物种类和活动能力、生产能力等有很大差异。所以海洋生态系统又可划分为海岸带系统、浅海带系统和远洋带系统。

与水利水文水利工程有关的典型生态系统主要有陆地生态系统和水域生态系统。

五、生物多样性

生物多样性是指地球上所有生物含动物、植物、微生物等，它们所包含的基因以及由这些生物与环境相互作用所构成的生态系统的多样化程度。通常包含遗传多样性、物种多样性和生态系统多样性等三个组成部分。

遗传多样性（genetic diversity）。遗传多样性是指生物多样性的重要组成部分，有广义和狭义之分。广义的遗传多样性指地球上生物所携带的各种遗传信息的总和，也就是遗传基因的多样性狭义的遗传多样性主要指生物种内基因的变化，包括种内显著不同的种群之间以及同一种群内的遗传变异。

物种多样性（species diversity）。物种是生物分类的基本单位。物种多样性是指地球上动物、植物、微生物等生物种类的丰富程度。物种多样性包括两方面：一是指一定区域内物种的丰富程度，可称为区域物种多样性；二是指生态学方面的物种分布的均匀程度，可称为生态多样性或群落多样性。物种多样性是衡量一定地区或区域内生物资源丰富程度的一个客观指标。

生态系统多样性（ecosystem diversity）。生态系统多样性是各种生物与其周围环境所构成的自然综合体，所有的物种都是生态系统的组成部分。生态系统多样性主要是指地球上生态系统组成、功能等多样性以及各种生态过程的多样性，包括生境的多样性、生物群落和生态过程的多样化等多个方面。其中生境的多样性是生态系统多样性形成的基础，生物群落的多样性可以反映生态系统类型功能的多样性。

遗传多样性是物种多样性和生态系统多样性的基础。遗传多样性是生物多样性的内在形式，物种多样性是构成生态系统多样性的基本单元。生态系统的多样性离不开物种的多样性，也离不开不同物种所具有的遗传多样性。

六、生态系统的恢复与重建

一般而言，复杂的生态系统受干扰后，恢复其功能的自我调节能力较强。因此，自然生态系统都具有一定的再生和恢复能力，当生态系统受到干扰或破坏以后，可以自我恢复。总的来说，为保持或恢复自然生态系统的再生产能力，应达到下述要求：

(1) 保护生物群落的建群种；

(2) 保护尽可能多样性的生境；

(3) 保护属于食物链顶端的生物和生境；

(4) 创造生态系统恢复或重建所必需的无机环境条件。

第二节　生态效应内涵及基本内容

一、概念与特点

生态效应是近十多年才出现的新概念和新名词，所谓生态效应，具体是指由人类活动和自然环境变化等引起生态系统结构和功能所造成的影响，其中人类活动引起的生态效应须特别加以关注。而《中国大百科全书》则认为，生态效应是由人为活动造成的环境污染和生态破坏引起的生态系统结构和功能的变化。此概念主要是基于生态负效应对人类生产、生活的影响和危害作用而定义的，侧重于从负效应角度研究生态效应。从全面的角度来看，一旦人类活动的因素或自然环境变化因素参与到区域生态系统的物质循环中，则势必影响生态系统的组成、结构及其功能，这种表现在区域生态系统中的响应，就是生态效应。因此，生态效应包含生态正、负效应。按照响应的主体来划分，生态效应可以分为生物个体、生物群体、生态系统等三个层次的效应。

由于生态系统是一个复杂的系统，因此其区域内人类活动和环境变化产生的生态效应具有整体性、波及性、潜在性和累积性的特点。在一定区域内，生态效应的整体性是指，生态系统各组成部分和要素的效应之间有相互确定的数量和空间关系，并通过一定的物质关系、能量关系和信息流动等发生作用。生态效应的波及性具体指生态系统某个组成部分或要素，一旦产生了生态效应的响应，往往会引起其他组成部分或要素在时间和空间上也产生一系列不同的效应响应。而效应的累积性则指，随着时间和空间的变化，生态系统组成部分和要素所产生的生态效应的响应会逐步累积，最后产生更进一步的效应变化和响应。

二、生态效应的分类

生态是指与生物也包括人类有关的各种相互关系的总和，即生物生存条件、生物及其群体与环境等的相互关系，包含生物、环境和关系三要素。因此，生态效应的分类，可以根据区域生态效应的响应原因和生态效应的响应结果等，将生态效应按多种方式来划分。

1. 按区域生态效应的响应结果来划分，可以分为生态正效应和生态负效应。

由于人类活动或自然环境的变化，使得生态系统的结构更稳定、组成更全面和功能更强大，生态趋于改善和稳定的生态效应，就属于生态正效应。人类活动产生的生态正效应十分普遍，如在干旱地区，通过科学规划兴建水利工程，可极大程度改善本区域的农业生态关系和生态质量，使农业产生明显的增产效应，农民也相应增收。

而所谓生态负效应，即是因人类活动的干预或自然环境的变化，使得生态系统结构不稳定、被破坏，其组成变得更单一或消失，其功能退化或完全丧失等的生态效应。美国科内尔州立大学等研究机构从生态系统的组成入手，对环境污染的生态效应进行了界定，认为其主要体现在生态系统生产力损失、生物生长行为和生态过程改变、物种多样性减少、群落结构变化和珍稀物种丧失等负面影响上，并在各生态组织层次上发生。生态负效应的例子比比皆是，如生活污水、工业废水的无序排放，从而使江河水体受污染，水质变差或恶化。

2. 按生态效应的响应原因来划分，可以分为污染生态效应和非污染生态效应。

污染生态效应主要是指因人类的活动，使环境受到污染，生物生存条件趋于变坏。此类生态效应从效应的响应结果来看应归属于生态负效应，如二氧化硫、二氧化氮、氟氯昂等的排放是环境和空气质量变差变坏，汞等重金属无度排入江河使水体受污染使得生态系统功能、结构和组成发生严重变化，这种效应就属于污染生态效应。

至于非污染生态效应，则是因非污染性破坏或变化即生态破坏，而非污染而产生的生态效应，如大型水利工程的建设、公路建设、围湖造田、乱砍滥伐等造成区域一系列的生态效应。非污染生态效应包含生态正效应和生态负效应。

三、生态效应的研究内容

从生态效应的概念定义来看，生态效应的响应主要还是从表象上进行定义，但缺乏从发生过程到内在机理的研究分析。产生生态效应响应的根源是人类活动的干扰或自然环境的变化，正因有这些干扰或变化，使得生态系统对此产生生态效应的响应，具体表现就是生态系统的结构和功能的变化。因此，从系统的观点来看，人类活动的干扰或自然环境的变化，同时与其相应引发的生态变化一起构成生态效应的外在表现。这两者间，是通过一定的内在机理进行联系和连接。生态效应的研究应包含外在表现和内在机理两方面。

生态效应的研究内容主要有：

(1) 明确生态效应的研究原则和指导思想、目标体系，建立生态状况的识别因子；

(2) 分析研究生态系统中各组成要素对生态效应的响应机制和内在机理、规律，研究生态效应响应在时间尺度和空间尺度上的累积因素和规律；

(3) 探索生态效应响应研究和评价的技术、方法及其模型，建立评价指标体系和判别标准，筛选指标体系中的评价因子，优选因子权重；

(4) 对确定为生态负效应的因子，努力寻求减轻或消除生态负效应的措施和方法，包含工程措施和非工程措施、生态修复技术。

四、研究的难点与关键

人类活动或环境变化对区域生态系统造成的影响，对生态系统来说，是生态系统所遭受的严重事件。全面、合理地研究分析对生态效应的区域响应，以及采取进一步的措施和对策，消除或减轻生态负效应，进而实现人类社会与生态的协调，实现人与自然和谐相处，促进经济社会的可持续发展，是生态效应区域响应研究的最终目标。但是，就目前而言，研究生态效应区域响应的难点和关键是：

(1) 有效的监测系统和监测网络没有建立，相应的资料很缺乏，人类活动或环境变化前后的生态情况缺乏第一手资料和数据；

(2) 生态效应响应研究还没有形成完善的体系，效应响应的外在表现与内在机理有机结合的过程研究还十分薄弱，时间尺度和空间尺度上的研究模型还没有统一和成熟，尚处于探索阶段；

(3) 在对重大人类活动或环境变化进行环境影响评价时，过去的做法没有考虑生态问题，所以所做的评价报告往往使人难以相信。因此，也就缺乏较行之有效的方法和模型，生态效应的区域响应问题尚处于起步初始阶段；

(4) 人类活动或环境变化前后的生态监测和分析评价工作尚缺乏有效的监督和管理体系。

第三章　水利工程与生态环境系统的相互作用

第一节　水库对天然径流的影响

河道上修建大坝挡水，与引水、泄水建筑物一起形成水利枢纽。水库储丰补枯，调蓄天然径流，尽可能按社会经济和生态环境用水要求控制或调节下泄流量，达到除水害兴水利之目的。为了充分发挥水利工程的社会经济和生态环境效益，将不利影响减小到人类和生态环境系统可以承受的程度，就要研究水利工程与生态环境两者之间相互作用的原理、影响机制与途径，为流域规划、水利工程的设计、施工和运行管理揭示客观规律，提供理论依据。水利工程对生态环境系统的影响十分复杂、深刻、广泛和持久。有些影响是直接的、有些是间接的；有些是明显的、可以预见的；有些是潜伏的、难以预见的。本节以水库为例，探讨水利工程与生态环境之间的关系。

一、水库对天然径流的影响

修建水库首先影响天然径流的状态（水位、流量、流速、水体中其他物质），进而影响到生态环境中的其他因素。在河道上建坝挡水后，入库径流流速减小，水位上升，水库蓄水增加，水面面积增大，淹没土地和地表的植物和村庄，驱走动物，将陆生生态环境改变为水生生态环境。辽阔的水面使蒸发增加，直接减少了流域下游的径流量。由于水的特性，巨大水体使水温和水质分布结构发生变化，流水的动能转变为势能，增加了坝区地层的水压力，加上水流沿岩石的裂隙、断层下渗，改变了地应力的分布。水流流速减缓使水流挟带的泥沙在库内或库底沉积。对于给定的坝址及流域水文、气象、地形、地貌、地质等自然条件和社会、经济、生态环境状况，水库对这些因素的影响主要取决于蓄水容量（同时也确定了水面面积）。由水资源规划的知识可知，库容系数（ β = 兴利库容年平均入库径流量）表示水库对天然径流的调节能力，根据 β 的大小，水库可分为多年调节（如阿斯旺高坝）、年调节（如丹江口水库）、季调节（如三峡工程）和日调节等许多类型。能力越大，对天然径流的控制作用越强。比如，多年调节水库可以将丰水年的天然来水存蓄几年后供枯水年使用，对天然径流状态改变非常显著；日调节水库仅将一日内的来水按用水需要在日内不同时段重新分布，对天然径流状态的影响就比多年调节水库小得多。

水库的下泄水流除了受调节库容、水库运行目标与方式的制约外，还受到引水、泄水建筑物结构与规模和能力的影响。不管水库是否具有防洪功能，洪水水流通过泄水建筑物时，一般都会起到削减洪峰流量的作用，这种作用对具有防洪功能的水库更为显著。天然径流季节性差别很大，水库蓄丰补枯，使下游河道丰枯季节的流量差异减小，丰水期下泄水流减小，枯水期增大。如阿斯旺高坝库容系数 β 为2，库内还辟有另一条溢洪道直接入海，下泄水流几乎完全按水库运行目标与要求泄放。兴利用水一般比较稳定，各个月的日平均水库泄流均匀化，日平均流量的方差减小。天然径流一日内的分布比较稳定，但水库下泄流量在日内波动较大，有人称为“脉动泄流”。例如水电站调峰运行时，在电网高峰负荷期间的下泄流量比低谷期大得多。为了避免这种泄流方式对下游航运与水生生物的不利影响，有些地方建立了反调节水库，使日内流量均匀化。葛洲坝工程就是三峡工程的反调节水库。由于水流中的泥沙沉积在库内，下泄水流中泥沙含量减小，由此将引起下游河床形态的改变。水库水体的水温、水质改变后，也直接影响到下泄水流的水温与水质。

二、蓄水对上游的直接影响

水库形成几乎完全改变了库区原来的自然生态环境，主要影响表现在以下方面：

（1）淹没与浸没：库水位抬高将淹没蓄水区内的所有土地、森林和其他植物、城镇乡村、工矿企业、交通、通讯、输电、输油（气）管线及文物古迹，驱散陆生动物，几乎毁灭陆生生态系统，危及在一定范围觅食的稀有动物的生存。水库周边的地下水水位也随之升高，对某些耐湿性能差的植物生长不利。在一定地质条件下，低洼地方可能会出现沼泽化、盐碱化，这一现象称为浸没。

（2）水库表面蒸发增大，减小了流域总径流量。水库中的水体是一个巨大的储热体，能够调节库区及周边的气温，影响局部气候。

（3）水库中水流流速小，使泥沙沉积，不仅减少库容，如果沉积在库尾还可能影响上游航运，使上游河道水位抬升。

（4）水库水深比天然河道大得多，使底层溶解氧减少，气候变化对水温的影响力弱化，由此形成特殊的水温结构。流速减缓降低了水体的自净能力，使污染物质富集，重金属可能沉淀到水库底层，被底泥吸附，污染物质也形成分层结构。泥沙沉积使水体浑浊度降低，硅酸盐减少。

（5）如果库区存在发生地震的地质条件，由于蓄水，在巨大的水压力作用下，水流沿着岩体的裂隙断层渗透，可能改变岩体的应力分布，使原来存在的滑坡体移动下滑，甚至可能诱发地震。

(6) 水库蓄水运行后，根据水位变化情况，可以将库区分为三个区：水库防洪运行时，库水位在防洪限制水位和防洪高水位之间变化，这一区域称为洪水消落区，也称变动回水区；水库兴利运行时，库水位在死水位和正常蓄水位之间变化，这一区域称为常年回水区；由于一般情况下水位不会消落到死水位以下，死水位以下称为水位不变区。水库水位变化的这些特征影响到水库周边和水库消落区植物群落结构演变，水生植物和耐湿性植物逐步成为优势种群，鸟类、哺乳类、爬行类和贝类等动物的天然觅食地和栖居地环境改变，动物群落的物种、种群数量将重新调整。

(7) 水库改变为水生生态环境，为水生生物生存繁育增大了空间，适应静水或缓流的鱼类增加，适应在急流中生长的鱼类减少，总的来讲有利于渔业生产。水库水流状态、水温和水质结构发生变化，浮游生物、底栖动植物、鱼类等水生生物群落进一步发展，结构有所调整，优势种群产生变化。

(8) 大坝大都建在山区，蓄水后一般会形成风景优美的湖光山色。辽阔的水面不仅有利通航，而且是开展水上娱乐和旅游休闲的良好场所。

(9) 大坝建成后，截断了河流上下游，造成通航不便，妨碍某些鱼类的洄游。

三、水库对下游的影响

与河道天然径流相比，水库下泄水流状态变化对下游的直接影响包括：

(1) 水库水体的水温、水质结构变化，使下泄水流对河道中水生生物有一定影响，包括优势种群改变；对灌溉的农作物也有一定影响。

(2) 削减洪峰流量改变了天然洪水暴涨猛跌状态，可能会影响某些鱼类洄游或产卵。干旱季节流量增加，使许多原来受制约水生生物 (特别是鱼类) 生长的限制因子减少 (如水体空间、最低水位及低水位时间等)，优化了水生生物枯水季节和干旱发生时的生存环境，有利于水生生物、岸边植物生长。

(3) 下泄水流中泥沙含量减少，破坏了天然径流的水沙平衡状态，可能引起下游河道冲刷、塌岸、形态改变。如果大坝距河口较近，则有可能还会引起海岸或河口三角洲受侵蚀。

(4) 水利工程施工期较长，施工过程中的基坑开挖、弃渣堆放、机械操作，可能引起水土流失、环境污染。截流期与水库蓄水期下游河道水量锐减，在一定时期内也会影响下游用水和生态环境。这些影响与大坝下游河床发育情况、大坝离河口距离长短密切相关。像阿斯旺高坝下游没有支流加入，水库下泄水流引起的变化就比较广泛、深刻和持久。三峡工程下游有洞庭湖、鄱阳湖等水系和清江、汉江等支流汇入长江干流，上游下泄水流对生态环境的影响比阿斯旺高坝就要小得多。

四、水库蓄水对人类社会的影响

水利工程的目的是开发利用水资源，为社会发展、经济建设服务，其作用和效益在此不做进一步的阐述。与任何工程项目一样，建设总要付出一定代价。由于水利工程规模大、工期长，对人类社会的影响更为明显。

(1) 由于库区淹没，必须移民，且数量较多。移民将挤占其他地方的资源环境承载能力，异地安置还存在移民的适应问题。

(2) 搬迁将要淹没地区的交通、通讯、输电（油、气）管道及文物古迹，要支付较大的费用。有些文物古迹或者自然景观可能由于无法搬迁而被淹没、消失。

(3) 水利工程建筑过程中，施工期长，人群汇集，建筑物多。由于能源、交通、通讯等条件大为改善，大坝建成后，坝址附近形成了新的城镇，产生新的经济增长点，在土地利用、产业结构方面将有大规模的调整，使当地经济繁荣起来。

(4) 垮坝风险。如果对水库区域的水文气象、地质构造等情况了解不够，或者没有掌握客观规律，或者水利工程建筑物设计不完善，施工质量差、管理不到位，在某些极端情况发生时，可能垮坝。垮坝将会造成灾难性后果。

案例

丹江口水库是开发利用汉江水资源的关键工程，也是南水北调中组曲渠首水库，地处汉江上中游交界处，控制集水面积95200km^2，占汉江流域面积的60%。初期规模为：坝高162m，汛末蓄水位157m，相应库容174.5亿m^3，水面面积745km^2，年调节水库。水库1967年开始蓄水，1973年建成。1968–1989年间入库最大平均流量19200m^3/s，出库最大平均流量8350m^3/s，削峰率为56.5%。水库蓄水前每月平均流量占年平均流量的比例在1.8%—18.1%之间，最大与最小径流量相差10倍；蓄水后在4.9%—14.2%，最大与最小下泄流量相差不到3倍。最小日平均流量由建库前的192m^3/s提高到268m^3/s，增大40%。大流量（日流量大于5000m^3/s）的天数与建库前相比略有减少，中等流量（1000—5000m^3/s）天数大幅度增加，几乎占全年的2/3。小流量（100m^3/s以下）天数由建库前的占全年10.1%—12%增加到17.7%—20.4%。下游河道流量最大的月份由建库前的8、9月，改变为10月。

第二节　水库的气候效应

水体比岩石、土壤的热容量大。在河道上建坝蓄水后，水库中的巨大水体将白天的太阳能存储起来，待到晚上才逐步散发出来；甚至将夏季的太阳能存储起来，直到冬季才逐步释放出来。大型水库可能对局部气象要素（如蒸发、气温、温度、降水、风和雾等）产生一定影响。气象要素改变程度取决于水库水面和蓄水量的大小。

一、水面面积与淹没范围的计算

水库水面面积及蓄水量的计算属于水资源规划的内容。根据水库的特征水位（如正常蓄水位、防洪高水位，校核洪水位等），在地形图上就可以确定水面面积（即淹没范围）和蓄水量。一般分为静库容法和动库容法两种方法。

(1) 静库容法

静库容法将水库水面作为一个平面，根据特征水位即可以在相应比例的地形图上计算出水面面积和蓄水容积。

(2) 动库容法

入库径流一般为非恒定流。在水动力作用下，狭长型水库或一般水库洪水期的水面并非一个平面。这种情况下就要计算动库容及相应水面面积。具体计算表参阅“水力学”书籍。

确定了不同特征水位的水面面积就确定了淹没范围。对淹没范围进行调查、统计，就可以掌握水库淹没损失及移民人数。

除了水库蓄水产生淹没以外，有些水库还可能产生“浸没”。所谓浸没是指水库地表水位升高后，在一定的地质条件下，使水库周边地区地下水位抬升，某些低洼地带的地下水位高出地面，出现沼泽化现象，有些地方还可能出现盐碱化。浸没对耐湿性差的植物生长不利，使建筑工程的地基条件恶化。水库是否产生浸没取决于地形、地质及水文地质条件。例如，平原型水库库底及周边地质构成一般为第四纪松散沉积物，在库水压力作用下，周边地下水位抬升；山区水库周边山体若断层裂隙发育，也会导致水库外的低洼地产生浸没。例如官厅水库蓄水位若超过4781m，某些高程在485—500m的地方产生浸没，低洼地还会积水。

二、蒸发、气温和风

(1) 蒸发

水库水面增大后，原来的陆面蒸发变为水面蒸发，蒸发量增加，流域径流量减小。在干旱、半干旱地区，这是一笔很大的水量损失，比如阿斯旺高坝因年蒸发损失的水量占年均径流量的10%—20%，我国南方湿润地区仅占1%—2%左右，蒸发水量与太阳辐射、大气湿度、风速等因素有关。

水库蓄水后，因地下水位抬升，地下水供水充足，水库周边陆面蒸发也有所改变。陆面蒸发量的增加与当地气温、土壤含水量、空气湿度及植被情况有关。一般而言，增加的数量和比例不显著，影响范围仅限于水库周边。例如，丹江口水库蓄水量后，周边陆面增加的蒸发量，在水域周遍地区不超过10mm，占年蒸发量的2%左右。

(2) 气温

水体热容量比土壤大，透射率大，反射率小，水库水体是一个大的热量存储体，可以大量吸收太阳辐射的热量；当水库面气温低于水体温度时，通过热能传导机制，水体热量释放到大气中。这样，水库水体调节着库区水域及周边地区地表上空的气温，使夏季气温略有降低，冬季略为升高。受地形地貌及大气候的影响，水库的调节作用是有限的，平面范围仅影响水库周边，高度仅限于在接近地表层的空间。水库对局部气温的影响程度主要取决于水库容积、水面面积及当地气候条件等因素。

比如，新安江水库正常蓄水位相应库容为178亿 m^3 积 $580km^2$，蓄水后与蓄水前相比，库区冬季平均气温增加11—15℃，年极端最低气温增加36—54℃。

(3) 风

水库形成后，原来起伏不平的山丘地形及其上面的植被被平滑水面代替。表面糙率大大减小，同样的风力在水库水面上风速增大，涌浪增高。

三、降水

由于库区气温夏季比蓄水前低，气温结构比较稳定，上升运动减弱，具有一定的抑雨作用(称为水库的低温效应)，使水库周边范围的降水有所减少。冬季则与夏季相反，水面气温高于陆面，气温结构不稳定，降水有所增加。由于我国冬季降水量比夏季小得多，水库对降水的影响总体表现为年降水量减小。对我国的气候条件而言，降水在时程分布上冬季有所增加，夏季略微减少。水库引起的降水改变在空间分布上是不均匀的，既受到大气环流运动的制约，也受集水区域内地形地貌的影响。一般来说，降水在总体上减少的趋势下，季节主导风将暖湿气流推移向地热较高的迎风坡区域，降水量有所增加。这些规律在丹江口、新安江、狮子滩、龚嘴等水库都得到了证实。

四、水库渗漏

水库蓄水后，库水位抬高，使得库底或周边通过断层、裂隙、溶洞等与库水相联系的地下水压力增大，流态改变，从而产生渗漏。渗漏包括坝基渗漏，绕坝端渗漏和库床渗漏三类。一般而言，如果通过地质勘测将库区地质构造情况基本掌握，水库设计时做了防渗处理，施工质量得到保障，前两项渗漏一般能够控制。库床渗漏范围广，地质条件复杂，影响因素很多，难以有效控制。库床渗漏随着水库泥沙沉积量逐年减小。对于库床渗漏目前没有精确的方法计算。通常参照水文地质条件类似的已建水库进行估算，也可以用以下经验公式估算：

$$W_y = K_1F\ W_m = K_2S$$

式中：W_y、W_m 分别为年渗漏量和月渗漏量；F 和 S 分别为水库年平均水面面积和月平均蓄水量；K_1、K_2 为经验系数，与地质条件有关。

五、局部气候效应对生态环境的影响及其预测

水库蓄水引起的局部气候效应对自然生态环境和社会经济都有一定影响。水库水体调节局部气候，冬季气温升高、降水增加，夏季气温降低、降水减少；无霜期增长；极端最高气温下降，极端最低气温升高。这些变化有利于植物和农作物生长，如1991年初出现一场罕见的低温天气，汉江流域甚至长江以南的大面积柑橘遭受冻害死亡，但丹江口水库周边数千米范围内的柑橘却安然无恙。库面风力变大有利于水库周边城镇大气中的污染物质扩散，但一定程度上影响了库区船只航行。

水库蓄水对气象因素的影响预测，属于小气候学的范畴。影响与制约局部气候的因素很多，除了水库蒸发损失可以进行定量分析外，对气温、降水影响一般采用“类比法”预估，也可以从影响小气候的机理出发，建立数学模型进行预测。类比法是分析水利工程对生态环境影响的常用方法。这种方法是以将新建工程和相近条件下的已建工程进行比较，从而预测新建工程对周围环境可能产生的影响。如果选择的已建工程合适，则优点十分明显。首先，新建工程对环境影响的预测结果比较直观，易于考察、比较；其次，方法简单明了，影响因素容易掌握；再者，易为人们接受，因为已建工程对环境影响是客观事实，只要认真调查研究、分析比较，预测结果有一定的可靠性，同时也便于公众参与。类比法的基本步骤大致为：

(1) 对新建工程的自然条件、工程规模和环境要素进行详细调查分析。

(2) 根据新建工程的基本情况，选择类比工程。类比工程首先要与新建工程在工程规模、结构形式、功能方面基本相似；自然、地理条件也要基本类似。其次，类比水库建库前后的资料能够满足分析预测的要求。要特别注意除了建坝以外，影响生态环境的其他因素在建坝前后基本一致。

(3) 针对类比工程对生态环境影响进行详细调查，调查内容包括工程修建前的情况 (本底值) 和工程修建后生态环境变化情况。

(4) 对类比工程建库前后的调查资料逐项进行分析比较，找出具有规律性的结果，并根据影响机制和原理，分析其合理性。

(5) 将类比工程带有规律性的结果移植到新建工程，并根据两者自然和工程条件的差异，适当进行一些经验性修正。经过全面系统的分析比较后，对拟建工程有

关方面的影响进行整理归纳。

(6) 提出新建工程环境影响预测结论。

案例

丹江口水库的局部气候效应

丹江口水库集水区域的气候受西风带天气系统影响和副热带系统控制，温和湿润。年平均气温由汉水河谷向南北两岸递减，汉江源头至石泉多年平均气温为13-15℃，石泉以东至坝址处为15-16℃。水库苦水后，年平均气温由15.8℃下降到15.6℃。5-8月，库区气温平均下降1.6-1.8℃，9月至次年4月平均上升0.4-0.9℃。年极端最高气温下降0.6-1.2℃，年极端最低气温上升0.4-0.9℃。库周边有霜日普遍推迟，有霜期缩短3.2-4天，减少最多的为郧西县，平均为4.2天。

汉水流域各月降水量极不均匀，5-10月的雨量占年雨量的70% -80%，其中5-8月降水量占全年的54.5%左右。根据大坝以上集水区域内74个雨量站的观到，建坝前年平均降水量为902.3mm，建坝后为861.7mm，减少40.6mm，减幅为4.5%。

就空间分布而言，库区中央减少100mm，库周及水库北岸降雨量减少，其中郧西、郧县平均减少70-80mm，其他地方减少20—30mm左右，南部地势较高处增加30-80mm。变化幅度从水库中央至周边逐渐减弱，距库周迫10km范围内年平均降水减少12%，水库南10-30km范围内增加约3%，北面减少10-50mm。

第三节　水库水温结构和下游河道水温

水温是生态系统中一个重要的物理因子。天然河流中，河水较浅，紊流掺混作用强，单位水体的自由表面大，水温一般随着气温变化。修建水库（特别是大型水库），水深增加，流速锐减，流态改变，水库形成一个热容量极大的水体。由于水在4℃时密度最大，在重力与水流运动的双重作用下，水库的水温结构也发生显著的变化，在时间、空间分布方面，均不同于天然河道。

水库水体中热能分布的变化对自然环境（包括水质）、生态系统及人类生产活动都会产生广泛而深刻的影响。水库下游河道的水温结构也会发生相应变化，这种变化也同样会影响到生态系统与人类的生产生活。

一、水库的水温结构

（一）水温结构的类型

水库水温结构受到水库规模、水库的地理位置与气候条件、水库运用方式、进出库水量交换频率、入库悬浮质含量、库区主导风向与水流方向是否相同等因素的影响。最重要的影响变量是太阳辐射能量与气温、水库水深与水库调节性能、风浪对流情况。水库水温结构一般分为混合型与分层型两类。

1. 混合型

混合型水温结构出现在水库宽浅、出入库水量交换频繁、水流流速较大、掺混性强的中小型水库。水温结构与湖泊类似，上、下层水温变化不大，主要受气温及入库水流温度的制约。

2. 分层型

对于规模大、库水深、水流缓慢、调节性能较好的大中型水库，水文在垂直分布上呈现分层形状。其过程大致为：

春末夏初：随着气温的升高，太阳辐射增强，水库表层温度较高，水体上层密度小于下层，水温分布开始分层。

夏季：水温垂直方向分层明显，上层温度高，称为暖水层；下层温度低，称为冷水层；中间为过渡层，温度梯度变化不大，称为温跃层。

秋冬季节：随着气温下降，库水表面冷却，密度增大，水库下层温度高一些，密度小。在水库进、出库水流的影响下，库水温度渐趋均匀。如果水库处于温带，水库水温冬季上下层大体相同。如果水库处于严寒地区，表面水温略高于气温，下层水温一般为4℃。

在水库横向断面和水流方向，即水平面上，水库水温分布大致相同。

（二）影响水库水温结构的主要因素

分层型水温结构受到许多因素影响，不同水库、在不同场合具有自身的结构特征。

1. 水库调节性能不同，水温具体结构不同。水库调节性能直接决定进、出库水流交换的频率，是决定水温结构的最主要因素。比如，新安江水库是多年调节水库，稳定的分层型出现在4—11月，混合型出现在1—3月；水深30m以下，全年稳定在9.1—11.1℃。丹江口水库为年调节水库，稳定分层型出现在5—10月，混合型出现11—3月（这一区别与丹江口水库处于长江以北有关）；水深40m以下，全年水温在7.7—15.7℃之间变化。柘溪水库为季调节水库，4—10月略微表现为分层结构，几乎没有温跃层；11月—次年3月为典型的混合型；在水深50m以下，水温变化在6.9—

19.2℃之间。

2. 水库调洪破坏分层结构。较大洪水入库，水库进行调洪运行，可能完全破坏分层结构。比如，丹江口水库1974年9月一场洪水，出库水量占入库洪水的67.6%。洪水入库后，分层结构迅速消失，变成混合型结构，水面与库底温度仅相差2.5℃。水库在调节其他的大洪水时，也出现类似情况。

3. 风向与水流方向相反，引起上下层水温混合。如果风向与库水流向相反，风力较大时使水库水面产生风浪，在辽阔的库面尤其明显，风浪将使水温分层结构破坏。美国学者Wetgel认为当水库面积（Km^2）与水库最大水深（m）比值大于10时，要考虑风的影响。

4. 异重流强化分层结构。由于水的密度在4℃时最大，高于4℃与低于4℃时的密度减小率不相同。这样，在分层结构的温跃层中形成一道“密度屏障”：入库水流进入常年蓄水区内，仅顺着适合自身密度的层面流动，形成“异重流”。这一现象减少了入库水流的掺和作用，有利于分层结构的巩固。

5. 水流中悬移质含量大使分层结构弱化。入库水流中悬移质含量大，水体密度就增大。一般而言，进入水库常年蓄水区后，在重力作用下，逐渐向水库深层流动，使水温分层结构弱化。如果入库径流的水温高于水库中层及底层水温，当含泥沙的水流密度与某一水温层密度相当时，入库水流顺着这一层次流动，也会形成异重流。其效果使水温分层结构弱化，甚至可能出现双峰型温跃层。

6. 气候与纬度对水库分层有明显影响。一般性规律可以概述如下：

0°—25° ：在这一范围内，纬度较低地区的水库趋于长期分层（稳定分层）；纬度较高地区的水库属弱分层型，每年有一段时间处于混合型（不稳定分层）。

25°—40° ：夏天呈分层型，冬天当气温在4℃以上时呈混合型。

40°—60° ：春秋两季两次呈混合型，冬夏两季为分层型，但冬季为逆温分层，即上层温度低，下层温度高。

60°—80° ：寒带一次混合，一般为逆温分层，夏季可能有一次短期混合过程。

上述特点，针对海拔1000m以下区域而言，高程更高处的水库具有高一级纬度区间的分层特征。

（三）水库水温变化规律

在天然河流中，除夏季外，水温一般都高于气温。水库蓄水后，这一差异变大，随着季节变化，水温也改变。并且从表层水温变化开始，不断向深层发展，一定条件下形成水温分层结构，但全断面平均或垂线平均水温始终低于表层水温。在同一时间，相同水深的水库常年蓄水区内，不同地点（不管是横向，还是纵向）水温基本接近。水库调节洪水，大的风浪及水体中悬浮质含量大小，均可能影响水温分层结构。

二、大坝下游河道的水温变化

大坝下游河道水温主要受水库下泄水流的水温影响，最高水温降低、最低水温升高，年内变化幅度减小。这一趋势距大坝越近越显著。在水流运动过程中，分子活动剧烈、吸收太阳辐射以及支流的汇入，水库下泄水流的温度影响逐渐减弱，经过一定距离恢复到天然河道的水温分布。这种影响的大小，首先取决于水库引水设施的高程（下泄的水流是出自水库表层，还是中层或下层）；其次是取决于下泄流量的大小；再次取决于下游河道支流汇入水量的多少。有些大水库下游河道水温恢复到天然状况要经过几百千米，比如新安江水库大坝到钱塘江河口260Km，大坝下游河流水温仍未恢复到天然状态。

三、水温结构预测

水温作为生态环境系统的基本要素，与生态环境的其他因素关系十分密切。例如，水库水温分层结构是水库中污染物质分层的重要原因之一；水库下游河道水温按照“冬暖夏凉”改变建库前状态，有利于水生生物和鱼类冬季生长，但春夏之交使鱼类产卵期后延。水温对人类的生产生活也有一定影响，夏季引用水库深层的低温水，对于电站厂房温度调节、机电设备冷却养护是天然的冷源，但用于灌溉，则使得农作物成熟期推迟，影响产量。因此，对水库水温结构进行预测是水利工程设计的前提。

（一）水库水温结构类型的判断

判断水库水温结构类型，国内常用经验公式进行判断。定义：

α = 年均入库总水量 / 总库容

γ = 一次洪水总量 / 总库容

当 $\alpha < 1.0$ 时，水库为稳定分层型；$\alpha > 2.0$ 时为混合型，$1.0 < \alpha < 2$ 为过渡型。对于分层型水库 $\gamma < 0.5$ 时，一次洪水过程不影响分层结构。

（二）水库水温结构定量预测

水温结构定量预测旨在确定年、月平均水温随深度分布的规律，常用经验估算法与数学模型法。朱伯芳教授根据不同深度的水库水温实测资料，用余弦函数表示某一水深时各月平均水温：

$$T(y, \tau) = T_m(y) + A(y)\cos\omega(\tau - \tau_0 - \varepsilon)$$

式中 y 代表水深（m），τ 表示时间（月），$T(y, \tau)$ 为水深 y 处时间为 τ 时的水温（℃），$T_m(y)$ 代表水深 y 处的年平均温度，$A(y)$ 表示水深 y 处的温度年变幅

（℃），ε 为水温与气温的相位差，$\omega=2\pi/P$ 表示温度变化的圆频率，其中 P 为温度变化的周期（12 个月）。

任一深度的年平均水温 $T_m(y)=C+(B-C)e^{-\alpha y}$；这里 $C=(T_b-bg)/(1-g)$，其中 $g=e^{-0.04H}$。式中 T_b 为库底年平均水温，一般最低三月（1、2、12 月）气温平均值近似：$T_b=(T_1+T_2+T_{12})/3$，H 为水库深度。

水温年变幅 $A(y)=A_0e^{-\beta y}$

水温相位差 $\varepsilon=d-e^{-\gamma y}$

以上各式中，A_0 为水温年变幅，根据作者的经验，水库表面水温年变幅可取气温年变幅值，具体是 $A_0=(T_7-T_1)/2$，T_7 和 T_1 分别为 7 月和 1 月的平均气温。α，β，γ，d，f 是经验系数，对于重要工程，用类比法选择相似水库，用实测资料通过回归分析得出；对一般工程，取 $\alpha=0.04$，$\beta=0.018$，$\gamma=0.085$，d=2.15，f=1.30。朱伯芳教授用这一方法计算了丰满、新丰江水库的水温分布情况。

（三）大坝下游河道水温预测

下游河道水温预测主要解决两个问题；(1) 下游河道沿程变化情况；(2) 影响范围（水温恢复的距离）。也分为经验公式与数学模型两种方法，这里结合丹江口水库下游河道水温变化情况介绍经验公式法。

气温、地温和水温都受太阳辐射的制约，三者之中，水温最稳定。用白河站水温与建库后下游断面水温建立相关方程，效果较好。设 C 为白河站水温，T 为下游断面水温，r 为相关系数。

黄家港：$T=1.0469C-0.524$ $r=0.9991$

碾盘山：$T=1.097C-1.16$ $r=0.9988$

仙桃：$T=1.104C-1.323$ $r=0.9980$

因此，可以近似地用白河断面各月平均水温代表未受建坝影响时各断面水流水温。以白河断面本月水温 C_t 与大坝下游碾盘山、黄家港下月水温 T_{t+1} 分 2-8 月，9 月 - 次年 1 月进行线性回归，得出回归方程与相关系数 r 如下：

2—8 月

黄家港 $T_{t+1}=0.8888C_t+1.987$（r=0.9999）

碾盘山 $T_{t+1}=0.9848C_t+3.282$（r=0.9883）

9 月—次年 1 月

黄家港 $T_{t+1}=0.793C_t+1.89$（r=0.9960）

碾盘山 $T_{t+1}=0.9326C_t-1.982$（r=0.9945）

根据这些经验公式，可以用白河站上月的平均水温预测黄家港和碾盘山断面下月的平均水温。对于新建工程，则要利用类比法找出经验系数。

第四节　水库水质结构和下游河道水质

由于水库的水流状态和水温结构与天然河流不同，水库水质结构相应发生改变。主要特点是，入库径流中的污染物质首先在水库中得到混合、稀释、凝集、沉淀，并发生生物化学反应，形成新的分布状态。溶解氧和污染物质沿水深方向分层，重金属元素富集到水库底层被淤泥吸附，水库泄流中的污染物质发生变化，并引起下游河道水质改变。下游水质变化程度又受到支流及下游污染物汇入的影响。

一、水库水质

水库将河道径流存蓄以后，流速缓慢，水深增加，水体的自净能力减弱，加上水库水温结构改变，使水库水体中污染物浓度与分布发生变化。

(一) 色度与透明度

由于入库径流中的泥沙沉淀淤积在库底，使水库水体清澈透明，浑浊度减小。水库表层透明度增加，光合作用增强，有利于浮游生物生长。如果上游来水中氮、磷等营养物质浓度高，水库水体交换次数少，可能就会使水体有机色度增加，甚至营养化。

(二) 总硬度和主要离子含量

天然河道的来水，一部分是地表径流，另一部分为地下径流补给。洪水期以地表径流为主，水体的矿化度低；枯水季节，地下水比重大，矿化度比洪水期高。我国大多数河流阳离子 (如 Ca^{2+}、Mg^{2+}、K^{+}、Na^{+} 等) 以钙为主，阴离子 (如 HCO_3^-、CO_3^{2-}、SO_4^{2-}、Cl^-等) 以重钙酸根为主。水库中离子总量和总硬度比入库径流略有增加。由于水库对水流的调节作用，使离子浓度、水的硬度年内变幅减小。

(三) PH 值、溶解氧和有机污染物

由于水库表层水体透明度大，光合作用强，有利于浮游生物生长；浮游生物利用太阳能将游离 CO_2 和水合成有机物；加上库面水域增大，风浪作用增强，水体中掺氧作用增强，水中溶解氧丰富，有的水库甚至出现过饱和状态，游离 CO_2 减少，pH 值较高。随着水深增加，这一趋势不断减弱。在水库底层，水体很少掺混，很难接收到太阳能，死亡的浮游生物及其他有机污染物的分解大量消耗溶解氧，使得溶解氧大大减少。有些水库蓄水初期，如果库底植物未彻底清理，植物残体腐烂、分

解，可以把库底水体中溶解氧全部消耗掉。由于底层溶解氧缺乏，有机质分解产生硫化氢、甲烷或 CO_2，使 pH 值降低，水的导电性增加。

（四）重金属

天然河道底泥较少。由于水流在水库中流速变小，泥沙沉积，底泥增加，汞、铬、铅、镉、砷等元素积累在水库底层水体或被底泥吸附。逐年积累，可能成为永久性污染。如果被水生生物吸收后，通过食物链逐渐富集到高等动物体内。另外，在一定条件下，有些污染物质通过生物化学作用，变成新的化合物，性质发生变化。如无机汞和碳化钙化合生成剧毒的甲基汞。水库底层缺氧，锰、铁等元素从化合物中析出，致使水体呈浑浊、有色。西班牙阿那布水库每到秋、冬季，水中铁、锰浓度达到 1mg/L 和 0.9mg/L，影响了供水水质。

上述水质要素在水库中都呈现出分层结构，并与水库水温结构类同。当水库水温表现为混合型时，除库底重金属外，其他污染物质及溶解氧、PH 值的分层结构并不明显。

（五）富营养化

水库水质还可能存在富营养化问题。水库中的水流由流动状态改变为相对静止状态，如果入库径流中氮、磷元素比较多，容易发生富营养化。贫营养化的水体的营养成分少，生产力低，水质清洁，生化反应有限或较少；富营养化的水体中营养成分多，植物生长茂盛，藻类繁衍过度，生产力高，并有大量的生化反应，水质差。中营养程度介于两者之间。水库富营养水平主要是指水库水体中氮、磷元素的浓度大小。同等营养物质浓度，水体浅、不流动、水温高的水库容易富营养化。

对于发生富营养化来说，磷是起主要作用的营养物质。水库营养水平的分级往往以磷的浓度为标志：

贫营养：总磷≤ 0.01mg/L；

中营养：总磷＝ 0.01-0.02mg/L；

富营养：总磷＞ 0.02mg/L。

一般来说，综合考虑多种因素分级如下：

贫营养级：营养物质及叶绿素浓度低，水体透明度高，水温混合型水库的底层水体溶解氧不降低。

中营养级：营养物与叶绿素浓度为中等，水体透明度有所下降，混合型水库的底层水体的溶解氧有一定程度降低。

富营养级：营养物及叶绿素浓度较高，水体透明度极大下降，混合型水库底层水体溶解氧很低。

超营养级：营养物质及叶绿素浓度很高，水体透明度极低，底层水体严重缺氧。

二、水库水质预测和水污染防治

混合型或混合期水库的水质模型与湖泊类似，在此主要介绍分层型水质模型。水质分层影响机理比较复杂，水质模型大体可分为经验模型与数值模型两大类。

对于已建水库，如果有长期的水质监测资料，可以用大坝上游主要入库流量的一种污染物质浓度作为因变量，水库不同深度同一污染物浓度作回归变量，建立经验公式。根据污染物质在水库水深方向分布规律，经验公式的一般形式为：

$$W_t(y) = KC^{\alpha y}_{t-1}$$

式中 C_{t-1} 为入库断面 t-1 时段某污染物输入浓度；$W_t(y)$ 为水库某一断面 t 时段水深为 y 时该污染物的浓度。k、α 回归系数。

将上式两边取对数，利用预测断面不同水深的系列观测资料就可以求出 k、α 值。滞后期（即 t 到 t-1 的时间间隔）通过预测断面和入库断面的观测资料分析确定，与水库大小、水深多少有关。这样就可以根据上一时段入库污染物数量预估给定断面该污染物的浓度分布。若预测了引水口附近的水体污染物浓度，也可以和大坝下游断面建立相关关系。

水库的形成，或多或少减小了水体对某些污染物质的自净能力。水库水质保护的关键是综合治理集水区域的各类污染源。其次，要把改善水库水质作为水库调度的任务之一。如，利用调节中小洪水之机，通过底孔泄流，排泄水库底层蓄水，改变水温水质分层结构等。官厅水库集水区域内共有大小城市 23 个，许多工矿企业向河道大量排放污水，面源污染严重。库底淤积，库容缩小，水量减小，水质变差，氨氮、高锰酸盐指数、挥发酚和生化需氧量等水质要素超标。

三、下游河道水质

水库下游河道的水质首先取决于大坝下泄水流的水质状况。下泄水流的污染物种类和浓度与水库水质结构、引泄水建筑物在水库枢纽中的高程、结构形式及水库运行目标、泄流方式有关。与下游河道水温类似，由于坝下河道水流运动剧烈，下泄过程与大气接触较充分，溶解氧在坝下一定距离内恢复较快。下游河道水质除了受下泄水流的水质影响外，区间支流和汇入下游河道的污染物种类和浓度、土地利用情况等对其的影响也十分显著。比如，丹江口水库总体水质达到地面水 II 类水质标准，贫营养级。近年来，由于大坝下游河道两岸污染物不断汇入，汉江下游水质变差，有时甚至出现“水华”现象。

案例

官厅水库的污染

1. 官厅水库概况

官厅分为东库和西库西部分，西库为永定河来水，东库为始水河来水，流域面积 43000km^2。1997 年以前，它是北京工业、农业和生活用水的水源地，每年提供水量 3 亿 -4 亿 m^3。随着上游地区经济发展，用水量和排污量加大，水质恶化逐年严重。1997 年以后，被迫退出作为北京生活饮用水的水源地。水库的入库水量由 20 世纪 60 年代的 19 亿 m^3，锐减为 2011 年的 2.2 亿 -2.8 亿 m^3。

官厅水库不仅水量少，而且水质也很差。多年平均水质：东库为 II–III 类水体，西库 IV–V 类水体。汛期水质要好于非汛期，个别时段，个别指标 NH_3–N，COD 和 BOD 劣 V 类。通过对 143 个监测点的数据统计，水体处于富营养化水平。主要污染物质是 NH_3–N 和 COD 类化合物。

2. 污染成因分析

（1）工业点源污染：由于工矿企业的发展，化肥厂、农药厂生产规模不断扩大，一年进入库区的污水量为 8000 万 –1 亿 m^3。靠水库自身难以降解其中有害物质，使得库区污染日益严重。

（2）农业面源污染：农业面源污染所占比例约为 20% –30%，主要是农田的农药、化肥随径流的流失，养殖场的排出物等。

目前，官厅水库区域内每年农药的使用量为 28 万 t 左右，化肥的使用量为 23 万多 t。按区域面积平均，每平方千米的区域内，化肥的使用量为 5t 左右，氮磷的流失量较大。

（3）内源污染：内源污染起于面源污染，大量泥沙携带农药、化肥在库底淤积，成为官厅水库水质恶化的一个重要原因。

3. 总体评价

官厅水库水污染表现为：库底淤积，库容缩小，水量减小，水质变差。主要赵标参数是：氨氯、高锰酸盐指数、挥发酚和生化需氧量等。从目前水质污染成因分析，农业面源污染日益成为官厅水库的水质恶化的一个重要污染源。所以，要加大农业面源污染和内源污染的治理力度，大力发展节水灌溉，进一步相好水土保持，实现全流域水资源的优化配置。

丹江口水库的水质结构

丹江口水库水质较好，除了少数支流入库处稍有污染外，绝大部分水域达到地面水环境质量标准 II 类水质标准，贫营养级。水位清澈，一年内大部分时间透明度大于120cm。即使在洪水期，挟沙水流大时，上游河道中透明度仅3cm，水库水体也不低于20cm。库水中离子数量略有增加，但低于入库径流的数量。下泄水流中的离子总量为177mg/L，既低于水库的平均值，也低于入库径流的平均值。就是说，有一部分离子积蓄在库内（包括吸附在底泥中）。离子浓度沿水深方向递增，水库底层大于表层，差值为20mg/L左右。

水库中的重金属元素主要被底质吸附。建库前纳河床一般为卵石挟沙，由于蓄水后的淤积，成为壤土或黏土。入库径流中检出的汞仅为0.005-0.016mg/L，六价铬0.006-0.027mg/L，砷微量。但在14个库区断面、42个入库河口断面的底质检出的汞为0.03—0.3mg/L，砷为4-16mg/L，总铬0.20mg/L，铜30.82mg/L，镉0-3.5mg/L，铅0-12mg/L。

水库中营养物质主要来自集水区域的农业面污染源、小化船厂排放的工业废水和城镇生活污水。经检潮，坝前断面氨氮浓度为0.10mg/L，亚硝酸盐氮0.005mg/L，硝酸盐氮0.50mg/L，钾在2-4mg/L之间，磷一般未检出。

第五节　水库淤积

一、水库淤积问题

大坝挡水使入库径流流速减缓，水流中挟带的泥沙在重力作用下沉积下来，产生水库泥沙淤积问题。水库淤积已成为世界上大多数国家普遍存在、共同关注的问题。根据美国统计，1935年以前修建的水库到1953年已有1%因泥沙淤积完全报废，14%的水库损失库容1/2—3/4，25%的水库损失库容1/4—1/2。1975年统计的1665座水库，淤积率达到20%。在印度，21座库容大于10亿m^3的水库，每年淤积率为0.5%—2%，巴克拉高水库在8年内形成的淤积三角洲长17.6km，宽达37—40m。根据日本1963年的统计资料，256座库容大于100万m^3的水库，其中22%因淤积库容损失达50%，10%的水库损失库容80%，2%的水库已全部淤满，年平均淤积率为1.9%。我国大部分河流，特别是华北、西北的河流，是多泥沙河流，水库淤积问题更为严重。案例二介绍的三门峡水利工程，因水库设计时对泥沙淤积重视不够，被迫两次改建。根据1979年统计，当时由水利部直接主管的20座水库，多数运行不到20年，泥沙淤积总量达77.85亿m^3，占统计库容的18.6%。

水库淤积产生的危害是广泛的。首先是损失有效库容，影响水库运行效益；其次是由于水库淤积增加，水库回水不断上延，扩大淹没与浸没范围，甚至影响水库变动回水区的航运和取水。

二、水库淤积形态及其判断

处于第四纪松散沉积物上的河流，河道形态是水流与河床、河岸构成物质的相互作用、相互影响的结果。河道中的水流只要有一定的速度，就具有一定的挟沙能力，原武汉水利电力学院从能量平衡的概念出发，应用量纲分析方法，得出水流速度与挟沙能力的表达式：

$$S_m = k\,(u^3/gr\omega)^m$$

对于宽浅式河道，水力半径 R 可以用水深 h 代替：

$$S_m = k\,(u^3/gh\omega)$$

式中，S_m 为水流挟沙能力，即水流的饱和含沙量，仅包括悬移质中属于床沙质部分 (kg/m^3)；u 为水流的断面平均流速 (m/s)；ω 为悬移质中的床沙质的平均沉速 (m/s)；k 为经验系数 (kg/m^3)，m 为指数。k 和 m 不是常数，随 $u^3/gh\omega$ 而变化 (m = 0.4—1.5)。从式中可以看出，水流挟沙力与流速的高次方成正比。对于一定的断面平均流速 u 而言，若水流的含沙量没有达到 S_m，水流将从河床或河岸中挟带泥沙，引起河道冲刷；若含沙量大于 S_m，超过部分将沉积在河床上，产生淤积。天然河流在长期的水沙运动中，河床、河岸与水流形成了动态平衡，保持着河道形态的相对稳定。

河道上修建水库以后，由于水流流速变缓，这种水沙平衡受到破坏，泥沙就沉积在水库中。出于水库水位升降是动态的，即丰水期水库蓄水，水位抬升，回水区沿河道上溯；枯水期为了满足用水要求，下泄流量大于入库流量，库水位消落，回水区向坝前退缩。入库水流进入回水区时，流速减缓，泥沙开始沉积。由于入库径流的流速、水库库容、运行目的与方式、回水区长短 (与河道纵坡降有关) 以及入库径流中泥沙含量的不同，水库淤积会形成不同形态。按照泥沙在河道纵向分布划分，水库淤积可分为三角洲淤积、带状淤积和锥状淤积三种形态。

(一) 三角洲淤积

三角洲淤积的纵剖面呈三角形，淤积体可分为尾段、顶坡、前坡段和坝前段。尾段一般处于入库河道与水库变动回水区交界处，这是由于入库径流在这里减缓流速，水流挟带粒径较大的颗粒首先落淤，较小粒径的泥沙颗粒随水流前进，逐步沉落在前坡段，甚至坝前段。顶坡段基本处于水沙平衡状态，河道槽底与水面几乎平行，从横断面看则有槽有滩。由于水库在前坡段水深骤增，水流挟沙力骤然下降，大量粒径较小的泥沙颗粒落淤，结果使三角洲不断向坝前推进。坝前段淤积特点是泥沙颗粒较细，淤积面大，近乎水平。三角洲尾段减少河道过水断面，阻碍水流；使水库回水曲线抬升，回水上延，尾段淤积逐步向上游发展，形成所谓“翘尾巴”现象。三角洲淤积一般发生在库水位较高，变幅不大，入库径流泥沙含量不多且颗粒较粗的水库，经常出现于高水位运行、调节性能较强的大型水库。

(二) 锥体淤积

锥体淤积的特征为淤积厚度从上游到坝前沿程增大，到坝前最大，淤积体的比降较平缓，一次洪水的泥沙直接推到坝前。对于库水位不高、回水区较短、天然河道底坡陡、库区水流流速较大、泥沙含量大的水库容易形成锥体淤积，如大多数调节能力不强的中小型水库及多泥沙河流上的某些大型水库大都是锥体淤积。

三种淤积形态仅仅是水库淤积几种类型的大致概括。事实上，大型水库的淤积形态十分复杂，往往是其中两种，甚至是三种形态的混合。

影响淤积形态的因素很多。首先取决于水库运用方式，即库水位变动情况，库水位较稳定是形成三角洲淤积的重要原因之一；其次取决于泥沙含量的大小，入库径流中泥沙含量大容易形成锥形淤积；此外，还与入库径流中泥沙的级配有关，泥沙粒径较大容易形成三角洲淤积。对于淤积形态的判别，目前尚没有成熟的理论和计算方法。大多采用经验公式判别，重要的大型水库都要进行模型实验，下面介绍几个经验公式，应用时要结合实际情况，进行比较论证。

(1) 清华大学统计了30座水库实测资料，归纳出以下判别式：

$$K=V/10^4W_sJ_0$$

式中V为库容（m^3），巩为年平均入库沙量m^3，J_o为原河道纵比降。当$k<2.2$时为锥体淤积；$k>2.2$时为三角洲淤积。

(2) 原武汉水利电力学院分析少沙河流上的8座水库，归纳出以下判别式：

$$\Phi=\triangle HW_s^{0.5}/HW^{0.5}$$

式中$\triangle H$为库水位最大变化幅度（m），H为坝前有效水深（多年平均库水位与死水位之差，m），W_s为年平均入库悬移质输沙量（m^3），w为年平均入库径流量（m^3）。当$\Phi>0.04$时为三角洲淤积；$\Phi<0.04$时为带状淤积。此式适用于少沙河流。

(三) 水库淤积的演变

水库淤积是河床适应入库径流流态改变的反应，实质上是河床过水断面的改变。这一改变影响到过水断面的水力半径与入库径流的流速。假设水流中悬移质中的床沙质平均沉速砌不变，如果淤积以后，式中u^3/R与建库前相同，则水流挟沙力S_m与建库前相同，那么水体中的泥沙就被水流带走，不再产生淤积，从而达到新的平衡状况。这一过程是针对一个过水断面而言。由于水库形态的复杂性，就整座水库而言，当每年入库泥沙与出库泥沙大致相等时，就说明水库接近淤积平衡。这样的平衡是相对的，库区淤积在年内不同时段、不同地方还是有淤有冲。入库径流中泥沙含量的多少、水库形态及淤积形态决定了达到淤积平衡所需要的时间。这一过程对于来沙量少、库容大的水库是比较缓慢的，一般需要十多年乃至几十年时间；对库容较小，来沙量大的水库，达到平衡的时间较短。比如，盐锅峡水库总库容5.2亿 m^3，平均年来沙量9250万t，运行4—5年后，水库就接近淤积平衡状况。进出库泥沙平衡状态是水库规划设计的重要内容，由此可以确定水库的寿命以及必须预留出必要的沉沙库容。

水库在达到平衡状态之前，淤积状态不断演变，尤其是淤积体末端溯河道不断上延，这是水库回水和淤积体相互作用的过程。一方面，当挟沙水流进入水库末端时，由于流速减小，水流挟沙能力降低，泥沙沉积。另一方面，淤积体的形成与发展，促使回水水面抬高，回水末端上延，从而使淤积体末端也随之上延。如果洪水期在水库回水末端形成了一个淤积体，在枯水期库水位消落后，淤积体没有随着水位的消落而下塌，那么这个淤积体就脱离了水库回水区，对以后的入库径流起到壅水作用，泥沙就沉落在原淤积体的上方，使之向上扩展。年复一年，水库就形成“翘尾巴”现象。

水库淤积过程的计算，要联解以下微分方程：(1) 水流连续方程；(2) 泥沙连续方程；(3) 挟沙水流运动方程。工程上常用有限差分法求解。水库淤积过程的计算要对天然河道及水沙运动进行一定的简化，对于重要的水库，需要进行水工模型实验，两者相互参证。

(四) 水库淤积的防治

尽管水库淤积问题十分复杂，但并不是不可防治。例如都江堰水利工程，通过一定的工程措施，巧妙地调节水沙运动，辅之适当的人工清淤，从而保证了工程长期有效运行。我国北方许多河流泥沙含量之高，世界上其他河流无法比拟，增加了水资源开发利用的困难，但也为我们深入研究水沙运动规律及水库淤积防治措施提供了有利条件，积累了一定的成果和经验。

防止水库淤积的根本举措是在水库集水区域内搞好植被保护，加强植被建设，防止水土流失。在水库规划设计方面，在搞清水库水沙运动规律、预测泥沙淤积状态的基础上，留足充分的沉沙库容，设置一定的排沙管道十分必要。对于水量丰富的泥沙河流（尤其是中下游）上的水库，采取“蓄清排浑”的水库运行方式对防治水库淤积、发挥综合效益比较有效。蓄清排浑运行方式大致可以概括为：

(1) 出现一般性的不危及下游安全的洪水时，水库不拦蓄，不滞洪，让洪水通过泄流设施和排沙底孔穿膛而过，泥沙基本上不在水库中沉积，甚至还可以带走一些以前淤积的泥沙。

(2) 出现大洪水时，利用防洪库容拦蓄，洪峰过后，选准时机，逐步泄放，带走泥沙。

(3) 汛末水流泥沙含量较少时，抓紧时机蓄水，以满足枯水期兴利要求。

“蓄清排浑”运行方式不仅适用于年、季调节水库，也可以用于多泥沙河流上的多年调节水库。水库蓄水运行若干年后，在汛前将水库逐步泄空，利用汛期洪水冲淤，减少库内淤积、延长水库使用寿命。

案例

丹江口水库大坝位于丹江与汉江交汇处下游 0.8km，控制流域面积 9.52 万 km^2，占流域面积的 59.9%。水库处于山区到丘陵的过渡地带，有些库段水面开阔；有些库段受山体约束，水面狭窄。水库库区由汉江与丹江两库区并联而成。正常苦水位 157m 时，汉江库长 185.6km，丹江库长 85.4km；死水位 139m 时，汉江库长 117.1km，丹江库长 59.2km。多年平均入库径流量 379 亿 m^3，占全流域来水的 75.5%。多年平均入库悬移质输沙量 1.15 亿 t，几乎控制了全流域来沙总量，水体泥沙含量约 0.3kg / m^3。入库泥沙颗粒级配范围广泛。悬穆质粒径一般在 1.0mm 之内，0.01—0.1mm 的颗粒占 67.1%。推移质包括粗沙、砾石和卵石，其中 d > 10mm 约 110 万 t，1–10mm 的砾石约 23 万 t，沙粒 (0.1—1.0mm) 约 430 万 t。入库水、沙主要来自汉江，占 80% 以上。来水和来沙情况介于黄河流域多沙细沙河流与长江以南少沙粗沙河流之间。

丹江口水库 1958 年动工兴建，1960–1967 年水库滞洪运行，1967 年 11 月开始蓄水，1968 年开始正常运行。1983 年 12 月，上游安康水库截流，1988 年 12 月正式蓄水，使得丹江口水库来沙情况发生较大变化。下面着重介绍在安康水库蓄水前丹江口水库的淤积储况。

1.泥沙淤积及其分布

至 1985 年，丹江口水库库内淤积总量为 12.7 亿 m^3，占总库容的 7.3%；其中沉积在死水位以下的泥沙，占死库容的 15.8%；沉积在死水位以上的，占有效库容的 1.3%。泥沙主要淤积在汉江库区，共 9.87 亿 m^3，其中常年回水区 9.25 亿 m^3，变动回水区 0.62 亿 m^3。

2.纵向分布特点

丹江口水库汉江、丹江两库区的淤积形态完全不同。汉江库区的淤积，既不是典型的三角洲淤积，也不是典型的锥体淤积或带状淤积，而是表现为三种形态的混合体。主要原因是坝前水位变幅大，变动回水区的下端距大坝仅 90km。随着水位的消长，变动回水区以上库段淤积的泥沙部分冲刷下移，难以形成典型的三角洲淤积。由于库区水面宽狭相间，不同库段的流速不同，淤积体表面呈现出锯齿状。丹江库区来水来沙少，受汉江来水倒灌影响，淤积形态在中上段呈带状淤积，下段为锥体淤积。

3.变动回水区的淤积

由于变动回水区季节性地呈现出河流与水库的特点，淤积与冲刷交替进行。根据泥沙颗粒分布大致可分为五段：

（1）卵石淤积段：位于变动回水区最上游、受库水位影响较弱的15km，泥沙粒径大多数在10mm以上，d_{50}为12.7mm。卵石主要淤积在边滩和江心洲上，河槽有冲有淤。受冲刷的河床或者由于水面狭窄，或者由于卵石沉积在河滩上，有效过水断面减小，当库水位消落时，河槽中的水流具有相当的挟沙能力。

（2）卵石块沙淤积段：紧接卵石段下游10.4km，泥沙粒径在0.25—10mm之间，d_{50}为2.2mm。淤积集中在边滩和江心洲的滩头，河槽有冲有淤。

（3）沙粒与小砾石淤积段：紧接卵石挟沙淤积段下游23.6km，回水影响比较明显，泥沙粒径在0.01—1mm之间。淤积量大，覆盖面也大，除少数断面外，绝大多数滩槽皆淤。因淤积使水位抬高的作用明显。

（4）沙粒淤积段：在沙粒与小砾石淤积段下游12.3km，沙粒淤积在整个河道上。当库水位消落时冲刷强度较大，枯水季节河床走向不断改变，呈现出游荡性。

（5）悬移质淤积段：变动回水区最下段24.8km，这里水面开阔，高水位时水流流速极慢，悬移质大量落淤，淤积层厚。泥沙粒径在0.05–0.1mm之间，d_{50}在0.006–0.0096mm之间，床面被悬移质覆盖，淤积厚度与面积较大，糙率较小。

由于泥沙主要沉积在水域较宽的河段，变动回水区上端没有出现“翘尾巴”现象。

4.横向淤积形态

根据1983年变动回水区及年回水区上段94km河道的74个断面地形的观测：就滩面而言，71个断面淤积，平均淤积厚度3.45m，仅位于狭窄库段的3个滩面受冲刷；就河槽而言，38个断面淤积，36个断面受冲刷，且冲大于淤，平均冲刷深度0.12m；就整个断面而言，有淤有冲，以淤为主。在常年回水区，既淤河槽，也淤河滩，滩面淤积的速率比河槽慢。

5.异重施

根据1971–1973年汉江库区对异直流的观测：当入库流量大于10000m^3/s、含沙量大于1.0kg/m^3时，不管坝前水位高低，由于夏季库水温度分层，中层库水密度与入库浑水密度大致相同，在常年回水区中下段出现中层异重流。这股异重流可直抵坝前，倒灌丹江。通过泄流（包括发电引水）排出水库的泥沙不多。

6.上游水库对淤积的影响

安废水库截流后，丹江口水库汉江年均入库泥沙减少1560万m^3，使得丹江口水库泥沙淤积有所减少。将1988年与1983年相同断面的观测资料相对照，71个淤积滩面减少到20个，受冲刷的3个滩面增加到54个，河滩平均淤积厚度由3.45m减小到2.36m；38个淤积河减少到4个，受冲刷的36个河槽增加到48个，特别是常年回水区平均冲掉2.22m。这样，使得淤积部位向常年回水区中下段移动，变动回水区泥沙淤积由占总量的13.4%减少到5.5%，常年回水区上段由44.3%减少到25.3%。

第六节　水库下游河道演变

一、水库运行与下游河道形态的相互作用

前已述及，河道形态是自然界水沙运动与河床、河岸物质构成条件长期的相互作用而形成的。入库泥沙在水库中的沉积，使水库下泄水流中的含沙量减小，泥沙颗粒级配改变；水库调蓄使下泄流量不同于建库前的天然径流。这些因素，使天然状态下的水沙平衡遭到破坏，原来的河道形态不能与之适应，从而引起下游河道形态的改变，产生河床冲刷、塌岸、弯曲河段河型变化等。河道形态的变化除了与水库下泄水沙运动状况有关外，还受到河床质组成、滩槽高差、河岸物质构成等河床边界条件的制约。

水库运行引起下游河道冲刷是一个动态过程。由于出库水流的含沙量小、颗粒细化，与水流挟沙力不匹配，那么水的流动必然要从河床底质或河岸构成物中带走泥沙，逐渐达到水沙平衡状态。水库蓄丰补枯，使枯水期下泄流量增大，进一步强化了这一过程。河床底质中的细小颗粒被冲刷掉以后，留下粗沙、卵石或基岩，使河床底质粗化硬化；随着河床切深，过水断面增大，流速减小，水流挟沙能力也减弱。河道冲刷总有一定限度，当河道断面与水沙运动相适应，或者冲刷到基岩、卵石等硬化层时，河段形态就保持相对稳定状态。

从一个特定的河段看，在水流中含沙量没有饱和时，河床冲刷可以粗略地分为四个阶段：第一阶段，不管是丰水季节还是枯水季节，均以悬移质的形式带走淤泥或细沙，河床表层开始粗化；第二阶段，仅在丰水季节流量较大时，以浮悬移质形式带走稍粗的沙粒，河床进一步粗化；第三阶段，在流量更大时，以推移形式推走粗沙或卵石；最后阶段，河床被粗化表层保护，河道床面基本稳定。例如，汉江中游上段卵石层的粗化过程从床面细沙带走开始，然后是粗沙砾石和细小卵石被推移，大的卵石留下，形成粗化保护层。

对于整条河流而言，上游河道断面受冲刷，如果水流中泥沙含量与水流挟沙力仍不匹配，下游的河段也将受到冲刷，直至水沙运动相互平衡为止。另外，从上游

冲带的泥沙经过悬浮或推移运动到下游的过程中，随着水流流速的改变，大颗粒沉积下来，淤泥或细沙被冲走，水流中的泥沙与床面质交换，促使床面覆盖粗沙层。因此，河道冲刷是从坝下河段开始，逐步向下游推进。由于上游河段受冲刷使河床切深，下游河段暂时尚未受到冲刷，河道纵坡降比建库前有所减小；加上水流出库时流速大、含沙量小，在河道冲刷中可以挟带颗粒较大的泥沙，但到了下游流速逐步减小，水流挟沙力减弱；所以，水流中颗粒较大的泥沙沉落在下游河床或河滩上，尤其是沉积在天然河道断面较大的河段。河道演变总体上形成上冲下淤状态。

河床冲刷以后，河床受粗化底质保护，可能引起河岸侵蚀（俗称塌岸）。影响河岸侵蚀的因素包括：

（1）枯水期河道流量增大，可能加速塌岸；汛期削减洪峰，减少下泄洪量，有利于河岸稳定。

（2）水库脉动泄流，尤其是引水泄水建筑物大开大关，容易引起塌岸。

（3）河床被基岩或粗化层保护，迫使水流从河岸组成物中携带泥沙，淘空岸脚，引起塌岸。

（4）河床受冲刷使滩槽高差增加，容易引起塌岸。

（5）如果河岸物质组成中泥沙层厚，容易塌岸。

弯曲河段也是天然径流运动与地形、地貌及河岸组成物质长期作用的结果。水库修建后，年内不同时段水库下泄流量与天然径流不同，弯曲河段处水流的主流轴线改变。枯水期水库下泄流量增大时，使得正对主流的河岸（凹岸）易产生冲刷，并引起河岸侵蚀，对岸（凸岸）水流流速较小，泥沙就沉积在河滩上；丰水期水库下泄流量比天然径流减小时，作用相反。这样，就会改变断面形状和河段弯曲系数。

如果水库下游有支流汇入，支流来水来沙占水库下泄水流的比重较大，可以缓解干流河床冲刷和河岸侵蚀。

河流入海（或入湖）处称为河口。河口是河流的终端，接受河流带来的泥沙补给。在海（湖）水的顶托之下，泥沙沉积在河口，形成河口三角洲。如果水库距河口较近，或者河床、河岸不易冲刷，河流到达河口之前尚未达到水沙平衡状态，将会发生河口侵蚀现象。河口侵蚀包括侵蚀河口三角洲和引起河口附近海岸坍塌。比如，埃及阿斯旺高坝运行18年后，坝下河床受冲刷平均降低2.5cm，由于河口泥沙补给不足，引起了河口附近海岸坍塌。

河道形态调整的原因是水库修建后下泄水流及其含沙量发生了根本性变化，但河道形态调整又反过来影响水流，尤其是水流中的含沙量。两者相互作用，在一定的时候会相互适应，达到河道形态相对稳定的状态。相对稳定的标志是：（1）水流主流线基本稳定；（2）河道纵坡降不再发生大的变化；（3）横断面滩槽分明，主支汊相对稳定，满足不同量级流量的过水要求;(4) 河岸相对稳定，不产生系统的河岸侵蚀;(5) 河道冲淤量虽有变化，但不致引起横断面明显变形。

以上仅仅剖析了水库对下游河道形态影响的机理，但实际情况比较复杂、丰富多彩。案例十五具体描绘了丹江口水库大坝下游河道形态演变的过程。

二、河道形态变化的估算

水库运行对河道形态的改变与调整受到多种因素的作用和影响，这些因素又相互影响、相互制约。由于组成河床、河岸物质的复杂性与多样性，目前对于水库影响下游河道形态演变尚无精确的计算方法。对重要河段一般采用以下三种方法预测：(1) 用河工模型实验模拟;(2) 数学模型;(3) 用统计方法估算。在此介绍统计方法。

用统计方法估算河道形态演变，首先要通过勘测了解河床、河岸地质构成情况，其中河床质中沙砾石层（或基岩）的深度可以作为估计河床冲刷深度的最大限值。由于河段的边界条件是客观存在的，河段过水流量大小代表能量大小，某一河段过水面积一般随流量的增大而增大，随水流含沙量的增加而减小。那么，根据建库前各河段过水流量及其含沙量与过水断面演变的观测资料，可以找出各河段过水面积 A（单位 m^2），过水深度 H（单位 m）与流量 Q（m^3/s）和含沙量 ρ（kg/m^3）之间的统计关系：

$$A=a_1Q^{\alpha}\rho^{-\beta}$$

$$H=a_2Q^{\gamma}\rho^{-\eta}$$

式中 a_1，a_2，α，β，γ，η 分别为非负的回归系数。河宽 B 除与上述因素有关外，还与河岸组成物质中沙层厚度 h，滩槽高差△H（单位均为 m）有关：

$$B=a_2Q^{\lambda}\rho^{-\mu}h^{\theta}(\Delta H)^{-\Psi}$$

式中 a_3，λ，μ、θ、Ψ 均为非负的回归系数。预测计算时，首先根据水库运行下泄流量资料按不同流量等级划分时段、根据河道特性划分河段。从水库泄水下游河道冲淤过程可知：(1) 冲刷从上游向下游发展;(2) 对同一断面经过一定时间的冲刷会相对稳定;(3) 水流的含沙量除支流补充外主要靠冲刷补充;(4) 水流含沙量沿程增加，直到饱和为止。根据这些原则，利用上述经验公式，可以分时段沿河道从上到下计算过水断面的面积、过水深度及水面宽度，若过水深度超过粗化、硬化的基岩或卵石层，则以粗化表层为限，上一河段冲刷的泥沙（从过水断面变化及计算出来），作为下一河段的水流含沙量的补充。尤联元等利用这一方法预估了三峡工程运行后 20 年内监利以上长江河道的演变趋势。

案例

1.建库前汉江中下游河道的自然状况

汉江全长1542km，丹江口水库大坝以上为上游，长925km。大坝以下到碾盘山为中游，长223 km，中游河道处于山前丘陵到平原的过渡地带，河谷开阔，河床宽，弯曲系数1.33，平均比降0.19%。地处山谷或平原地带的河段河面宽敞，不时又被山丘或山岗所束窄，中游河道呈现出宽窄相间的节状，河面宽的河段较长，河面窄的河段相对较短。宽河面的河段由若干江心洲所分割，水道纵横，水流分散，丰枯季节水流方向不一，主河槽摆动频繁。窄河面的河床相对稳定，仅有一条河槽。除少数地段的河床河岸为基岩或黏土外，中游河道大多数由近代松散沉积物组成，上段边滩有卵石外露，沙层厚2—3m，下段沙层厚10—20m。少数宽敞河面的两岸筑有堤防，但距河槽较远，对于中小洪水以下的流量一般不形成约束。碾盘山以下到汉口为汉江下游，长394km，处于滨湖平原地带，河流弯曲系数2.12，平均比降0.09%，两岸堤防或砌石护岸约束，河道窄深，不易摆动，弯道与边滩发育。中游有南河、唐白河等支流入江，除汉江主流在汉口汇入长江外，下游尚有东荆河、汉北河分别在武汉市上下游向长江分流。

2.水库下泄水流的水沙运动特点

丹江口水库修成后，通过水库调蓄，改变了大坝下游河道的水量分配过程及水流中含沙量。

（1）如水库的修建大幅度减少了洪峰出现次数及洪峰流量，水量年内分配均匀化。总体上讲，下游河道年内流量变幅平坦化，有利于河道主流域稳定。

（2）水流中泥沙含量大幅度减小：由于水库蓄水，98%的悬移质和100%的推移质沉积在库内，下泄水流中的含沙量大为减小。以坝下断面黄家港为例，建库前水流中含沙量95.5%来自上游；水库运行后，仅占4.4%。按汉江中下游全河道统计，水流中的含沙量63%来自河床河岸冲刷，其余为支流入江挟带的泥沙。

（3）建库后水流挟沙力没有显著改变，仍用上式描述。支流的来水及含沙量也没有显著变化。

3.大坝下游河道的冲淤演变

水库蓄水前汉江中游河道在年际之间有冲有淤，淤多于冲。据1953—1959年实例资料分析，平均每年淤积量约为69.8万t；下游河道整体上呈淤积状态，平均每年淤积量为3498万t。

水库修建过程中，截流后滞洪运行（1960—1967年），中游223km河道全面受冲刷，平均每年冲刷量为2686万t，下游河道仍保持淤积状态，平均每年淤积2480万t，比建库前减少 29.1%。

水库蓄水后正常运行的 1968—1979 年，中游河道继续冲刷，平均每年冲刷量为 2037 万 t，比滞洪运行期减少 24.2%；下游部分河段转淤为冲，1972 年冲刷河段达到仙桃（距坝址 465km）；仙桃以下河段仍表现为淤积，冲淤两抵，平均每年冲刷量为 362 万 t。

1980 年以后，大坝下游 617km 河道全面受冲刷。据 1980—1984 年观测统计，平均每年冲刷量为 1562 万 t，比 20 世纪 70 年代减少 23.3%，其中下游河道平均每年冲刷量为 1193 万 t。

综上所述，水库大坝下游河道泥沙冲淤情况可以概括为：清水下泄，水流中含沙量由河床冲刷补给为主，上冲下淤，逐步向下游发展。经过 30 多年，冲刷强度逐渐减弱。

4.横断面冲刷形态

汉江中游河道多数河段处于松散河相沉积物之上，上层为沙粒，下层为卵石；下游河道处于近代河湖相沉积物上，沙层与黏土层相互交替。由于水库下泄水流量年内变幅减小，通过河道冲淤，有利于河床向稳定方向发展。对汉江中游宽河面的河段而言，冲淤特点表现为：冲主汊、淤支汊，冲槽淤滩，横向拓宽与主河槽向下切深同时发生。根据 1978—1984 年的观测，从庙岗（距坝址 71km）到碾盘山河段泥沙冲刷量为 7641 万 t，河滩淤积量为 710 万 t。其间共观测了 76 个断面，就主河槽而言，42 个断面扩宽，24 个断面缩窄，10 个断面没有显著变化；就全断面而言，其中 26 个断面扩宽，38 个断面缩窄，22 个变化不大。两者相比可知，中游河道冲淤结果表现为冲主槽、淤支汊，有利于河道稳定。以驴滩断面为例，1960—1984 年支汊淤积量为 685.5 万 t，主汊冲刷量为 1652 万 t，冲刷量是淤积量的 2.4 倍。

另一方面，无论是中游还是下游河道，冲刷还使大多数断面下切，河槽变深，少数原来河床较深的断面也因淤积升高，使河床纵向起伏趋向平坦。1978—1984 年观测资料表明，从庙岗到泽口 310km 河段的 169 个断面中，117 个断面冲深下切，43 个断面淤积升高，9 个断面无变化，河床纵向比降变小。

通过河道冲淤，河床质组成粗化。上游河床经过冲刷，床面暴露出基岩或卵石层。随着水流流速的改变，上游水流挟带的泥沙运动到下游，大颗粒沉积下来，淤泥或细沙被冲走，水流中的泥沙与床面质交换，促使床面覆盖粗沙层。根据 1978—1984 年观测资料，汉口下游从襄阳到仙桃 335km 河段中，粒径小于 0. 25mm 的细沙全部被水流带走，是总冲刷量的 1.09 倍，水流中粒径大于 0.25mm 的粗沙，全部下落沉积，占冲刷总量的 9.4%。皇庄以上河段均出现水流搬迁来的粗沙、卵石覆盖河床现象。

5.河道塌岸情况

丹江口水库修建以前，中游局部河段不同程度地存在塌岸现象，但没有定量统计。水库滞洪运行期8年中河道两岸共塌91.6km，占河长的7.4%。其中中游崩岸45.2km，占中游河长的9.4%；下游46.4km，占下游河长的6.2%。水库正常蓄水运行后，20世纪70年代塌岸长度增加到138.5km，占河长的11.2%。其中中游48.8km，占中游河长的10.2%；下游89.7km，占下游河长的11.9%。20世纪80年代前五年塌岸总长度增加到191.5km，占河长15.5%。其中中游河段比下游多，增长速度快（由10.2%增加到24.3%），下游河道塌岸速度减慢，其主要原因是下游河道护岸工程比中游多。当河床粗化以后，侵蚀河岸的现象发生得更为频繁。

6.河道形态适应水沙运动的调整趋势

根据河道水沙运动相对平衡、河床基本稳定的标准，1980年，庙岗以上71km河道形成了较稳定的河床，1985年发展到距大坝137km的高湾；20世纪末汉江中下游河床基本稳定，但河岸侵蚀尚未结束。具体表现在：

（1）水流主流趋向稳定：建坝后，改变了汉江中下游天然径流量丰枯变幅大、水位涨落频繁、洪枯水主流线不同的情况。通过河床冲淤调整，使河道滩槽分明，适应各级流量过水要求，水流主流线沿着一定的流路自由运动，摆幅较小。

（2）主汊道相对稳定，江心洲减少，边滩发育：汉江中游河面较宽河段的汊道进行了明显的调整，扩展主汊、淤塞支汊、切滩敞弯，主支汊道相对稳定，过水功能明晰。由于众多的支汊淤塞，使过去的小滩合并成大滩，江心滩变成边滩。如易家村河段，1968年河床上分布有大小江心滩20个；支汊淤塞后，1978年并成一个江心滩，以后岸边的支汊进一步淤堵，1984年成为一个大的边滩。

（3）河势向顺直微弯发展：由于建库后中等流量持续时间长，随着主流域逐步稳定，过去的大型急弯、连续多弯在冲刷、塌岸、淤积的作用下，经过滩弯或河岸侵蚀，使弯道水流曲率半径增大，河道向顺直微弯方向发展。但这一调整过程尚未完成，特别是近河口1270km河道受长江江水顶托影响，河势改变复杂缓慢。

第七节　水库诱发地震

一、水库诱发地震简况

地球的地壳平均厚度仅33km，是地球平均半径的1/193，而鸡蛋壳的厚度为鸡蛋平均半径的1/74。人类大规模的活动在如此薄的壳面上进行，有可能影响地壳应力变化，甚至会引发地震。水库诱发地震是在水库蓄水以后出现的，是与当地天然地震活动特征明显不同的地震现象。据报道，20世纪40年代以来，世界上已有34个国家的134座水库出现了水库诱发地震，其中得到较普遍承认的超过90处。全世界共有4座水库发生了6级以上地震：中国的新丰江（1962年，6.1级）、赞比亚一津巴布韦的卡里巴（Kariba，1963年，6.1级）、希腊的克里马斯塔（Kremasta，1966年，6.3级）、和印度的柯依那（Koyna，1967年，6.5级）。

我国迄今已报道出现水库诱发地震的工程有25例，其中得到公认的有17例，是世界上水库诱发地震较多的国家之一。从水库诱发地震的强度来看，全球发生6.0级以上强烈地震的仅占3%，发生5.9—4.5级中等强度地震的占27%，发生4.4—3.0级弱震和3.0级以下微震的分别为32%和38%。在我国这一比例相应为4%、16%和80%。

发生在坝址附近的强震和中强震，有可能对大坝和其他水工建筑物造成直接损害，对库区和邻近地区居民的影响则更为明显。比如，1967年12月11日，印度的柯依那大坝发生6.5级地震，震中距大坝距离3—6km，坝区影响达到Ⅷ级烈度；12—18号、24—30号坝段坝顶以下40m左右发生多条水平裂缝，下游面出现严重漏水现象，坝顶起吊塔严重破坏，坝面上其他附属建筑也遭到损坏，水电站建筑物受轻微破坏而停止运转；震中区几个村镇大部分房屋倒毁，受到影响的村镇达到1000个，震坏房屋47000栋，居民死亡180人，伤2300人。但到目前为止尚未发生过因水库地震致使大坝溃垮或严重破坏实例。

二、水库地震与构造地震的区别

从统计特征来看，地震频度N与震级M在半对数坐标上一般可以用直线lg N=a-bM来描绘。水库诱发地震的斜率b与一般构造地震不同（见表3-1）。一般而言，水库地震b值比构造地震大1.3—1.5倍；水库地震前震b值比余震高，而构造地震却相反；水库地震的最大余震和主震震级的比值亦高，而构造地震序列与此相反。再者，水库诱发的地震的震源一般也限于地壳浅层。

表3-1 四个水库地震的b、M、P值

水库	前震b值	后震b指	该区构造地震b值	主震 M_s	最大余震M	M/M_s	余震次数衰减次数P
新丰江	1.12	1.04	0.72	6.1	5.3	0.87	0.9
克里马斯塔	1.41	1.12	0.82	6.2	5.3	0.89	0.78
卡里巴	1.0	0.91	0.84	6.1	6.0	0.98	1.0
柯依那	1.87	1.28	0.47	6.0	5.2	0.86	1.0

三、水库诱发地震的有关因素

根据多成因理论，常见的水库诱发地震主要有三种类型：构造破裂型、岩溶塌陷型和地壳表层卸荷型。构造型水库地震有可能达到中等（4.5级）以上强度，破坏性水库地震绝大部分属于构造型水库地震。岩溶塌陷型水库地震只出现在碳酸盐岩分布的库段，与岩溶洞穴和地下管道系统的发育有关，震级一般小于4级。地壳表层卸荷型水库地震具有一定的随机性，在断裂发育、坚硬脆性的岩体中，具备一定的卸荷应力和水动力条件时即可发生，但其震级一般在3级以下。这里着重讨论构造破裂型水库地震。

余永毓选择了资料较为齐备的22座水库（其中10座水库发生过地震），广泛收集各方面认为与诱发地震有关的地质、地震和水文等19个因素，采用逻辑信息法研究了这些因素在水库诱发地震中作用的大小与性质，并探讨诱发地震的机制。他利用逻辑信息法排除了4个与诱发地震相关性不强的因素，并得出下面的结论。

（一）水体作用

水体作用与水库诱发地震的强度关系最密切，水库水压力是诱发地震的主要诱发因素。据余永毓分析，大坝高度位于15个诱发地震因素的首位，水库蓄水量居于第5位。1979年，国外学者以全世界1799座水库为基础进行统计分析后，也认为水深和蓄水量是水库诱发地震较明显的相关因素，发震概率随坝前水深和蓄水量的增大而增大。此外，还与水库蓄水时水位上升的速率有关。

（二）地质构造条件

根据断层的力学性质，余永毓选取水库水域周边20km以内、深度10km以上正断层、逆断层和平推断层总长度作为水库地震的考虑因素，分析结果表明逆断层和平推断层相关性不大，唯有正断层总长度与诱发地震密切相关，居于15个因素中的第2位。许多发生过地震的水库主压应力轴近于垂直，是一种陡倾角的倾斜移动。由此推断，岩体本身的重力可能是引发地震的初始应力之一。

从应力场的角度来看，三级以上断块角顶离大坝距离居诱发地震影响因素的第3位，水库水域周边25km范围内、深度10km以上断层交点数目居影响因素的第6位。三级以上隆起凹陷过渡带、三级以上断块边界、新生代地边缘离大坝最小距离分别居影响因素的第7、9和12位。这些因素体现了地壳构造“闭锁”和构造应力集中区存在，说明水库诱发地震与区域构造应力有一定成因关系。

从地壳构造活动性看，水库100km范围内新生代以来活动大断裂带总长度居诱发地震所有因素的第4位，而与第三、第四纪以来活动大断裂带关系较小。这是水库地震与构造地震一个明显不同之处。再者，以坝址为中心 100km 范围内地震能量释放累计值与水库诱发地震的能量级别明显负相关，说明历史上释放的应变能越多，诱发地震的可能性及地震强度越小，国外学者也得出类似结论。

(三) 地壳介质条件

水库水域以及距水域周边 25km 范围内碳酸盐类岩石、花岗岩类岩石出露面积占总面积之比被选入诱发地震的影响因素。这两类岩石的裂隙相当发育，尤其是岩溶化的碳酸盐类岩石，为库水向深处渗透提供了良好的通道，致使岩体孔隙压力增大。这是水库诱发地震的重要原因。

综上所述，在地质体本身和水库水体的重力作用下，或者在区域构造应力场的作用下，由于某些特殊的构造部位，形成断层“闭锁”，产生应力集中。水库蓄水后，水压力使水流沿张性裂隙渗漏，减小岩石层面之间的摩擦力，并导致孔隙压力增大，从而引起断层面上有效应力减小及破裂强度降低，最终诱发地震。水库渗漏主要限于地壳表层，所以水库地震的震源一般也限于地壳浅层。

余永毓用逻辑信息法不仅分析了水库诱发地震的主要因素和机理，而且可以根据这些因素预估待建水库诱发地震的可能性及其强度。

案例

新丰江水库位于我国广东省河源市境内。坝址岩石为侏罗、白垩纪花岗岩。坝型为单支墩式大头坝，由 19 个长 18m 的支墩坝段及两岸重力段组成；溢流段在河床中部，电站设在大坝下游。最大坝高 105m，坝长 440m。水库库容 115 亿 m^3，水库面积 390km^2，电厂装机容量 29 万 kw。工程于 1958 年 7 月开工，1959 年 10 月开始蓄水，1960 年 8 月发电。

水库蓄水后，库坝区频繁发生地震。1962 年 3 月 19 日凌晨，库区发生 M_s=6.1 级、震中烈度为Ⅷ度的强烈地震。大坝在整体稳定方面经受住了强震考验，仅在右岸坝段顶部出现长达 82m 的水平裂缝，左岸坝段同一高程也有规模较小的不连续裂缝。

1.地壳活动性概述

新丰江水库座落中生代末期东西向的巨大花岗岩体之上。水库东侧为一狭长的北东向断陷盆地，堆积着厚逾 4000m 的第三纪红色岩系。水库南侧及北侧广泛分布着由上古生代—侏罗、白垩纪地层组成的山地与丘陵。该地区于下侏罗世曾发生广泛海浸。并堆积了厚逾 7000m 的海相复理式建造，上侏罗世曾发生中酸性火山喷发及白垩纪强烈的花岗岩活动，第三纪内陆盆地巨厚碎岩堆积和第四纪早期的玄武溢流。地史经历表明，新丰江水库建造在中新生代以来地壳不稳定地区，历次构造运动在水库区留下的遗迹，以断裂为主，折皱次之。根据各种断裂、折皱的组合关系，可归纳为两个鲜明的构造体系：

（1）东西向构造带：水库外围地区广泛分布着与纬度接近平行的断裂—折皱带，以及沿它们侵入的大型花岗岩体。在水库区，以东西向分布的基底深断裂及花岗岩体与围岩接触的挤压破碎带为代表。根据水库区断裂、折皱的组合特征分析，东西向构造体系主要由南北向压应力作用所形成。

（2）北东向构造带：库区附近，有长达600km的北东向河源—邵武断裂带通过。库区内规模较大的河源冲断层和灯塔逆掩断层，在坝址附近与东西向构造带交汇。北东向断裂表现为走向大致平行的系列。宽约30—50m动力变质带——由糜棱岩、矽化角砾岩和断层泥组成。断裂的基本走向为北40°—50°东，多数为陡倾角（>70°），少数倾角较缓（30°—50°），均向东南倾。这些北东向断裂，具有多期性活动特征和复杂的力学性质。

中生代花岗岩侵入之后，该地区北东向断裂活动显著，以动力变质为主。根据糜棱岩、压碎花岗岩、断层泥及密集劈理的方位，显示北东向断裂系受北西向的强烈挤压。

河源断裂走向的转折弯曲，与其伴生的横向断层拖拉有关，但紧靠河源断裂出现的北北东及北东东向平移断层，则是使北东向断裂方位改变的主要原因。其中北东东向平移断层又使第三纪红层发生拖拉现象。在北西向压应力作用下，花岗岩体中产生三种伴生的结构面：(1) 与主压应力直交的北东向挤压带——河源、人字石等断裂。(2) 两组X型叉破裂。(3) 与北东向挤压带近直角的北西向横断层。这三组破裂，把花岗岩切割成网格状。其中，X型交叉破裂在坝区较为明显。大坝西北，走向北20°西的一组，成群展布，主要为密集、小断层及岩脉组；走向北60–70°东断裂组，靠河源中断层附近显著，主要为逆断层，劈理密集带和岩脉组。这两组都具有陡倾水平剪切的特征。

由于长期构造变形破坏，以及风化作用，库区的断裂破碎带中都普遍泥化——高岭土化、绿泥石化和叶蜡石化，从而构成岩体中的“软弱夹层”。这种致密的黏土状物质，透水性很小，是良好的隔水层。但靠近破碎带的母岩，由于裂隙发育，则有较大的透水性能，单位吸水量常大于0.3L/min。这些破裂——“软弱夹层”的形成，使峡谷区的花岗岩体产生如下结果：(1) 岩体的整体性受到破坏，强度不均匀；(2) 构成岩体中地下水深循环的网络状通道；(3) 软弱结构面物质的凝聚力C、内摩擦角声Φ值下降，易于发生剪切滑动。

第四纪以来，库区断裂构造仍有最新活动，表现在：(1) 沿老的断裂面仍有复活现象，新的破碎物质仍未成岩；(2) 沿北东向断裂有多处温泉（水温30—60℃）出露；

(3) 河源断裂上盘的第三纪地层曾受到断裂水平运动而产生曳引。最新的断裂运动，显示本区地应力，继续调整，为深部岩体应变能的储藏提供了条件。

2.库区地震活动特点

水库蓄水以前，本区没有破坏性地震的历史记载。在蓄水前25年间，仅在河源、博罗两县境内发生过V—Ⅵ度有感地震四次。

1959年10月水库蓄水后一个月，位于大坝西南约160km的广州地震台，开始记录到库区地震活动。尔后，随着水位急剧升高，地震日益频繁起来。1960年10月，在大坝附近开始建立地震台。1961年7月以后，正式形成观测台网。

截至1972年12月止，已记录到$M_s \geqslant 0.2$的地震258247次，对其中的23513次地震测定了地震参数。通过长期观测表明，水库区地震的分布，具有如下特点：(1)地震主要分布在水库上、下游峡谷区水域边缘3—4km范围内，尤其密集于大坝所在地的峡谷北岸。(2) 地震多发生在主要断裂交汇“软弱夹层”发育的花岗岩体中。(3) 在重力异常区中重力梯度最陡、蓄水深度最深（80m）的大坝附近地区，13年来地震活动最频繁、最强烈。(4) 地震震源极浅，1—llkm都有分布，大多为4—7km。

北京时间1962年3月19日04时18分于大坝东北约1.1km处，发生强烈地震，主震震级$M_s \geqslant 6.1$，震源深度5km，震中烈度Ⅷ，烈度衰减系数为0.8。Ⅷ度极震区等震线长轴为北东东向，范围包括大坝及河源县城一带，面积约达到28km^2。V度区感震面积较大，长轴550km，北东一南西走向，与广东境内北东向构造线一致，短轴长约340km。

水库蓄水后一个月，库区开始出现M_s=2—3级有感地震。直至蓄水后9个月，当水位急剧上升至90m高程时，大坝西北开始发生M=3.75级较强震（震中烈度Ⅵ度、深3—5km）和较频繁震声与有感地震。1960年7月—10月，这一区域接连发生M_s=3—3.5级地震16次，形成第一次高潮；与此同时，距大坝西北约20km的区域，也出现明显地震活动。1961年上半年，由于水位在2、3月稍有下降，地震活动相对减弱。

1961年7月，库区地震观测台网形成，水位也于此期间上升，9月23日水位首次接近满库（115m高程）。此后，库区出现更为强烈的地震活动；(1) 地震活动区面积迅速扩大，1961年11月比7月扩大4倍，12月扩大6倍，大坝西北约20km的区域达到高潮。(2) 小震每日次数较前增多2—3倍，M_s=1. 0地震每月次数由7月的316次，增至12月的819次。M_s=3—4地震每月次数由5—6次，增至1962年2月的11次。上述现象表明，水库水位达到第一次高峰的过程中，地震活动随着水位的升高而增强。一个重要的分布特点是：大量M_s=1.0地震震中沿着大坝西北的北北西向破裂带密集成一条长约6km、宽约2km的地震密集带，小震震中由大坝附近逐步向西北迁移。1961年7月—11月，本地震带震源深度为3—6km，多数密集在4.5—5.0km，震源破裂面主要倾向为北东，倾角40°—65° 。1961年12月以后，大坝西北3km附近出现深7km的震源，到主震前一个月，震源破裂面倾向紊乱。除此之外，主震前一个月，于大坝及大坝西北4—5km附近，分别出现北东东向新的地震密集带。主震前，北北西、北东东地震密集带，在方向上、几何形态上，与坝区附近水域边缘的X型交叉破裂大体一致。

6.1级主震前20天，地震逐步减弱，没有3级以上地震。大坝附近这些小震开始向主震震中靠近，并显示沿北东东走向排列趋势。临震前7小时内，无大于0.6级地震，全区处于平静状态。整个前震序列，为期长达28个月，共发生大小地震81719次，占13年来地震总次数的31.6%。主震前全区地震应释放速度随着水位升高而加快。主震后，地震分布出现新的情况：

（1）主震后19小时内 M_s=1. 7地震在大坝附近沿北东东向分布，震源破裂面在3—7km处，向南东40°—50° 倾斜，与大震前18天的震源分布相距2km并近于平行，这说明主震前后存在两个近于平行的滑动面。

（2）1962年4月，原震区北部开始出现频繁地震活动，震源深度为8—11km；1962年6月原震区南部开始出现新活动，震源深度为3—9km。距大坝西北约20km的区域地震活动趋于停息。

（3）原震区主震后仍有频繁的地震活动。从震中分布区域及震源深度峰值的变化可以看出：

①主震前有过强烈活动的地区，主震后显著减弱，说明震源区应力经过重新调整而趋于稳定；而主震前活动较低的地区，在主震后成为主要活动地区，说明岩体内部应力的局部再分布。

②地震分布区域由集中而分散，并有逐步缩小的趋势。1962年11月之后，地震一直稳定在三个震源较深及多组断裂互相交汇的场所活动。

③极浅震源（1—4km）大大减少，震源深度峰值由4km移至7km，并从1963年8月以后保持不变，反映了自上而下的应力调整过程。

从余震的应变释放曲线可以看出，大震后的60天内，存在应变释放速度不断加大的三条线性关系。它与最初余震空间分布的扩展及其方向的改变是相应的。至1963年8月，应变释放曲线呈指数形式。

3.地震活动特征

新丰江地震序列，是一个前震多、余震衰减很缓慢的主震型序列，其活动特征是：

（1）地震频度与震级在半对数坐标上的直线b，与一般构造地震不同，而与其他水库地震相似。

(2) 余震随时间的分布呈波浪式缓慢地衰减，符合双曲线形式：$n(t)=A/(B+t)^{P}$。式中 $n(t)$ 表示时间段 t 的地震次数；A、B 为常数；P 为余震次数衰减系数。计算结果，P=0.9，小于一般构造地震为1.3。P值与震源区应力状态有关，说明主震发生后，震源区仍有相当大的一部分应变能没有释放，这就决定了余震衰减的长期性。

(3) 地震随时间的离散度 R（$R=\sigma/\frac{\sigma}{\sqrt{N}}$，$\sigma_n$ 为时段内地震次数 N 的均方差）大于1，并且变化范围较大（1—13)，可见本区震情很不稳定。

(4) 地震序列是不对称的，不符合泊松分布。小的序列具有时期内迅速达到高潮的特点。

(5) 地震频度特别高。1962年3月地震达到高潮时，M=0.2地震次数每月竟达17633次。在地震缓慢衰减期中，最低每月也达400次。

利用国内外34个地震台记录到的本区6.1级主震的波动和波谱分析，结果表明：

(1) 主震破裂面的产状及其错动方式，和库坝区的北东东向破裂一致，说明震源错动是沿走向滑动的。

(2) 压、张应力轴都近于水平，其作用方式和库坝区构造应力场相似。

综上所述，说明6.1级主震前库区构造应力场起着重要的作用。主震后，由于应力重新分配，于是出现多样化的局部应力作用方式。

4.水库区地震成因探讨

新丰江水库蓄水后，出现于峡谷水域边缘的频繁地震活动，就是水库与地震在时间、空间上存在密切关系的表现。地震活动性受到水位涨落的影响，具体表现在：水位急剧升高并达峰值之后，常常引起地震活动性的增强。地震峰值，具有滞后现象。水库诱发地震的原因，初步探索如下：

大坝西北震区南侧的花岗岩体与侏罗纪变质岩的接触破碎带，与其东侧河源断裂的构造破碎带，是两组起阻水作用的较厚不透水层。它们阻挡库水向南、向东进行渗漏，而多裂隙花岗体则为统一含水体。但裂隙水的分布不均匀，靠近大断裂附近的节理密集带以及伴随的横断层，常常形成地下水的深循环通道。水库蓄水后，则沿这些通道进行渗透——“注水”。随着渗透压力的日益增大，地下水进一步向纵深循环，从而导致；(1) 断裂面的正应力由于渗透压力的增大而减小；(2)“软弱结构面”的物质泥化与抗剪强度降低。这样，就为深埋岩体中的破碎带或软弱结构创造了剪切滑动的条件。当滑移力超过破碎带的抗滑阻力时，地震即发生。水库水体重量必然会导致滑移面正应力的加大，但水体重量和岩体重量相比，前者是很微量的。裂隙水渗透压力会大大减小滑移面的正应力值。所以，渗透压力的影响远比水体荷重大。

在库水的持续渗透下，地下水的运移由浅而深、由近而远，逐渐改变着库区岩体的应力状态。岩块之间的相互滑动，在软弱结构面抗剪强度继续降低而渗透压力逐渐增大的情况下，终于产生由小破裂串成大破裂的运动过程。就新丰江水库而言，当水位由原河道水位上升20m，沿大坝西北的北北西破裂带就开始发生“注水”，并且达到引发小震的程度。当水位上升50—60m时，渗透压力增大到足以引发一系列小震和较强地震（M_s=3.0）。水库首次接近满库之后，渗透压力达到了极限值，地震达到高潮，终于使岩体中所储藏的应变能大规模释放，6.1级主震从而发生。概括说来，岩体特定的地质构造条件是水库发生地震的基础，蓄水是引起岩体中应变能集中与释放的直接原因。

第八节　水库对生态系统的作用与影响

水库蓄水和运行改变了大坝上下游水体运动状态、水质及河道形态，动植物原来的生存环境条件和食物链随之变化，原来的生态平衡在一定范围内遭到破坏。通过一定时期的演替。在新的环境下形成新的平衡。这种改变是十分复杂、深刻和持久的，其中的许多变化机理尚未完全了解。

一、陆生生物

修建水库对陆生动植物最直接的影响是水库蓄水后的淹没与浸没，使陆生生态系统的环境彻底改变，受淹范围的植物全部消亡，动物迁移；浸没范围内不耐湿的植物也难以生存。影响范围、种群及个体数量可以在建库前通过调查所掌握。此外，水库施工期较长，施工设施多，占用较多的施工场地和弃渣堆放地，在一定程度上破坏与影响到了水库周边的森林、植被及栖息其中的动物。

水库运行过程中，库水位在年内周期性的涨落，形成季节性回水区。在回水区内，水陆生态环境不断交替，多年生的木本、草本植物逐步地被耐湿、速生的草本植物所替代。根据1979年原西南农学院对狮子滩水库消落区的调查，在半年左右的枯水期中，黎科、菊科、豆科、禾本科及莎草科等耐湿、速生的草本植物迅速繁衍，产量较高，平均产草达1.33kg/m^2。

水库淹没迫使许多动物迁移到其他地方，挤占了其他地方的陆生动物的生存空间；某些濒于灭绝动物的生存条件更为恶劣。另一方面，而随着湖泊、岛屿的形成，人类活动的干扰较小，为水禽、水鸟提供了良好的生存场所，招引许多水禽、鸟类到库区栖息、停留、越冬和繁衍，种群与个体的数量大幅度增加。像新安江水库的千岛湖、拓林水库的拓林湖都有无数的鸟类栖息或越冬。根据张家驹对长寿湖水库的调查，淹没区内有鸟类11种，平均每平方千米23.2只，而非淹没区仅有9种，平均每平方千米仅2.5只。此外，水库中的岛屿，被水面隔绝，形成相对封闭的生物境地，某些适合这种条件生存的种群发展成优势种群，形成特有的生物群落。比如许多水库中的孤岛，蛇类繁衍快，形成所谓的“蛇岛”。

总之，修建水库减少了陆生生物的环境容量，改变了某些动植物的生存环境，原有的生态系统逐渐被新的生态系统取代。但对陆生生态系统而言，这种生态演替过程，一般是由许多相对封闭、简单、脆弱的系统取代了原来的开放、复杂、稳健的系统，减少了生物多样性。

二、水生生物

水库的形成增加了水生生态系统的空间，同时也改变了某些水生生物的生存环境与条件，影响到浮游生物、底栖生物及各种鱼类。

(一) 浮游生物

水库水体流速慢、泥沙含量少、透光性能好，营养物质相对富集，有利于浮游植物（特别是藻类）繁殖，也为浮游动物创造了良好的生存环境。一般而言，水库修建后比修建前天然河道中的浮游生物的种类、数量都有所增加，增加的数量取决于水库的自然与地理条件、库水停滞时间、泄水方式及入库径流中营养物质组成等条件因素。

由于水库中浮游生物大量繁殖，随着水流下泄，大坝下游河道中的浮游生物也有所增加。此外，由于清水下泄、流量较稳定、水温度变化幅度减小，使下游河道中浮游生物形成新的优势种群。这些现象，距大坝越近，影响越显著。

(二) 底栖生物

库区水体水深增加，水温与外来物质分层，深层水体中溶解氧缺乏。除水库岸边处，库水很深的库底几乎没有底栖动物生长。对于大坝下游河道，通过泥沙冲淤，河道形态逐步稳定，一些缓流区河床底质为细沙或淤泥，有利于水生维管植物和底栖动物生长，并会出现某些适应环境的优势种群。

(三) 鱼类

水库的形成为鱼类生长创造了广阔的空间，水库中水流流速减慢、营养物质富集，有利于适合在静水或缓流中生长的鱼类繁衍，为渔业生产提供了良好的条件。根据陈敬存等人介绍，新安江水库养鱼面积60万亩，水库蓄水后就开始了人工放养鱼苗，水库鱼产量逐年增加，1985年达到每亩5.8kg，其中放养的链、鲸鱼占70%，非放养鱼类占30%。另一方面，原来生活在天然河道中适应流动水体的鱼类，被迫上溯到水库上游的河道中生存，减少了这些鱼类的生存空间。再者，水库形成可能淹没一些鱼类的产卵场所。如果水库上游河道较长，且存在适宜的条件，鱼类可以通过自身的自适应机制在上游形成新的产卵场地。

大坝修建隔断了洄游鱼类的洄游通道，对某些珍稀鱼类可能产生毁灭性打击。如果大坝上、下游河道较长，适应洄游的要求，这些鱼类也可以自动调整洄游行为，继续生存和繁衍。例如，中华鲟是一种大型洄游鱼种，葛洲坝工程建设时，人们都担心由于工程的修建，可能会使中华鲟灭绝。葛洲坝工程修建以后，中科院水生生物研究所曹文宣等人在长江中下游对中华鲟的生长状态进行了长期观测。1982年秋季首次发现中华鲟在坝下宜昌河段产卵，1984—1986年繁殖规模进一步扩大，从三江泄水闸向下延伸15km，产卵场所比较固定，产卵时江水温度为17—19.5℃，产卵活动与江水涨落无关，从坝下产卵繁殖的幼体到达长江河口时间提前，生长得更快。在崇明岛河段调查，除大江截流后两年幼鱼数量明显减少外，以后逐年回升。被葛洲坝工程阻拦在长江中下游的中华鲟性腺能够正常发育，并达到成熟；其成熟系数、繁殖力、一粒卵重、卵径和性比等生物学指标与建坝前在长江上游产卵的亲鱼没有显著性差异。随着有关禁止商业性捕捞亲鱼法规的实施成熟个体总数比建坝前有所提高，资源处于稳定状态。

库水下泄到大坝下游河道后，在一定距离内对鱼类产生一定的有利与不利影响。随着下游河道水文条件与水质发生变化，引起了浮游生物与底栖动植物优势种群改变，鱼类的优势种群也随之改变。由于枯水季节下泄水量增加，为鱼类过冬提供了难得的环境，可以吸引其他地方水域（如支流、湖泊）的鱼类到大坝下游河道越冬。这些都是有利影响。但是，因下泄水流的水温比天然河道低，会推迟某些鱼类的产卵期，使生长繁育期缩短，从而影响个体生长。此外，涨水是促使某些鱼类产卵的重要外部因素，产卵规模与涨水幅度正相关。天然河道在降雨后流量激增，水位陡涨，从而刺激鱼类产卵。水库控制下泄流量后，使下游河道涨水过程发生显著变化，且涨幅减小，会影响到产卵规模。这些都是不利影响。

水库对生物的影响因素比较复杂，而且和特定的自然条件、生物种类以及水库特性密切相关。

案例

丹江口水库运营运行后，中科院水生生物研究所余志堂等人在1976—1978年对汉江的鱼类、浮游生物和底栖动植物进行细微的野外调查.并对调查结果进行了全面系统的总结与分析，基本掌握了水库对汉江水生生物的影响情况。

（一）基本情况

（1）浮游植物：汉江中下游各个采集点浮游植物的种类组成大致相同，但数量有较大差异。浮游植物的主要种类有：针杆藻、脆杆藻、直链藻、小环藻、丹形藻、卵形藻、水绵、颤藻、刚毛藻、盘星藻、鼓藻、微囊藻、鱼腥藻、角藻、黄丝藻等属。

建坝以后汉江中下游浮游植物的数量比建坝前略有增加。中游夏季平均数量为464000个/L，秋季为632500个/L，冬季为64840个/L。下游的数量比较少。各个断面不同季节的样品中均以硅藻门的种类占优势，约为浮游植物总量的70%-90%。硅藻的比例，中游比下游高一些。从浮游植物的数量来看，越是靠近水库，数量越大。坝下断面的数量约为汉川江段的18倍。

再者，优势种群的出现，生丝状藻类大量繁殖。这是因为坝下江段水位比较稳定，水温的月平均值也较建坝前的变幅小，特别是透明度增大，适宜于着生丝状藻类的繁殖。根据两年的实地调查，从9-10月间到翌年4-5月间，在坝下江段河床底部的砾石、堤坝的块石以及一些水流缓慢的浅滩上都大量滋生刚毛藻。在6-8月，由于水温升高，合沙量增大，这些着生丝状藻类生长受到抑制，数量明显减少。

（2）浮游动物：汉江中下游干流各江段不同季节里的浮游动物种类组成大致相同，主要种类有原生动物的砂壳虫、棘壳虫、表壳虫、周毛虫、累枝虫等属；轮虫有譬尾轮虫、龟甲轮虫、腔轮虫、多肢轮虫、泡轮虫、晶囊轮虫等属；枝角类有水蚤、柬鼻蚤等属；足类有剑水蚤、基华哲水蚤、异足猛水蚤等属。

和建坝前相比，坝下江段浮游动物的数量有显著增加。汉江中游浮游动物的数量夏秋两季在13000-15500个/m^{3}之间，特别是秋季，枝角类的数量相当多；而冬季浮游动物的数量稀少，平均约为2375个/m^3。汉江下游浮游动物数量秋季平均约为17个/m^3，数量比中游的要少得多；冬季平均为2917个/m^3。

汉江中下游有许多江汉、河套和泛水区，当水位较低时，这些区城内水流十分缓慢或者近乎静止，其中有大量浮游动物滋生。如1977年9月在黄家港河套采集的样品中，浮游动物数量达37500个/m^3，其中原生动物为21750个，轮虫6000个，枝角类4500个，足类5250个。

和浮游植物情况一样，汉江中下游浮游动物的数量也是愈近水库数量众多，坝下断面的浮游动物数量约为汉川江段的6.6倍。

（3）底栖动物：根据汉江中下游11个断面采集的标本，不同季节的种类组成没有明显的变化。底栖动物主要种类有寒毛类的颤蚓科、水生昆虫有摇纹科幼虫、蠓科幼虫、蜉蝣目幼虫、蜻蜓目幼虫以及钩虾、水蜘蛛等；软体动物有淡水壳菜、黄规、方格短沟蜷、环棱螺、萝卜螺、扁旋螺、河蚌、青壳蚌和杜氏蚌等。

底栖动物的数量与栖息的环境关系密切。干流的丹江口、老河口、回流湾等处，底质虽然为砾石和沙，但其表面常覆盖着一层很薄的细沙或淤泥，并含较丰富的有机碎屑，适合于底栖动物生长。而茨河以下各断面，河床受到水流冲刷而不断改变，底质一般为沙质，营养物质贫乏，因而底栖动物数量稀少。

在河套、江汉等水流缓慢甚至是静水的水体内，底质为淤沙和淤泥，含有大量有机碎屑，生长有水生维管束植物，常见的为眼子菜和睡莲等。在这种环境内，底栖动物的数量很大，常为干流数量的30–50倍。在一些居民集中点曲江边，底质为淤泥的缓流水域，底栖动物的数量也相当可观。

建坝前淡水壳菜极少，建坝以后汉江上游也很少见。但是在坝下江段，凡是在水位线以下的石块护坡和垒石上，或者在河床底部的砾石上，只要周围的水是流动的，通常均有淡水壳菜着生。据统计，天门岳口和钟祥蚌斗湾两处水下垒石的淡水克莱数量：壳长为5—10mm的个体每100cm^{2}面积有489–2060个；壳长为10—20mm的个体每100cm^{2}有3—149个。淡水壳菜生长的环境除要求一定的水流条件外，水中的合沙量少是一个重要的因素，其他如水温过高（28—30℃以上）对它们的生长也不利。所以，丹江口大坝建成以后，汉江中下游泥沙含量显著减少，夏季水温下降（最高月平均水温不超过26℃），水位涨落的幅度也有较好的调节，使淡水壳菜的分布区域和种群数量显著扩大，成为底栖动物中一个优势类群。

（4）鱼类：在调查中共采集到75种鱼类，分隶于56属，14科。与过去的调查记录相比较，种类较为齐全。在75种鱼类中，绝大多数是广布性的种类，如鲤、鲫、铜鱼、三角鲂、长春鳊、蒙古红鲌、翘嘴鲌、青鱼、草鱼、鲢、鳙、赤眼鳟、鳜等，它们在整个坝下江段均可见到。江口至襄樊江段，两岸多为丘陵台地，水质清澈，水流较急，还栖息着一些喜流性种类，如多鳞铲颌鱼、华鳊、南方马口鱼、乐山棒花鱼、宜昌鳅蛇和犁头鳅等，在沙洋以下江段，这些种类极为罕见。栖息于汉江下游的长颌鲚、短颌鲚、长江银鱼、红鳍鲌和青梢红鲌等，分布范围不超过襄樊。

汉江的吻鮈属类有3种，分别栖息于不同的生境。吻鮈栖息在水流比较湍急，底质为砾石的水域，所以，在江口至襄樊江段种群数量很多，而襄樊以下则逐渐变少，沙洋以下更为少见。圆筒吻鮈通常栖息在沙质河床的江段，因此，在唐河、白河以及襄樊以下的汉江中下游种群数量很大，成为主要捕捞对象之一，而襄樊以上江段数量变少，在丹江地区极为罕见。

建坝前曾在汉江中下游有过记载的长江苏鲟、青波鱼、白甲鱼和结鱼等，在调查中从未采集到，同时多鳞铲颌鱼、圆吻鲴和华鳊以及一些通常栖息于浚河流水中的种类，数量也非常稀少。对于另外一些鱼类，建坝后的环境条件虽然发生改变，但尚未超过它们所能适应的限度，因而保持了一定的种群数量。甚至由于食物条件有所改善，数量反而扩大，成为汉江中渔业的主要捕捞对象。

各种鱼类的栖息环境也因种类不同而有差异，渔获物组成也随着地区的不同而有相应的变化。长吻鮠在丹江口至襄樊江段极为罕见，但在汉江下游却占渔获物的5%左右。在丹江口附近，吻鮠占渔获物的10%左右，在襄樊以下江段为数量少。圆筒吻鮠汉江下游撑竿网的渔获物中可占20%左右，然而在丹江口至襄樊江段其产量极小。

(二) 丹江口水库对水生生态系统影响分析

有机体与环境的统一是普遍的自然现象。鱼类同其他生物样，对生活环境具有一定的适应性。丹江口水利枢纽建成后，使汉江原有的自然条件发生变化，从而对包括鱼类在内的水生生物带来了多方面的影响，其结果是改变了原有的生态平衡。但通过鱼类及其他生物的调节适应，又建立了新的生态平衡。下面对丹江口水利枢纽所引起的汉江中下游水生生态效应进行初步的分析。

(1) 大坝阻隔的影响

除了鳗鲡以外，汉江没有典型的洄游性鱼类，丹江口大坝兴建以及双江下游一些通江湖泊修建闸坝以后，这种洄游活动便受到阻碍，鳗鲡已不能上溯至汉江上游，迫使它们只能在坝下各种流水环境，如河道、河套中生活，并且逐渐适应这种改变了的环境。另外一些鱼类，由于坝下饵料条件的改善，反而出现较大种群。如铜鱼和吻鮈原多栖息在汉江上游，其幼鱼及未成熟的个体都有向上溯游的习性，而由于大坝阻隔，使鱼群滞留于坝下江段，成为当地的捕捞对象。特别是铜鱼鱼群，每年4月中旬从下游陆续上溯，一般在6月中旬就出现于丹江口河段，往后逐渐增多，秋季又返回汉江下游，并在钟祥、沙洋以下江段越冬。铜鱼和吻鮈等是生活在河道流水中的鱼类，鱼群在被大坝分隔后各自在所栖息的环境中仍然能够进行生殖、摄食、越冬等活动，并保持一定的数量，而在坝下江段的铜鱼数量比分隔前尚有所增长。看来，丹江口大坝的阻隔对汉江的经济鱼类并没有产生不良的后果。

(2) 饵料生物的结构和数量因水文条件改变发生变化

水库建成后，汉江中下游饵料生物出现新的特点。首先，由于下泄水流的变清，坝下江段浮游生物的数量比建坝前略有增加，而且距大坝越近的江段数量越多；其次，由于中下游河道水位稳定，水温年变幅变小，有利于某些饵料生物生长，最为突出的是着生丝状藻类和淡水壳菜大量繁殖，成为一些经济鱼类的主要食物。

(3) 主要经济鱼类的组成发生相应的改变

汉江中下游30余种经济鱼类，按其食性大抵可以划分为六大类。建坝以后，由于水文条件的改变有利于坝下江段着生丝状藻类和谈水壳菜的大量繁殖，使摄食这些食物的鱼类种群不断增加。占优势的主要是草食性鱼类(如草鱼、长春鳊等)和摄食底栖无脊椎动物的鱼类(如铜鱼、吻鮈、鲤、青鱼等)，它们分别占总鱼产量的38%和34%左右。建坝后，汉江中下游某些经济鱼类的食物组成也随着饵料基础的变化而发生一定的变化。例如，草鱼是摄食水生维管京植物的鱼类，但是，汉江中下游的草鱼主要食物则是刚毛藻等着生丝状藻类。长春鳊也大量摄食着生丝状藻类。又如铜鱼，在长江上游，其主要食物是旋纹螺等软体动物，而淡水壳菜的出现率仅为11.9%，但是，在汉江中下游，铜鱼则是以淡水壳菜为主要食物，出现率高达65%左右，吻鮈的食性与铜鱼大抵相似，解剖中发现，肠道中的食物也是以淡水壳菜为主。这说明鱼类食性在一定的范围内可以进行调整，随着环境条件的变化而变化。

(4) 对鱼类繁殖的影响

汉江中下游的经济鱼类，绝大多数为产漂流性卵的鱼类(包括在流水中产微粘性卵的种类)，它们的产量占总鱼产量的80%左右。所以，建坝后对它们繁殖的影响十分显著。主要表现是：在大坝以上，丹江口水库形成以后，原均县、郧县境内安阳口、青草石滩、石灰密、乌池、洪家沟、槐树关、龙山咀、大孤山等处产卵场均因水流变缓而不具备产卵条件，而原有另一些产卵场，规模反而扩大，同时在汉江上游形成了一批新的产卵场。根据1977年的调查资料，目前汉江上游经济鱼类产卵场有洞河、安康、蜀河、夹河、白河、天河口、前房、肖家湾、郧县等10处。在繁殖季节，库内大量产卵群体都上溯到汉江上游产卵，使上游一些产卵量约为坝下江段的18.5倍；而鯮、长春鳊、鲟、铜鱼、吻鮈等10余种经济鱼类的产卵量约大4倍左右。但是，上游一些规模较大的产卵场，位置都比较接近水库，因流程较短，鱼卵在漂流孵化过程中，过早流入库内静水区，因而许多鱼卵的正常发育受到影响。

在汉江中下游，特别是江口至谷坡一带，在鱼类繁殖季节，由于水库对径流的调节作用，洪峰明显削弱，水位变化幅度很小，流水中产卵的鱼类所需要的涨水过程基本上消失，水文条件很难满足产卵的要求。因此，建坝前存在的三宫殿、王富洲、格叠嘴、茨河等产卵场，有的已经消失，有的规模变小。现在，鱼类产卵场已有明显下移的趋势。主要分布在襄樊至钟祥一带，那里的鱼类产卵条件主要是唐河、白河等支流发水和局部地区降雨所引起的。一般说来，产卵江汛都比较短促，规模也较零散。

丹江口水利枢建成后，对汉江鱼类繁殖的另一个影响是江水水温下降，使得鱼类繁殖季节依次推迟，黄家港水文站资料显示，建坝后5-8月的水温下降了4-6℃.

达到鱼类繁殖所要求的最低温度条件的日期，推迟了20天左右，因此，汉江中下游鲢、鳙、青、草四大家鱼以及铜鱼等鱼类的繁殖季节比长江干流相应延迟20–30天。

对于产粘性卵鱼类说来，大坝建成以后，坝下江段水位在繁殖季节无大幅度涨落，因而雨岸的淹没区大为减少，提供鱼卵黏附的基质也相对减少，但是，现在仍然存在的比较稳定的繁殖场所，对于粘性卵鱼类的卵子的正常发育仍是有利的从汉江中下游11种经济鱼类的年龄和生长，分析了江口大坝建成后，鱼类生长的变化。这些变化主要有三个方面：①当年幼鱼的个体较小：比较了草鱼等7种鱼类第一年的生长情况，发现这7种经济鱼类第一年的长度均比长江中游小些。这是与汉江中下游鱼类的繁殖季节比长江干沈的延迟有关。②草食性鱼类生长比较慢：汉江中下游草鱼的生长速度要比长江中游湖口地区的显著缓慢。其原因可能是长江两岸的通江的湖泊洼地中水生维管束植物比较繁茂，使草鱼在整个咫育期间都能得到比较充分的食物。在汉江草鱼主要摄食生丝状藻类，但在6–8月草鱼摄食旺盛、生长迅速的时期，正是这类食物数量最少的季节。这对草鱼的生长不利，成为汉江草鱼生长缓慢的原因之一。③摄食浮游生物鱼类种类少、种群小、生长缓慢：大坝建成后，汉江中下游仍然是河道类型的生态环境，摄食浮游生物的鱼类不仅种类少（主要是鲢、鳙），而且种群数量也小。与丹江口水库中的鲢、鳙相比较，其生长速度明显缓慢。例如4龄的鲢，在坝下段平均体长为59.9cm，体重3.22kg，而生活在水库的平均体长66.7cm，体重5kg。

(5) 鱼类的越冬条件有所改善

建坝以后，坝下江段冬季流量普遍提高，一般比建坝前平均增加2.9–3.3倍，同时，水温也提高了4–6℃。水文因素的这种变化，给汉江鱼类的越冬提供了有利条件。建坝以前，冬季坝下江段流量很小，河床大部分裸露，鱼类越冬范围局限于河床深槽和岩洞深潭。现在鱼类越冬场所显著扩大，所以，在冬季有许多鱼类在江口至襄樊江段越冬，形成一个捕捞的旺季，产量很高。1976–1977年的两个冬季，共统计了2150kg渔获物，多数是大型经济鱼类。其中以草鱼数量最多，平均体重达5.38kg。以下依次是鲤鱼，平均体重3.75kg；青鱼平均体重7.37kg；鲢的个体较小，平均体重分别为1.2kg。

(6) 对汉江渔业的影响

渔获量的丰歉，在一定程度上反映了鱼类资源变动的趋势。在汉江，渔获量可作为评价水利枢纽对鱼类资源影响的一个指标。丹江口水利枢纽建成后，汉江的鱼类被分隔在大坝上下不同的生态环境中生活。丹江口水库水面面积100余万亩，是我国水面较大的水库。水库形成之后，一些适应于敞水面生活的鱼类，种群有了很大发展，整个水库的鱼类资源量比建坝前原汉江河道有了显著的增加。据不完全统计，水库鱼产量每年大约为100万—150万的。如能健全渔业管理机构、采取一些必要的繁殖保护措施、积极投放苗种、提高捕捞效率和加强渔获物的储运保鲜等设施的建设，丹江口水库的渔业必将得到更快发展，成为一个重要的渔业基地。

在坝下江段，虽然大坝的兴建对汉江中下游的经济鱼类的繁殖和生长带来了某些不利的影响，但是对鱼类越冬和某些鱼类的肥育都是有利的。随着时间的推移，它们已逐渐适应这种改变了的环境，并能在坝下河道完成其生殖、摄食、生长和越冬等生活周期的各个环节，各自维持一定的种群。根据谷城、襄樊、宜城三个县建坝前后产量的统计，自1958年以来，渔船和劳力逐年增加，年平均产量逐年增加。按单船产量计算，1958–1960年每船平均产量为705kg；1961–1970年为875kg；1971–1977年上升到1030kg。产量和单船平均捕捞量保持稳定上升。当然，其中可能与渔具改革、捕捞强度增大也有关系。

第九节　围湖造田与生态环境系统

一、相关背景

洪水是超过河道、湖泊的承载能力向周边地区泛滥的一种水流现象。洪水灾害是世界上大多数国家的主要自然灾害之一。圩堤是历史长期发展的产物。由于江河中下游平原地势平坦、土壤肥沃、水资源丰富、交通便利，从农耕时代开始，人类就居住于此，开创农业文明。为了抵御洪水侵袭，减少洪灾损失，人类就用泥土或其他材料建造堤防。受堤防保护的地区，在洞庭湖区称为“垸”，在鄱阳湖区称为“圩”。

许多西方发达国家主要不是利用堤防来抵御洪水，而是通过对洪泛平原按照高程分区来减少洪灾损失。例如，美国规定，江河两岸、湖泊周边在20年一遇洪水淹没线以下区域内不能建设任何建筑物，百年一遇洪水淹没线以下不能建设永久性建筑物。这样就使得洪水发生时产生的社会经济损失大为减少。我国人口众多、人均国土资源十分有限，大江大河中下游平原及沿海地区早已成为人口密集、经济发达、社会繁荣的精华地区，适当地利用堤防来实现防洪安全的目标是十分必要的。但是，最近几十年来，随着人口的增长，为了解决粮食问题，大量开发江河、湖泊的洲滩，围湖造田，增加耕地面积。据统计，新中国成立以来，长江中下游地区围垦面积达1.3万km^2，占湖泊总面积的1/3，大约相当1998年洪水前的鄱阳湖、洞庭湖、太湖、洪泽湖和巢湖等五大淡水湖泊水面面积的1.3倍。因围垦消失的大小湖泊达1000多个，蓄水面积减少500亿m^3。1949年以前，长江大通水文站以上共有通江湖泊30多个，面积约7200km^2。因修建堤、坝、闸，切断了通江水道，现在仅剩下洞庭湖 2691km^2，鄱阳湖 3914km^2，减少 61.4%。以江汉平原为例，1949 年共有大小湖泊 1066 个，湖北省也因之冠有“千湖之省”之名。经过几十年的人工围垦，面积在 1km^2 以上的湖泊仅剩 181 个，湿地面积消失 75%以上，蓄洪能力降低 80%。

洪水是一种自然现象，也是生态环境系统的组成要素之一，同样遵循着一定的自然规律。正如恩格斯所说的那样：“我们不要过分陶醉于我们人类对自然界的胜利。对于每一次这样的胜利，自然界都对我们进行报复。”（恩格斯，于光远等编译，自然辩证法，人民出版社，1984 年 10 月第 1 版，第 304–305 页）堤防本来是抵御洪水、减少洪灾损失的措施，但是，如果违背自然规律，过度围湖造田，反而加重了洪水灾害。1998 年长江流域的洪水造成的重大损失就是一个例证。1998 年长江流域的降水量并不很大，洪量也比 1954 年小，长江汉口断面 30 天最大洪量比 1954 年少 297 亿 m^3，洪水重现期约为 30 年一遇，60 天最大洪量比 1954 年少 294 亿 m^3，重现期约 50 年一遇。可是，长江中下游水位普遍高于 1954 年洪水，共有 360km 河段的最高洪水位超过历史最高水位。其中监利、蓬花塘和螺山水位比 1954 年高出 1.7m。由此造成堤坝大量溃破，仅湖南、湖北和江西三省受灾面积达 44.08 万 km^2，受灾人口 103.9 万，直接经济损失 1090 亿元。产生这一结果的原因，主要是由于过度围湖造田，大幅度地减少了长江中下游蓄洪容量。1954 年，长江两岸堤坝保护的面积小，堤防低矮单薄，洪水发生时，共分蓄洪 1023 亿 m^3。1998 年长江洪水，由于抗洪军民的奋力抢护，确保了长江中下游干堤和湖区重点堤防的安全，一般圩堤的分洪水量仅 100 多亿 m^3。

过度围湖造田除了挤占蓄洪容量、降低河道行洪能力外，还大量减少了湿地面积，影响了生态系统的生物多样性。

二、过度围垦减少洪水调蓄能力

圩堤在一定程度上影响行洪蓄洪，但圩堤的类型与位置不同，对行洪蓄洪的影响也不相同：

（1）江河两岸圩堤：根据我国国情，大江大河中下游两岸修建堤防保障人民生命和社会财富的安全是必要的。如果两岸堤防间距过小，束窄了河道行洪断面，就会阻碍洪水下泄，抬高上游水位，增加洪灾损失。

（2）围垦河道江心洲与边滩的野堤：河道中的江心洲或边滩是河道长期水沙运动的结果，适应不同量级洪水的过流要求，一般出现在江面较宽阔的河段。过度地围垦江心洲或边滩，减少了河道行洪断面，影响洪水下泄能力。另外，由于江心洲与边滩地势较低，在一定水位下，单位面积蓄洪量较大，围垦这些洲滩将显著减少江湖水系的行洪能力和蓄洪容量。

(3) 围堵湖汊的圩堤：围堵湖泊的湾汊，一般不影响江河行洪能力。相对于湖盆而言，湖汊地势较高，单位面积蓄洪量较小，对蓄洪容量的影响也不十分显著。

(4) 围垦湖泊滩地的圩堤：这类圩堤一般位于入湖河流河口三角洲前沿，由于修筑堤防，使入湖水道向下游延伸，如果行洪水道狭窄，会影响洪水下泄，抬高上游水位。其次，由于这些水道在洪水期受湖水顶托，水流流速变缓，上游水流挟带的泥沙沉积在河床上，逐步淤积河道，影响行洪能力，抬高上游水位。再者，此类圩堤地面高程较低，在相同水位下，单位面积蓄洪容量较多，围垦对湖泊蓄洪量的影响也比较显著。

总之，这四类圩堤中，位于河道江心洲或边滩以及湖泊滩地的对行洪、蓄洪影响显著。例如，位于南洞庭湖出口的横岭湖面积250km^2，占南洞庭湖面积的37%。1978年完工的横岭湖围垦工程，将12km宽的洪道束窄到3km。在这一狭窄的洪道中泥沙淤积严重，芦苇丛生。有效过水面积5310m^2，仅为原洪道的1/8，出现3年一遇洪水时，上游水位就显著提高，有时甚至超过1954年的最高水位。

堤防与洪水灾害还有更深层次的相互影响关系。堤防的修建或加高加固，使人们增加了安全感，掩盖了特大洪水发生时遭受灾害的风险，促使圩垸内人口聚集，经济发展，社会繁荣。如果一旦出现堤防无法抗御的洪水，遭受的损失比没有堤防时要大得多。1954年特大洪水之后，长江荆江河段的南岸开辟了荆江分洪区，准备用于荆江河段出现高水位时分蓄洪。但是，随着堤防的加固，几十年来，分洪区内经济发展很快。1998年长江洪水发生时，监利至螺山河段水位持续上涨，两岸堤防十分危急，由于分洪损失太大，一直难以下决心动用荆江分洪区分蓄洪。

三、围垦对生态环境系统的影响

河流、湖泊是全球水循环中最活跃的环节，是生态环境系统的重要组成部分。河流、湖泊及其湿地具有苦水防洪、调节气候、降解污染物质、为生物提供生存空间等多方面的作用。湿地是生产力较强、生物多样性最丰富的生态系统之一。据统计，沼泽类湿地初级生产力年均达到2kg / m^2，相当于热带雨林的生产力，地球表面仅6%的湿地，却为世界上20%的生物提供了生存环境。比如，鄱阳湖区是世界上的重要湿地之一，除了对调节长江干流与入湖五河洪水的作用十分显著外，湿地动植物极其丰富，详细情况可参阅案例。围湖造田对生态环境的不利影响表现在以下方面：

(1) 围湖造田使天然湿地变为耕地，用简单、脆弱的人工生态系统取代稳健、复杂的自然生态系统，降低了生态系统的多样性程度。

(2) 围湖造田减少了湖泊与湿地面积，减少了水生生物、浮游生物和底栖生物的生存空间。湖泊和湿地的减少使某些洄游生物失去了洄游场地，使一些以洲滩上植物茎叶为鱼卵黏附基体的鱼类失去产卵场地，有可能导致珍稀物种减少或灭绝。

(3) 湖泊水域的减少，使泥沙沉积的速率加快，水体自净能力弱化，污染物质更容易富集，使水质恶化。

(4) 堤防阻断了许多天然水流的通道，将一个相互联系、完整的天然水系分割成很多孤立、封闭的水域，扭曲了江湖水文关系，使生态系统退化。

据统计，长江中下游是350多种鸟类、600多种水生植物、400多种鱼类，包括白鳍豚在内的珍稀水生动物和麋鹿等珍稀动物的栖息地。由于大量围湖造田，使物种数量减少，种群及个体结构改变，某些珍稀生物濒临灭绝或大量减少，生物多样性程度下降。20世纪50年代洞庭湖捕捞的经济鱼类有100多种，年产量达到4万t，到90年代，能捕捞到的鱼类仅有70种，天然水域捕捞量每年只有1.25万t左右。这里既有人类活动加剧、捕捞过度的原因，也有因围垦过度，水域缩小、洄游鱼类减少等原因。

四、解决过度围垦的对策

为了减少洪水灾害损失，针对长江中下游围湖造田过度等问题，1998年洪水之后，国务院制定了“封山育林，退耕还林，退田还湖，平垸行洪，以工代赈，移民建镇，加固干堤”的治水方针。这一方针将根治水患和生态环境保护建设结合起来，作为保持社会经济可持续发展的重要措施之一。国家投入30多亿资金加固湖南、湖北、江西、安徽和江苏五省的长江干堤3385km，到2001年底已完成总土方量的70%，石方与混凝土方量的60%，80%的堤防达到设计标准。国家陆续投入101亿国债资金用于退田还湖，平垸行洪，移民建镇。计划退圩垸500多座，移民62万户、245万人，可使长江中下游江湖增加蓄洪面积200多km^2。到2001年底已移民180多万人。

退田还湖包括两种形式。对于一些影响洪水下泄的圩垸，居民全部迁出，废除堤防，围区土地作为行洪通道和蓄供空间，这种形式称为“全退”。对不影响行洪的圩堤，将居民全部迁出，堤防不能继续加高，实行“高水还湖、低水种养”，即遇到中小洪水，境内仍然耕种或进行水产、水食养殖，发生大洪水时，任其漫顶或破溃，作蓄洪之用，圩垸内居民迁移到中小城镇，或另择地方建设新的村镇，这种形式称为“单退”。

为了巩固退田还湖的成果，使从湖区迁出的农民能够解决生计问题，并逐步富裕起来，必须进一步调整湖区的产业结构，改变“种粮养猪”单一的生产模式，结合湖区实际发展湿地生态经济。比如，利用水体养育水禽、鱼类和特色水产品；利用湖洲发展畜牧业、种草养鹅，错开洪水季节，种植生长期短、效益高的蔬菜、油料作物等。湖区周边将山、水、洲开发利用统筹规划，发展“禽畜－经济作物或果园－沼气－水产养殖”、浅水水体的鱼莲（藕）混养等立体生态经济等。

第十节　水利工程施工对生态环境的影响

一、水利工程施工对生态环境的影响

水利工程是大型建筑工程。水利工程施工与工业厂房、交通道路、桥梁隧道、民用建筑等建设工程相比，有一定的共性，也有不同的特点：

（1）规模宏大，工程量大：大型水利水文水利工程规模宏大，除挡水建筑物（大坝等）、引水建设物（引水隧道洞或管道）、泄水建筑物（溢洪道、水闸）和发电建筑物（水电站）等主体建筑物外，还包括了附属厂房、道路、桥梁、民用建筑等许多建筑物。其土石开挖量、混凝土浇筑量一般以亿立方米计算，甚至数百亿立方米。

（2）占用土地多：仅就水利水电枢纽工程而言，永久性占用和施工期临时占用的土地少则十几平方千米，多则几十平方千米。

（3）施工与河道水流关系复杂：水利工程修建在河床上，从施工开始到工程运用，处理好工程施工与河道水流的关系是施工组织设计的一条主线，如围堰构筑、基坑排水、导流截留、防洪保安、围堰拆除、工程蓄水等。天然径流具有季节性与随机性，洪水季节的长短往往成为制约施工进度、质量的关键因素。

（4）施工期长，施工人数众多：水利工程一般位建在偏僻的山区，从修建道路，平整施工场地、建筑物施工到设备安装和工程运行一般需要若干年，甚至十多年。施工人数众多，机械种类和数量多。

鉴于水利水文水利工程施工的这些特点，其对环境的影响既有一般工程建设施工的共性，也有其特殊性。其共同之处可以归纳如：

（1）施工场地平整、弃渣堆放可能引起水土流失。混凝土砂石骨料冲洗，混凝土拌和、浇筑和养护，基坑排水，水泥沙浆或化学通浆，施工附属企业排放的工业废水，施工机械与车辆用油的跑、冒、滴、漏，施工人员日常生活排放的废水等，对附近的地表水或地下水都有一定影响，污染水体。

（2）施工中开挖爆破、骨科加工筛分、水泥和粉煤灰装卸、施工机械和车辆运行产生一定的粉尘、CO_2，附属工厂及生活烧煤（油）也会排出一定的 CO、CO_2、SO_2 等污染物，污染大气环境。

（3）开挖爆破、重型车辆行驶、大型机械运行、混凝土拌与捣实产生一定的噪声。有些噪声强度较大，甚至引起地表震动（如爆破等）。

(4) 施工过程中还有大量固体废弃物，如废料、残渣等，需要安置与处理。

(5) 大量施工人员进入施工场地，人群分布密度大，施工场地生活、卫生设施简单，容易诱发传染性疾病、地方病以及自然疫源性疾病流行。

这些影响与工程规模、施工期长短密切相关。一般而言，水利水文水利工程(尤其是水库)一般建造在较为偏僻的山区丘陵地带，远离城市，环境容量较大，环境质量要求相对低一些。

除了上述与建筑工程施工的共性问题外，水利工程还有两个特性。

(1) 土地利用问题：水利工程规模宏大，除永久性建筑物需要占用土地以外，施工过程中各种附属企业，材料堆放地、生活服务设施、基坑开挖、弃渣的堆放、施工道路等也要占用大量土地。这些土地有些是永久性占用，有的是临时性占用，有的可以两者结合起来。占用过多的土地不仅直接破坏了地面的生态系统，处理不好还可能产生严重的水土流失，污染河流。

(2) 截流与蓄水期间下游用水问题：施工过程截流以后，前期工程建设的发电机组就可以发电；工程建成后，水库将逐步蓄满。在这两个阶段如果下泄量太小，对下游经济发展、群众生活以及生态环境用水特产生不利影响。例如，“文革”期间，新安江水库调度失调，长期低水位发电。1978年，为了充分利用库水势能，尽快恢复到发电正常运行水位，加大蓄水速率，大大减少泄流量。结果致使杭州湾海水入侵，杭州居民吃咸水吃了一个多月。

二、减少施工对生态环境不利影响的措施

为了减少水利工程施工对环境产生不利影响，要从单纯的施工管理转变为施工、生态环境保护和安全生产的全面管理；从仅考虑工程效益转变为寻求工程效益与生态环境效益的最优组合。水利工程开始施工就对生态环境产生干扰，波及面大、影响因素多、时间长。因此，要以施工为中心，把工程施工和生态环境保护联系起来统筹规划、全面规划，科学编制施工组织设计方案。在保证工程质量、施工进度和生产安全的基础上，尽可能减少对生态环境的影响和破坏。

(1) 时间、空间两方面统筹规划，尽可能节省土地资源。除了水利工程建筑本身和水库淹没要占用大量土地外，施工道路、临时建筑、采料及弃渣堆放等也要占用不少土地。土地的占用的使得生长在其上的生态系统遭到彻底的破坏，同时还会造成水土流失、环境污染。因此，在施工过程中尽可能节省土地资源是保护生态环境有效手段之一。为了实现这一目标，必须根据系统工程原理，从空间和时间两方面全面规划，科学编制施工组织设计方案。例如，工程基础开挖产生大量弃渣，需要土地堆放；在工程施工期和建成后运行期，需要生产、生活场所，也要占用土地。

如果把两者结合起来统筹安排，利用系统论的共生互补原理，在基础开挖时，根据施工期或运行期生产、生活用地需要，合理选择堆放弃渣场所，基础开挖完毕后，就形成了可用之地。这样，不仅节省了土地资源，而且可以节省平整场地的费用。这就要求从长远着眼、近期着手、统筹安排、科学规划，有效利用土地资源。又如，工程施工期需要许多临时建筑物，运行期需要许多永久建筑物。过去在“先生产、后生活”思想的指导下，临时建筑物和永久建筑物无法有效衔接。如果在施工组织设计中把两者结合起来考虑，一物多用，既可以节省土地，又可以减少建筑物投资，还节省了生态恢复费用。

（2）减少水利施工对生态环境的不利影响，必须协调好工程施工、河道泄水和下游用水的关系。关键是在施工组织设计中，要选择适当时机截流，使下泄水量能够满足或基本满足下游生产生活用水以及河道内用水（包括生态环境用水）。

（3）采用新技术、新设备和新的生产工艺，精心组织施工，减少运输灰尘、爆破震动和机械噪音等。

案例

大型水利枢纽由大坝、溢洪道、放空洞、发电洞、厂房、升压站等建筑物组成，水库总库容 2.76 亿 m^3，电站总装机 4 万 kw。大坝为面板堆石坝，最大坝高 91.4m，块石填筑总方量 140 万 m^3。由于工程开挖与填筑土石方量大，工程用地较多，施工用地规划与管理显得尤其重要。为此，在工程施工开始前，结合大地工程的实际情况对施工用地规划进行了更细致的论证，对原来的施工组织设计（特别是对采料场、弃料场和临时建筑布置等）进行了细化、补充和修改，取得了较好的生态、经济效益。

（1）减少料场数量，扩大规模：原施工设计根据“低料低用，高料高用”的原则，特大坝填筑块石料场分为上、下游两个，但下游料场距占家村太近，施工道路占用大量水田，必须将 300 户村民搬迁；另外，料场分设为两个达不到有效规模，不能有效发挥大型挖掘和装载设备的优势，影响施工进度；重复装备两套挖掘、装载设备将增加工程造价。经过分析论证，决定将原设计的二个料场合并为上游一个料场，在工程效益方面可节约投资如 4.75 万元，提高施工效益近一倍；在生态效益方面可减少移民征地，并避免了对村民正常生活的严重影响，还可以为今后旅游业发展创造更大的场地。

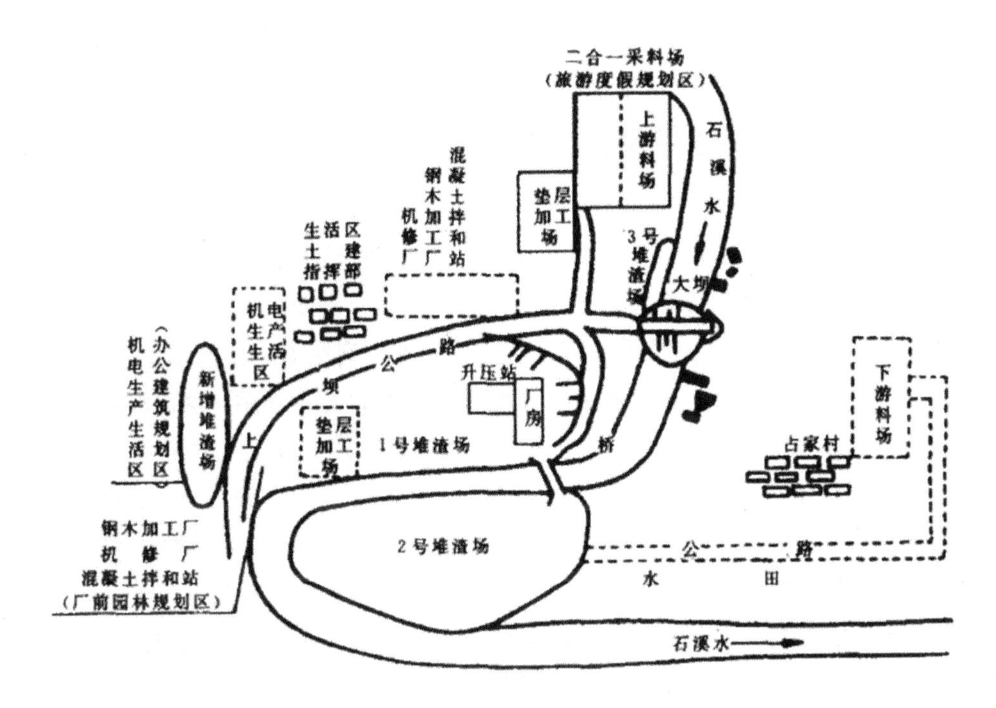

图1　采料场、弃料场与部分临建布置

(2) 堆渣场地、临建用地统一规划：原设计存在着占用土地面积大、施工干扰严重等问题，所以在细化施工场地平面布置时，要对堆渣场地、临时建筑用地进行通盘考虑、统一规划。根据工程设计要求控制1、2号堆料场弃渣堆放高程，分流大坝、厂房的开挖弃渣，在厂区附近一山沟处新增一个堆渣场，并堆填形成5000m^{2}的平地，将原安排在山坡上的土建机修厂、钢木加工厂、沙石料场和混凝土拌合楼以及机电安装办公生活区等临建分别布置在1号堆渣场和新增堆渣场。由于弃造运距缩短、临建用地减少等，节约资金30万元；由于厂坝区弃料合理分流，避免了施工工序间的严重干扰，为工程的按时截流和大坝的安全渡过汛期赢得了时间，保证了工程进度。严格控制采料场的开挖高程，要作为今后发展旅游休闲的备用地。工程建成后，随着库区旅游的开展，堆渣场、采料场的土地已经升值，生态环境效益大幅度增加。

(3) 在工程建设的投资、进度与质量得到有效控制的前提下，把施工道路按照永久性道路铺设混凝土路面，工程建成后作为通向旅游景区公路；使用封闭式专用垃圾道、散灰罐等以防止粉尘飘散污染大气；妥善安排作业时间，防止噪音污染；严格处理有毒弃物和生产、生活污水排放，防止水环境污染；科学选择水库下闸时间，满足下游用水需求等生态环境问题。

第十一节　水利工程开发性移民

一、水利工程建设的移民问题

同任何建筑工程一样，修建水利工程总要占地、移民。但是，我国人多地少，人口密度大；水利工程（尤其是水库）占地多、移民数量大，移民问题比其他工程更为突出。水库移民问题涉及政治、经济、社会、人口、资源、环境、工程技术等许多领域，是一项复杂庞大的系统工程，当前已成为水利水电建设的重要制约因素。水库移民间题解决的好坏，直接关系到水资源能否有效开发利用、移民群众的切身利益以及库区经济发展和社会稳定。新中国成立后，国家高度重视水利事业的发展，进行了大规模的水利建设，共修建了8万多座大中小型水库，24万多km堤防。这些工程的建成，在防洪、发电、灌溉、供水、排水等方面发挥了巨大的经济效益和社会效益，为我国国民经济的持续、稳定、高速发展起到了重要的保证作用。与此同时，为修建水利水文水利工程，已经搬迁了1000多万水库移民。大部分移民基本得到了较为妥善的安置，生活水平也在逐步提高。

20世纪80年代以前，移民安置按照计划经济的思路与模式操作。由于对移民安置工作的复杂性认识不足，没有充分考虑移民及库区可持续性发展问题，移民安置工作简单化，大都将移民后靠安置在耕地奇缺、饮水困难、交通不便、信息闭塞、经济落后等生存环境较差的水库周边地区。特别是“文化大革命”期间，有些地方片面强调移民要服从国家建设的需要，忽视群众的切身利益，用行政命令、群众运动等做法，强迫群众搬迁。许多群众从居住环境较好的平原地区向水库周边后靠，造成建房难、吃粮难、饮水难、行路难、上学难、用电难等问题。为了生存，移民不得不实行掠夺性生产，过度开发利用自然资源；或者上山乱砍滥伐，毁林造地；或者乱捕。洪水一旦发生，大量泥沙顺势而下，造成河道淤积，河床抬高，山体滑坡，库容减小，辛辛苦苦开辟的坡地越种越瘦，越种越薄。如此反复，造成库区生态环境与生存环境进一步恶化。移民过程中存在的这些问题，关键在于没有把移民工作当作一种社会、经济行为，没有坚持可持续发展战略，按经济规律办事。随着我国社会主义市场经济体制的逐步建立和完善，根据解放思想、实事求是、与时俱进的思想路线，遵照社会、经济规律办事，我国正在探索安置水库移民的有效方式。

二、开发性移民

我国人多地少，自然资源有限。为了实施可持续发展战略，促进水资源有效开发利用，总结多年水电建设移民的经验和教训，提出了开发性移民方针。所谓开发性移民，就是坚持人口、资源和环境协调发展原则，在资源承载能力和环境许可容量范围内，科学合理、积极妥善安置移民；把单纯安置补偿转变为挟持移民积极创业，变救济生活为扶助发展生产；把移民安置与库区开发结合起来，通过调整产业结构，促进社会经济发展，使移民逐步富裕起来，把移民安置和加快城镇化建设结合起来，大力发展二、三产业，城乡社会经济统筹发展；把移民安置与生态环境保护和建设结合起来，治理“三废”，发展生态经济，建设美好家园。20世纪90年代以来，在开发性移民方针指导下，解决了1985年前建成的丹江口、三门峡、新安江、潘家口等40多座大中型水库移民遗留问题；顺利完成了水口、紧水滩、葛洲坝、东江、五强溪、龙羊峡、二滩等一大批新建水利水文水利工程移民任务。

开发性移民要遵循下述原则：

(一) 可承受原则

移民安置要根据水库周边地区的资源（包括土地）承载能力和环境许可容量，科学地确定移民数量，使移民生计有保障、生产能发展、生活条件能改善。不能为了节省移民费用，或者一味迁就移民“故土难舍”情绪，盲目采用“往后靠”方式，将移民全部安置水库周边山区。有条件的地方要把移民和推进城镇化建设有机结合起来，适当扩大城市规模和抓好小城镇建设，有计划、有条件地安置农村移民落户，减轻农村移民人多地少的环境压力。大力发展劳动密集型产业，扩大移民安置容量。当地安置不下的富余人口外迁到其他地方安置，缓解水库周边安置压力。

(二) 产业多元化原则

把移民安置和搬迁作为调整产业结构的有利机遇，对于那些产品没有市场、污染严重、扭亏无望的企业，实行“关、停、并、转”，不能原状搬迁，以免形成新的亏损源和污染源。保留的企业要以搬迁为契机，进行技术改造，提高技术含量，加强管理，扩大产品销路，形成规模经营，治理“三废”，避免产生新的污染。利用水利工程建设的机遇，创造新的就业岗位。农村移民在发展农业生产的同时，进行农产品深加工；利用水库水域大力发展水产养殖业。按照生活、生产、生态三位一体的原则，以沼气建设为核心，构建以“家禽、沼气、果林”为主的农村生态经济，发展生产，保护环境，增加移民收入。开发旅游资源，发展旅游业。开拓多种渠道，为移民创造新的就业机会。

(三) 可持续发展原则

从解决移民生产生活等紧迫的问题入手，加强基础设施和生活条件建设，改善移民的住房、饮水、交通、用电、就医、上学、通讯等方面的条件。使移民“搬得出，稳得住，富得起来”。把单纯安置补偿转变为扶持移民积极创业，变救济生活为扶助发展生产。水库周边地区一般人地矛盾突出，生态环境脆弱；移民安置需要加强生态环境建设，使移民生活水平逐步提高，区域可持续发展能力不断增强。因此，不能单纯在扩大耕地面积上寻找出路，要坚持以大农业为基础，从实际出发，积极发展高效生态农业，以达到移民安置、库区发展与环境保护的协调发展，努力实现库区移民长治久安的目标。比如，以综合利用土地资源和防止水土流失为重点，实施农业综合开发，按照保水、保土、保肥的要求，高标准建设水平梯田，既可以防止水土流失，提高土地生产潜力，又可以增厚土层和扩大面积，提高土地利用率和产出率，还能方便耕种，有利于农业科技的推广利用。按照工程治理与生态治理相结合的思路，通过生物技术治理水土流失。全面整修塘堰、灌溉渠系，改善农业生产条件。

城镇迁建，要认真做好项目前期论证工作，特别是要做好水文地质、地质灾害防治勘查和地质灾害危险性评估。通过科学选址、合理规划，根据生态环境的要求，将城镇新址的工业、交通、住房、娱乐等建设计划统一起来，合理安排，重建“社区”。在城镇迁建中，既要考虑城镇的发展，又要扩大绿化面积，控制“三废”排放，有效地改善环境。高度重视项目的环境评价，足额投入环境保护专项资金，把生态环境建设的工程措施、生物措施、蓄水保土耕作措施和环境科学教育有机结合起来，综合治理，使移民、环境和经济互相促进，走上可持续发展的良性循环道路。

第四章　水利工程的生态效应区域响应分析

第一节　生态效应区域响应的内涵

一、概念与定义

水利工程造成的生态破坏是指水利工程直接作用于水生态系统，造成水流紊乱之后而引起生态系统的生产能力显著减少和结构显著改变，从而引起环境问题。生态修复是指利用水利工程改变现有水流运动规律，恢复河流浅滩，使之光热条件优越，又形成新的湿地，让鸟类、两栖动物和昆虫栖息，恢复河流形态和水质，改善环境。毛战坡的研究则认为，大坝对河流生态系统的生态效应是规划、建造、设计以及大坝泄流等过程的复合函数，需要在大坝的规划、设计、建造、运行过程中，根据河流生态系统的特点，充分考虑流域土地利用、生态恢复、流量适应性管理等措施，减轻大坝对河流生态系统的影响，实现流域水资源的可持续发展，从而达到人与自然和谐发展的目的。

由于生态效应的区域响应具有整体性、波及性、潜在性和累积性的特点，而且生态效应的区域响应具有时间尺度和生态空间尺度上的不同。因此，笔者认为，水利工程的生态效应区域响应的概念可定义为水利工程兴建之后的较长时期内，在时间尺度和生态空间尺度上，区域生态系统内的生态破坏和生态修复两种累积性响应的综合结果。提出时间尺度的概念，主要是基于生态效应的响应结果是随着时间的演进而不断累积，因此也就要求在规划、设计、建设和运行管理阶段都要长远考虑水利工程的生态效应区域响应问题，而不是单纯追求一时的经济目标。生态空间尺度概念，是指在一个生态系统内，各个具体的、不同类型的生态系统既具有相互联系，但又处于不同空间。如区域内的陆地生态系统、河流生态系统等就构成一个生态空间。该定义的优点是：

（1）定义中确定了生态效应的区域响应包含生态正、负效应两方面，而且研究的范围较广，不仅仅局限于水生生态系统和河流生态系统，还包括了水利工程所在区域的陆地生态系统、人类生产生活系统等；

（2）突出了区域生态效应的响应具有时间尺度和生态空间尺度两方面的研究尺

度，而且生态效应的响应是这两方面尺度的综合结果；

（3）突出强调了生态效应的最终响应是水利工程所在区域在时间尺度和生态空间尺度上累积性的结果，突出强调了其生态效应的累积性特点。

二、与环境影响评价的联系和区别

环境影响评价起步早，目前的研究方法和原则、步骤、评价技术和模型等均很成熟。我国自1979年9月颁布了《中华人民共和国环境保护法》试行后，环境影响评价制度也建立起来，经过不断的规范化建设和强化，日趋完善，并得到了强有力的推行和保障。

水利水文水利工程环境影响评价的内容包括环境状况调查、环境影响识别、环境影响预测和综合评价，而且其目的是针对工程兴建可能对自然环境和社会环境造成的影响进行评价，使合理影响得到合理利用，不利影响得到减免或改善，为工程方案论证和领导部门决策提供科学依据。水利水文水利工程环境影响评价的因子包括自然环境和社会环境。但长期以来，环境工作的重心是污染治理，在水利水文水利工程环境影响研究工作中表现为侧重评价建成后的区域大气、水、土壤等的污染状况和质量的等级，而忽视工程对区域生态系统造成地更为敏感和不可逆的影响。同时，也没有分析被影响的社会自然环境如何反过来影响人类的生存和发展，而且，环境影响评价也是在水利水文水利工程建设的可行性阶段或初步设计阶段进行，在工程建设完成之后，水利水文水利工程对周围环境影响远比实现评价的结果要理想或不理想。

生态与环境，既有一定的联系，又有本质的区别。生态是与生物有关的各种相互关系的总和，不是一个客体，而环境则是一个客体，也是一个很广泛的名词。水利水文水利工程环境影响评价一般在工程规划和初步设计阶段进行，预测水利工程将会对社会环境和自然环境产生的影响，属于事前预测；而水利工程对生态效应的区域响应分析则一般在工程建成之后进行，而且是建立在生态基础上。同时，水利水文水利工程环境影响评价侧重于对环境影响进行评价，至于环境变化如何进一步对生态系统产生生态效应的响应机理却并没有分析研究，也没有把生态影响作为独立的评价项目进行分析和研究。

因此，水利工程的生态效应区域响应研究，就是要针对已经兴建的水利工程对环境的影响，以及因此而使生态系统产生相应的响应进行研究和分析，为水利工程的保留或废除、功能的改善、运行调度模式的选择提出科学的依据。

第二节　生态效应区域响应研究的目标与意义

水利工程在促进社会、经济快速发展而造福人类的同时，也对生态系统产生各种影响，有的甚至是持续而深远的影响。水利部部长汪恕诚曾表示，在兴建水利水文水利工程的同时，必须高度重视和认真对待水利工程的生态影响问题，既不能因噎废食，停止工程建设、停止发展步伐，也不能掩盖矛盾，留下隐患。

水利工程的生态效应区域响应研究的目标，是在兴建水利工程后，基于水资源开发和利用、保护和管理、运行调度等的过程中与生态之间的相互关系研究的基础上，提出水利工程建设后产生的累积生态效应的分级评价标准和具体指标体系。并据此提出生态系统修复和重建的技术和工程方案，提出工程和非工程相结合的措施，减轻或消除生态负效应，恢复已退化的区域生态系统，使水利工程能在充分有效利用水资源的同时，保护好水资源，进而使其在区域生态系统中发挥可持续发展的重要作用。

因此，本书的研究，着重于在水利工程建设和建成以后的运行管理阶段，深入分析和评价水利工程的生态效应区域响应，以实现水利工程与生态的可持续协调发展同时，又可以进一步丰富和发展水利工程学科的内容，为水利工程兴建的决策和运行管理提供一些依据。

第三节　生态效应区域响应分析

一、区域响应研究内容

水利工程的生态效应区域响应，是基于时间尺度和生态空间尺度上的生态破坏和生态修复的综合结果。因此，生态效应区域响应研究的主要内容包括：

1. 调查和分析水利工程所在区域和流域内的生态和环境现状，以及有关的历史演变情况识别生态和环境方面的敏感因素和问题，掌握制约生态和环境问题的主要和次要因素；

2. 确定研究和分析的边界条件，明确划分各生态系统的类型，同时对区域内的各生态空间进行层次划分和分析，并分析其生态完整性、运行特点和功能特点；

3. 开展生态效应区域响应识别，如生态影响的要素和因子识别、生态影响范围的识别、时间尺度识别、生态空间尺度识别，以及生态影响性质识别分直接和间接、长期和短期等筛选重要指标和相关因子，建立评价指标体系；

4. 进行生态效应的区域响应综合分析和评价，运用层次分析的方法，通过模型分析和计算，确定生态效应正面响应与负面响应；

5. 根据生态效应负面响应的性质和相应的识别要素，采取工程措施与非工程措施相结合的方法，提出减轻或消除负面响应的对策和方案。

二、响应机制与原理

水利工程的生态效应区域响应，主要体现在河流所在区域的非生态变量和生态变量的变化两个方面，非生态变量主要是指流域内与水文、水情、水量、泥沙、水质、地形地貌、水环境、水体温度、下层地层构造、区域气候等有关的流域与区域特征生态变量指初级生产量以及高级营养级。生态变量与非生态变量的变化之间相互作用、相互联系。生态系统的作用受水文、水情、水质、泥沙等有关的非生态变量制约，同时，这些变量可以作为生态系统条件的主要指标。因此，水利工程的生态效应区域响应机制和原理大致为：

1. 区域内的水文情势、水量、泥沙、水质、水体温度等非生态变量对水利工程做出响应，此称为第一级响应；

2. 区域地形地貌、区域气候、下层地层构造、区域生产与生活环境，以及初级生产量等对第一级响应所产生的变化发生响应，称为第二级响应；

3. 在更高的营养级上，如人类和鱼类、鸟类等动物使生态系统产生响应，称为第三级响应。

一般来说，上述相互作用过程的复杂性，从第一级响应到第三级响应，是逐步增加的。因此，从生态空间角度看，生态效应的响应涉及区域内的河流与湖泊生态系统、陆地生态系统等。

三、响应分析与识别

水利工程的生态效应区域响应，是在时间尺度和生态空间尺度上，各个相互联系和制约的生态系统所产生的响应综合体。为体现水利工程的生态效应区域响应的机制和原理，并结合生态空间尺度和时间尺度上的累积性特点，下面拟把生态效应的区域响应识别按其响应的层次顺序进行适当分析和概括。

1. 第一级响应

(1) 水文情势与水量。这些变化主要表现在流量及在河道内演进时间、河道水量分配、河道水位、地下水位等方面。水利工程的运行调度，库区由河道型变为湖泊型，形成一个天然湖泊，上游流量从库区尾部演进到大坝坝前的时间相应明显改变，而通过调度后的出库水量在下游的演进时间也产生明显的改变，下游水位变化幅度明显增加。同时，由于不同类型的大、中、小型水库的运行调度方式不同，使水库产生不同的出流方式，改变河道水量的时程分配。如有些年调节或多年调节水库对汛期的洪水实施拦洪削峰调度，把部分洪水资源拦蓄到枯水期使用，有些可把季节性河流改变为常年性河流等，但有些却由外流河变成了内陆河，造成生态系统完全崩溃。

（2）水质与水环境。在河流上兴建水利工程，使得河流原有的“连续性”受到破坏，水体水环境的物理和化学特性也就随之发生变化，这些物理、化学和随之而来的生物也就改变原有的水质状况，如水体盐度变化、水体酸度的变化等。由于有些水库库区积聚了许多的营养物质，使水库水体更容易发生富营养化，进而为藻类的过度繁殖提供了营养条件，藻类可能大量繁殖且不断持续下去，直到藻类数量足以遮天蔽日，导致水表以下的藻类无法进行光合作用，因此而出现大量死亡，破坏水质和水环境。同样，由于水库的形成，水体滞留时间相对增加、水流流速减缓，扩散能力降低，水体自净能力也降低，引起水环境的改变，从而使营养物质在水库中的迁移、转换等明显不同于原先的河流，区域水环境容量相应降低。水库库区泥沙淤积、库区蓄水前的库底清理情况等也会使水质发生一定响应。

（3）河流泥沙、水力特性。泥沙对河床、河势、河口，以及整条河道来说，是兴建大坝等水利工程需要重点研究的课题，也是大坝等水利工程后产生的最根本的响应。工程的建设，改变了天然水体中泥沙输移、冲刷和沉积的规律状态。工程建设后，使库区出现水流速度减缓、水体挟沙能力降低等水力特性的变化，上游河水带来的部分泥沙也就因此在坝前而沉积下来，形成回水三角洲，进而使水库库容大大减小。而水库末端的淤积，有可能增加淹没和洪灾损失，也可能造成航道水位变化，影响航运。经水库运行调度后，出库下泄水流流速大、水体挟沙能力没有达到饱和，这些水力特性的变化，使得水流又不断侵蚀下游河床和两岸，使得坝下出现河床明显冲刷，河道深度变深、宽度变窄而冲刷往更下游的泥沙又在下游河段沉积，又可能抬高该河段的河床。

（4）水体温度变化。大坝等水利工程兴建前，一般来说，河道内的水体温度分布比较均匀，水体分层现象不明显。但工程建设并蓄水运行后，由于水库具有比自然湖泊更强的水量补充和换水频度，太阳辐射和热量传输的不平衡导致水体出现季节性分层现象，水库水温有可能升高。所谓水温分层，是指水库温度沿水体深度分布存在温度跃变，入流和出流存在温差。从水库出库水流看，水库底部泄出的水流，夏天一般比河水水温低，冬天却比河水水温高但从水库水面顶部附近泄出的水，其温度一般来说常年都比河水水温高。无论从水库具体什么位置放出水流，都会使下游产生温度上的响应，而对于温度升高还是降低、响应是正面和还是负面的情况，则取决于出流的时间和下游的需要。水体温度分层，可导致水体垂直面上不同水团的物理和化学特性出现明显差异，上层水体可能出现溶解氧含量高，下层水体可能出现溶解氧含量低。同时，这种水温分层现象，会使各生源要素如二氧化碳、无机碳、有机碳、磷酸盐类等在水库中的迁移、循环和更新等出现变化。

(5) 区域水土流失。水利水文水利工程因工程取土、物料场开采、弃渣弃土、移民开发安置等，改变区域原有地貌、土地利用方式和破坏地表植被、影响区域环境容量等，造成区域局部范围的水土流失。也可能改变局部山体应力，造成山体坍塌和冲刷等。

2. 第二级响应

水利工程的建成，形成了或大或小的水库，迫使区域相关的生态系统发生相应的生态效应的响应，在第一级响应基础上产生第二级响应。

(1) 水生植物。此处所称水生植物，通常指水草类，它们适合在水库或湖泊中，水利水文水利工程兴建后形成的水库为水生植物的生长创造了有利条件。有些水库形成后，水的流速逐渐减弱，变成缓流状态，一些适应快速水流的植物和一些不耐水的植物就将很快消失，取而代之的是一些漂浮的或有根水草等亲水植物出现爆发式生长。由于其生长快、发展好，所以这些亲水植物分布密集，增加水体水汽蒸发，妨碍水体需要的光线照入和气体交换，有时也影响景观、航运和鱼类捕捞而水草和芦苇也可能成为传播血吸虫病蜗牛的寄主和有些病菌的寄居地。在水库运行调度期间，库水位反复变化，岸边浅水地区的水生植物有时很难适应这些变化，出现死亡等情况。

(2) 浮游生物。浮游生物具体指悬浮在水体中的生物，包括浮游动物群落和浮游植物群落，浮游植物主要是藻类，主要以单细胞、群体或丝状体出现，而浮游动物主要由原生动物、轮虫、枝角类和足类组成。建库后，水环境的改变，并伴随着淹没区内的营养物质释放增加，外源性的营养物质又不断汇入，水温稳定等环境因素的响应，有利于藻类等浮游植物的生长发育，给浮游植物的生存和繁衍提供了条件。河水流入水库，引起水库生物多样性的急剧变化，藻类等生产急剧增加但在水底的藻类却因光线进入减少、溶解氧浓度低、泥沙淤积等因素而出现逐渐消失现象。河流流量和流速的变化，藻类的群落结构发生一定响应，急流藻类被适合生长在缓流中的藻类所代替。一般而言，浮游植物的种类、数量和生物量等都会在年初的春季出现峰值。藻类生长和多样性的变化响应，可能引起鱼类产卵地减少，水藻的大量生长和繁殖也会阻碍捕鱼等。

浮游动物一般分布在水库表层区域为多，少量的会有规律地进行垂直移动。浮游动物的分布随着浮游植物的变化而变化。建库后，浮游动物的种类会更加丰富，枝角类和足类会增加，而其在河流中种类和数量却很少轮虫的种类和数量会发展很快，原生动物的种类和数量增加，且随着时间的累积，将可能形成一大类群。

(3) 底栖动物。底栖动物具体指栖息生活在水体底部淤泥内或石块、砾石的表面或其间隙中，以及附着在水生植物之间的肉眼可见的水生无脊椎动物，主要包括水生昆虫、甲壳类、软体动物、环节动物、圆形动物、扁形动物以及其他无脊椎动物。建库后，水深加大，库区底层溶解氧减少，河流中原来需氧量较大的种类如翅目水生昆虫会显著减少，一般是被需氧量较小的摇蚊幼虫类所取代，而且成为优势种。随着时间的累积，最终底栖动物的种类会成为稳定结构的类群。坝下河段由于出库水流溶解氧含量小，底栖动物数量一般会出现相当贫乏的响应结果。无脊椎动物的数量很大程度上与工程运行调度、时间和水库消落带有关，如果水库中有漂浮的植物为它们提供栖息或生殖地，则水利工程对无脊椎动物的响应不会很严重。

(4) 陆地植物。工程建设并蓄水运行后，库区许多陆地植被被淹没，大量的生境丧失，可能造成物种数量减少，甚至造成某种植物绝种，使陆地植物的群落结构发生严重改变。同时工程建设和移民需要占用大量的土地耕地资源，耕地面积见效，移民生产生活方式出现改变，可能造成农田植被取代森林的现象，形成很大的负面响应。但是，随着区域局部气候的改变，也有利于植物的生长，其分布范围也可能扩大，树种也可能增加，经济林的生长速度等也更快，也可促进区域经济效益。

(5) 地震与环境地质。水利工程可能引起工程所在区域的原有的地震活动性发生明显的响应，也即是水利工程诱发地震。水利工程蓄水后，水流沿着断层向深处渗漏，就可能引起断层累积的应变能量释放，形成断层错动而诱发地震。高坝、大库容的水利工程诱发地震概率高，一般而言，水库水深高于100m，库容超过10亿m^3的水利工程，则很容易诱发地震。新丰江水库建成运用后，诱发了工程所在地区域大量的地震活动，距今较近的地震发生在1999年8月。同样，水利工程也会使工程所在区域发生水库渗漏、浸没、塌陷、岸坡再造等环境地质方面的响应，其原因主要是工程蓄水后，库区周围地下水水位明显升高，岩层含水量变成饱和状态，岩层应力等改变很大，使抗剪力和凝聚力下降，强度降低所致。

(6) 投资、旅游与经济发展。水是生命之源，水库蓄水后，形成美丽的大湖，区域气候也随之改善，水资源的舒适性价值得到进一步体现，旅游也就成为区域经济发展的一个新的经济增长点。而区域自然环境的改善，环境越来越舒适，居住条件越来越好，进一步使区域土地、房产等资源的价值得到体现，随着基础设施如交通、通讯、供水等的完善和改善，投资环境和生态等有很大变化，则可进一步充实投资者的信心，加大在本区域的投资力度，进一步促进区域经济发展。投资力度的加大，结合产业结构的调整如在投资水利用产业，可进一步为区域人民提供就业岗位，提高人民经济收入水平，促进社会发展和社会和谐。

(7) 自然景观与文化遗产。水利水文水利工程的建设，一方面改变或破坏自然景观，使景观变得不协调；另一方面又形成新的景观，使原来的河流型景观成为湖泊型景观，区域内附近的局部山体可以成为岛，如国内的千岛湖风景区等。工程建设也可能淹没区域内的文化遗产、历史古迹等，而工程建设后造成的地下水位变化、水环境变化、地震等方面的响应也可能破坏区域内的文化遗产和历史古迹等。

(8) 区域气候。大坝建成蓄水后，水面面积增加、水深加大，水库的蒸发量加大，同时又能得到太阳辐射的调节，使库区及邻近地区等区域气温和温度场等要素发生变化，从而引起区域小气候的变化。一般而言，兴建大型水库等水利工程后，可能引起区域局地气候的改变，如蒸发、降水、降水时空分布和风、湿度、日照和云雾等气象要素的变化。一般来说，水库面积越大，蓄水越深，库容越大，对区域气候的影响越大。而大型水库主要是影响本地的水汽从而影响降雨。从我国实际看，大型大坝水库一般来说，使当地区域的降水出现夏季减少、而冬季增加的现象。这主要是夏季库面水温低于气温，呈逆温状态，气层相对较稳定，大气对流作用减弱而冬季库面水温高于气温，气层较不稳定，大气对流作用加强。浙江新安江水库建成后，全年平均降水量减少，使库区及沿岸十几公里范围内降雨减小13%，影响的最大距离高达81公里。湖北丹江口水库建成后，也使降水量减少，但水库南北两地变化程度不同，北面降水量减少11%，南面降水则增加了3%。

区域气候变化的效应中，出现湿度和热容量增大、年温差减小、无霜期可能延长，这些区域气候变化的效应，也会有利于植物的生长和扩大其分布，有利于经济林木的种植，为区域带来经济效益。

(9) 地层结构与地下水。流域内的区域地下水与地表水有着相当密切的关系，同时河流水文情势等的响应变化也使地下水产生响应变化。水库工程蓄水，库区周遍地下水位将升高，而水库出库流量减少，下游地下水位则跟着下降。发生这种响应的严重程度主要取决于区域内的具体情况，诸如地下水位、坡度、土壤和岩石的性质等。

(10) 河流形态。泥沙是长期影响河床和河道形态变化的主要变量之一，因此，河流泥沙输移、冲刷和沉积规律等的响应变化，最终将使河流形态产生相应的响应变化，如部分河道萎缩、变深变窄、变单一等。

3. 第三级响应

第三级响应是最高层次的响应，主要有：

(1) 鱼类。水利水文水利工程兴建蓄水后，库区水流变缓慢，水位抬高，水库水体的底质、水温和透明度等也发生变化，鱼类栖息的环境不同程度改变，喜流性鱼类将不适应缓慢水流的环境而将逐渐出现数量减少，被迫迁移到其他各支流的滩多水急的环境中，这些鱼类在库区中会日渐减少，而洄游性鱼类则因大坝的阻隔而难于洄游，对鱼类资源有较大危害。但也因为水库库区水流缓慢，浮游生物也逐渐增多，使适应于缓流和静水水体环境，以摄食浮游生物的鱼类种群可以得到快速繁殖，同时，水域面积拓宽，鱼类有了广阔的栖息活动场所，库湾也出现了静水区域，可以网箱养鱼，发展渔业，提高区域经济发展水平。

水库的形成，也对鱼类的繁殖场所产生变化，上游的产卵场因水流变缓而逐渐消失，不再具备产卵条件，但对有些鱼类的产卵却也提供了有利条件。总之，鱼类对其环境发生的响应，会因不同种群、不同的工程因素等而有所不同。

(2) 两栖类与爬行类动物。水利水文水利工程的建设，使爬行动物的栖息地受到淹没，大量的蛇类会被淹死但对于龟和水生蛇类等爬行动物则危害很小，他们能够自行离开淹没区，而且水库建成后，有充足的水源和供捕食的蛙类等动物，他们往往又会返回。对于两栖类动物，蝎、青蛙和蟾蜍等受地理因素限制的两栖类动物受到的危害很大。不过在水位变化小的水库中，有些两栖类动物则繁殖迅速，数量增多。水位的上升和水域面积的增大，为某些两栖类动物（如中华大蟾蜍等）则提供了适宜的生活环境，而岸边生境地响应对适应这种区域的动物摄食有利，为他们带来了安定的环境。因水利水文水利工程建设而使两栖类动物和爬行动物产生的响应，要视不同区域、不同物种的具体情况进行识别，更应特别关注濒危灭绝物种产生的响应。

(3) 鸟类。水库淹没鸟类的繁殖地后，使其失去了觅食场所，人为干扰增加，鸟类迁移受到妨碍，加之输电线路增加等，造成鸟类死亡。有些工程造成河流水量减少，对以河流和溪流摄食和生存的湿地水禽等危害较大，危险他们的生存和繁衍，有些工程甚至造成区域性灭绝，造成生态系统食物链网出现简单化倾向。但是，也有些水利水文水利工程建设后，为大量水鸟和沼泽地带的鸟类提供了良好的栖息地，为有些鸟类提供了冬季的栖息地和筑巢繁殖地。水利水文水利工程运行调度时，水位变化的频繁程度和变化的幅度，也会使鸟类的栖息和筑巢繁殖等产生响应。

(4) 哺乳动物。哺乳动物中，属水生或半水生的物种不多，受水利水文水利工程的建设而产生响应的主要是淡水海豚，最直接的就是阻碍了这些水生或半水生哺乳动物的自然迁徙，部分间接的则使有些哺乳动物的觅食地丧失。水利水文水利工程造成了区域生态系统的干扰，这些干扰都会使野猪、山猫、犀牛、鹿等动物的生活环境产生响应，他们的栖息地一定程度上丧失，活动范围减小等。

(5) 移民。因水利工程建设需要，移民非自愿地、被迫性地迁出原先居住地后，移民的社会经济基础常常被瓦解，他们失去了长期生产生活的土地和房屋、社会关系，需要承受失去土地和适应新环境的压力，包括生理、心理、经济和社会等的巨大压力。从我国过去的水利工程移民情况看，在移民后的最初几年里，平均收入往往下降，也出现过移民住房难、上学难、行路难、就业难等新问题。如果是远距离移民，则也存在着与移入地原住民间的土地、教育、生活习惯和文化理念等方面的利益冲突，影响社会稳定和人民安居乐业，也曾出现过移民回迁现象。当然也有许多移民成功的实例，通过移民，住房和生活条件明显改善，子女接受教育的条件得到保障，实现了搬得出、稳得住、富得起的目标。水库蓄水的同时，也使水体重金属及其化学污染增加，库区鱼类体内的重金属累积将逐渐增加，人食用这些鱼类和水后，也会有一定程度的危害。对于配套建有蓄滞洪区的地方，蓄滞洪区运用对区域生产生活等有一定的不利响应。

(6) 人群健康。大型水利水文水利工程的建立，对一些疾病流行和健康产生影响，尤其是与水有关的疾病。人群健康因素对水利水文水利工程的响应途径和方式，主要是水库形成后，改变了水环境的分布状况，病媒生物生态变化、移民安置等使疾病传染源迁移和交叉感染等。对于霍乱、伤寒等介水传染病，如果饮用不洁水，以及食用不洁水污染的食物、在不洁水中游玩等，都可能受到传染。对于血吸虫病，由于水库建成后，水质、流速、光线等的变化，使血吸虫的蜗牛中间寄主有广泛的栖息地，可能导致疾病流行范围更大。国外的埃及阿斯旺大坝等，以及国内的许多水库建设后都曾造成血吸虫病大范围流行。传播疟疾的蚊子也会在水库建成后形成的静止水域大量滋生，为区域疟疾的流行提供条件。

第四节　生态效应区域响应评价基础

一、响应评价的概念

水利工程的生态效应区域响应评价的基本对象是区域生态系统，因此，可以将水利工程的生态效应区域响应评价定义为：基于对区域生态系统受外来干扰的动态变化和相应产生的生态效应响应不断累积进行分析基础上，通过定量和定性揭示水利工程的区域生态效应的响应结果和响应的性质，进而提出减轻或消除生态负效应的对策和措施，为水利工程更好地促进区域经济社会的发展、实现水资源可持续开发利用提供科学决策依据的总体过程。区域响应评价具有以下特点：

1. 整体性和宏观性

水利工程的生态效应区域响应评价基本面向区域内各生态系统，各个生态系统之间相辅相成、不可单独完全分开，且各生态系统相应发生的响应间又具有相互联系和发生进一步响应和累积的特点，是一个整体，不可分割。既涉及自然与环境，又涉及经济社会的发展。

2. 复杂性和广泛性

水利工程的生态效应区域响应评价除了涉及区域内各生态系统，还要评价区域内各生态系统的生态效应的响应在时间尺度和空间尺度上的累积性效应，以及各种响应之间的相互联系等，内容广泛和复杂。

3. 不确定性

各生态系统发生生态效应的响应有先有后，有些效应的响应需要逐步累积才能稳定下来，而且还要在时间和空间上累积，时间跨度长、空间范围广，因此，不可能全面、具体地评价和确定每一个非生态变量和生态变量所发生的响应。

4. 定量与定性相结合的评价方法多样性

生态效应的响应涉及各生态变量与非生态变量，内容多而范围又广、有具体要求又有宏观要求，既要涉及自然与客观规律，又要涉及自然与经济社会，并且有些效应响应的评价难以用具体指标来进行，因此，必须采用定性与定量相结合的方法才能比较全面地进行评价。

二、评价的指导思想

开展水利工程的生态效应区域响应评价工作，需要在如下指导思想下进行，以利于比较全面、客观、准确地开展评价。

1. 整体与综合的思想

坚持从区域内整个生态系统来综合考虑和评价，从整体上优化和筛选评价因子，综合各个生态变量和非生态变量的响应程度。

2. 坚持为区域经济社会可持续发展提供支撑的思想

发展是硬道理，在整个评价的过程中，要始终认识到，开展生态效应的区域响应研究，目的是希望通过评价，寻求消除或减轻生态负效应的措施和对策，为区域经济社会的可持续发展提供坚强支撑。

3. 坚持科学标准与区域特点相结合的思想

各地的经济社会发展水平、文化教育程度、自然环境状况等都各有差别，水利工程对生态效应的区域响应程度在各个区域、各个地区产生有所不同，因此，需要坚持科学标准与区域特点相结合的思想。

三、评价的原则

水利工程的生态效应区域响应评价是在水利工程建成之后进行，着重研究水利工程对区域生态系统生态变量与非生态变量的响应，并确定其生态效应的类别生态正效应和生态负效应，为提出相应的措施和对策提供科学依据。这是一项科学性、系统性、目的性和总体性很强的工作。因此，开展水利工程的生态效应区域响应评价应该遵循以下基本原则：

1. 科学性与实用性相结合

也就是说评价工作中要尊重和运用科学、坚持客观实际，能够使评价的结果在技术上可行、结果可靠可信，能够结合区域实际提出减轻或消除生态负效应的有关措施和对策，而且能够被公众、专业技术工作者和政府部门等所接受和认可。

2. 因地制宜

不同类型的生态系统在不同的区域类型、不同的地形地貌、不同的生产生活环境等条件下，会产生不同的响应结果，因此，评价工作要坚持因地制宜原则，根据区域性、地带性的差异来进行。

3. 定量与定性相结合

水利工程的生态效应区域响应，存在着许多难以定量评价而只能采用定性评价的内容，同时，效应在时间尺度和空间尺度上具有不断累积性的特点，也表明有些效应的响应无法用具体数量或关系进行评价，只能采用定性分析评价。

4. 突出重点与主次

在水利工程的生态效应区域响应评价工作中，区域内存在着对水利工程特别敏感的生态系统，其生态效应的响应也呈现不同于众的现象，在非生态变量与生态变量中也存在着重点与主次关系不同的响应，对于此类现象，评价时则需要重点考虑，突出主次，有时可以赋以较重的权重比例。

5. 整体性与综合性

水利工程的生态效应区域响应评价涉及各个生态系统的生态变量与非生态变量，各变量产生的响应又可能给其他变量产生更进一步响应，各响应之间有时也相互影响、相互联系，又有所区别，因此，必须坚持整体性与综合性相结合的原则，来评价生态效应的区域响应。

第五节　生态效应区域响应评价体系

一、评价体系的建立

评价指标是综合反映区域生态系统中出现某一类生态效应响应的物理量，是开展生态效应区域响应评价的基本尺度和衡量标准。而指标体系是评价标准正确的环境观和价值取向的具体体现，是对某种现象进行价值判断的规定和准则，是开展生态效应区域响应评价的根本条件和理论基础。由于各个水利工程所在区域的自然条件、地形地貌等有所不同，经济社会发展水平、人们文化教育程度等也存在差异，要建立一个完全统一、处处适用的评价指标体系是十分困难和不现实的。生态效应区域响应评价的效果能否可行和可信，关键在于评价体系的构建与评价指标的筛选。建立评价指标体系一般要经过初步拟定阶段、评价筛选阶段和确定阶段等三个阶段。

1. 主要生态系统分析

不同区域的生态系统的构成有所差异，有的以山地森林生态系统为主，有的以农业生态系统为主，因此，在建立评价体系时，首先需要深入分析区域内能代表区域生态特征的主要生态系统，以及这些主要生态系统的现状与变化趋势，并对此做出层次分明、条理清晰的分析。

2. 分解目标

根据综合评价的要求，遵循评价的指导思想和原则，坚持宏观到微观、整体到局部、长期到远期等，综合各种因素，确定评价总目标。在此基础上，根据各构成要素及其相互间的关系，对目标进行分解，形成较完整的评价指标体系。

3. 确定指标体系和指标选取原则

通过上述的分析和目标分析后，可以初步拟出指标体系，并进一步征询有关专家和公众的意见，再对指标体系进行筛选和完善，最终确定指标体系。指标选取是否合适，将直接影响响应评价的效果，因此在确定指标体系过程中，指标的确定应把握以下6条主要原则：

(1) 代表性

为使评价结果能科学、客观、准确地反映生态效应的实际响应，评价指标应该最能代表区域生态系统固有的自然属性，以及受到外来压力干扰的程度，要求对生态状况的变化比较敏感。例如对于河流生态系统，水量、水质、水环境、水温等这些水要素的指标是不能缺少的。

(2) 易获取性

水利工程的生态效应区域响应评价主要目的是判断水利工程建设后给区域带来的生态效应，并找出生态负效应方面的响应，同时结合区域特点寻求减轻或消除负效应的措施和对策，因此，评价指标应该在能够获取的范围内选取，使评价过程可行，结果有效可信。如果选取的指标不是很重要，而且也不容易获取，则应该舍弃。

(3) 可操作性

评价指标应该能反映评价目标、生态系统与具体评价指标间的相互关系，因此，指标要尽可能量化、简洁，含义明确，便于理解、统计和应用操作，具有实用性。

如果指标本身不具有可操作性，评价就空洞无物。

(4) 整体性和系统性

生态系统是一个复杂的整体，其生态效应的响应评价也就是一项复杂的系统工程，需要比较全面、客观地从整体上来反映区域社会、经济、自然、人类与动植物等对水利工程建设带来的干扰和压力所表现出来的响应，因此，选取评价指标需要尽可能全面、完整、系统地反映区域生态系统受到干扰的特征。

(5) 可比性

作为评价，要求评价结果能反映在时间尺度和空间尺度上干扰前与干扰后的状态，通过比较，为提出措施和对策提供依据。同时，生态系统的类型多，功能也不一样，不同的生态系统对生态效应的响应机制也不一样，即使是同样的生态系统在不同的区域，对生态效应的响应也不一样，所以，需要评价指标具有较强的可比性。

(6) 独立性

评价生态效应的区域响应，虽然其指标体系覆盖面要广，能比较全面地反映区域生态系统因水利工程建设而受到的干扰和压力，但指标体系的建立还应该排除各指标间的相容性，保持其独立性，避免指标信息重叠、信息相互包含。

二、用层次分析法建立评价体系架构

基于水利工程的生态效应区域响应研究的特点和需要，以及对评价系统的初步分析，论文将可能产生响应生态效应的各要素和因子进行了分类和组合，并结合和借鉴其他评价体系的做法，建立起生态效应的评价体系架构。从总体上，把水利工程的生态效应区域响应的评价体系按层次分析法（AHP 法）划分为以下层次：

1. 目标层（A）

为了整体上和宏观上反映水利工程的生态效应的区域响应，本书以生态效应的区域响应评价综合指数为目标层，该目标综合体现生态效应的区域响应，响应结果以综合评价指数来体现。

2. 准则层（B）

为更好地反映因水利工程的建设使生态系统产生的生态效应的区域响应因子和响应机制，本文设计按响应的层次，即第一级响应 B1、第二级响应 B2 和第三级响应 B3 等三个准则层，作为准则层的评价依据。第一级响应 B1 主要反映水利工程建设使区域河流自然方面的响应；第二级响应 B2 主要反映区域内景观、初级生物和生产生活环境方面的响应，主要体现 B1 响应对 B2 响应的累积；第三级响应 B3 主要反映更高营养层级的响应，体现生态系统更高营养级对效应的响应。

3. 指标层（C）

指标层就是描述水利工程的生态效应区域响应的一系列19个基础指标，这些指标主要由可直接度量的指标构成，是指标体系中的最小单位。

根据研究的需要，并结合理论分析和区域实际，遵循上述6条指标选取原则，经反复研究和对比，确定水利工程的生态效应区域响应指标评价体系，见表4–1。

表4–1　水利工程的生态效应区域响应评价指标体系一览表

目标层（A）	准则层（B）	指标层（C）
水利工程对生态效应的区域响应（A）	第一级响应（B1）	水文情势变化（C1）
		水质达标率（C2）
		水库年均排沙比（C3）
		水库水温分层指数（C4）
		区域水土流失强度（C5）
		工程淹没面积（C6）
	第二级响应（B2）	浮游动物多样性指数（C7）
		藻类多样性指数（C8）
		地质灾害频度（C9）
		区域景观状况（C10）
		区域气候变化状况（C11）
		通航保障率（C12）
		区域投资环境状况（C13）
		区域滞洪区启用频率（C14）
	第三级响应（B3）	鱼类生物完整性指数（C15）
		鸟类动物完整性指数（C16）
		陆地动物完整性指数（C17）
		移民年人均纯收入变幅（C18）
		人群健康状况（C19）

第五章　河流地貌地形的生态功能和作用

河流地貌过程决定河流形态，进而决定河流生物的生态环境结构，而河流的生态环境结构是生物多样性及生态健康的基础。近年来河流形态和河道特征被作为评估河流生态系统健康的重要因子。例如美国环境署（USEPA）提出的《快速生物评估草案》RBP（*Rapid Bioassessment Protocol*），将溪流河道特征，包括宽度、流量、基质类型及尺寸纳入主要评估内容。另外像澳大利亚河流状况指数 ISC（Index of Stream Condition）、英国环境署的河流栖息地调查方法 RHS（River Habitat Survey）、南非的河流地貌指数方法 ISG（Index of Stream Geomorphology）、瑞典岸边与河道环境细则 RCE（Riparian，channel and environmental Inventory），都强调河流地貌、河流形态，包括河道横断面形态、断面宽深比等，这些因子对河流生态系统的意义和重要性。国内董哲仁提出生态水工学理论，强调河流形态多样性是流域生态系统生境的核心，是生物群落多样性的基础。因此研究河流地貌、地形、河道形态、断面形状对于水生态系统及水生生物具有重要意义。

第一节　河流生态系统

河流是生物地球化学循环的主要通道之一，水循环过程中的水分运移，包含了生物圈中最大的物质循环。随着人类对河流开发的力度越来越大，人类的活动强烈地干扰了河流生态系统的物质、能量、信息流，并附加了价值流人类影响物质循环的能力已达到全球规模，河流从自然生态系统逐渐演变成了由社会、经济、自然组成的复合生态系统，人类活动影响到了河流的自然基本功能发挥和淡水生态系统健康。河流也是流水作用形成的主要地貌类型，汇集和接纳地面径流和地下径流，沟通内陆和大海，是自然界物质循环和能量流动的一个重要通路。降水是形成河流的主要因素，河流中径流由地表水、地下水和壤中流经过不同汇流方式汇合而成。

河流生态系统是指以生活在河流中的生物群落和非生物环境组成的生态系统。

一、河流生态系统的组成和结构

（一）河流的自然基本功能

人类在改造和利用河流时要充分认识它的自然基本功能。河流是地球演化过程中的产物，也是地球演化过程中的一个活跃因素，不同地区的自然环境塑造了不同特性的河流，同时，河流的活动也不断改变着与河流有关的自然环境和生态系统。它的自然基本功能是地球环境系统不可或缺的。河流的自然基本功能在总体意义上就是它的环境功能，包括河流的水文功能、地质功能和生态功能。

1. 河流的水文功能

河流是全球水文循环过程中液态水在陆地表面流动的主要通道。大气降水在陆地上所形成的地表径流，沿地表低洼处汇集成河流。降水入渗形成的地下水，一部分也复归河流。河流将水输送入海或内陆湖，然后蒸发回归大气。河流的输水作用能把地面短期积水及时排掉，并在没降水时汇集源头和两岸的地下水，使河道中保持一定的径流量，也使不同地区间的水量得以调剂。

2. 河流的地质功能

河流是塑造全球地貌的一个重要因素。径流和落差组成水动力，切割地表岩石层，搬移风化物，通过河水的冲刷、挟带和沉积作用，形成并不断扩大流域内的沟壑水系和支干河道，也相应形成各种规模的冲积平原，并填海成陆。河流在冲积平原上蜿蜒游荡，不断变换流路，相邻河流时分时合，形成冲积平原上的特殊地貌，也不断改变与河流有关的自然环境。

3. 河流的生态功能

河流是生物地球化学循环的主要通道之一，也是形成和支持地球上许多生态系统的重要因素。在输送淡水和泥沙的同时，河流也运送由于雨水冲刷而带入河中的各种有机物和矿物盐类，为河流内以至流域内和近海地区的生物提供营养物，为它们运送种子，排走和分解废弃物，并以各种形态为它们提供栖息地，使河流成为多种生态系统生存和演化的基本保证条件。这不仅包括河流和相关湖泊沼泽的水生生态系统和湿地生态系统，也包括河流所在地区的陆地生态系统以及河流入海口和近海海域的海洋生态系统。

4. 河流的自然基本功能的相互关系

河流具有多方面的自然功能，其中最基本的是水文方面的功能。从一定意义上说，水文方面的功能决定了其他方面的功能，水文方面的特性决定了其他方面的特性，河流水流运动的过程无时无刻不影响着物质循环的节律和相关生态系统中的生物。河流的水文特性决定于所在流域的气候特征以及地貌和地质特征。河流的水文要素包括径流、泥沙、水质、冰情等方面，其中最活跃的是径流。由于气候特征的作用，河川径流表现有一定的律情（regime），如径流的季节变化，一年中有汛期、平水期和枯水期径流的年际变化，不同年份有丰水年、平水年和枯水年。径流特性和气候、地貌、地质特性，决定河流中不同的含沙量及其年内分配和年际变化。径流和含沙量是河流活动的最基本要素，体现河流的基本特点。河流本身、所在的自然环境以及这个环境所支撑的生态系统，三者之间不断互动，在变化中相互调整适应。河流在这种反复调整过程中演化发展，这就是河流自身的发展规律。

（二）河流生态系统的组成

河流生态系统由流水生物群落和水生环境构成。

经典学者将河流划分为若干区和相应群落，河流的上游分为急流区和滞水区，至下游急流区和滞水区的区别消失，通称为河道区。

急流区群落：此区流速较大，底质为石底或其他坚硬物质。急流生物群落的生产者多为附着于石砾上的藻类，如刚毛藻、有壳硅藻，以及水生苔藓。初级消费者为昆虫，有钩和吸盘，能紧附在甚至是光滑的表面上，如纳和网蚊的幼虫及纹饰蛾；次级消费者为鱼类，身体较小、具有流线型体型，能抵御流水的冲刷。缺乏浮游生物，浮游生物是指在海水或淡水中能够适应悬浮生活的动植物群落，易于在风和水流的作用下作被动运动。

滞水区群落：滞水区是水较深但水流平缓的区域，底质一般较疏松。生产者多为丝状藻类及一些沉水植物，沉水植物是指在大部分生活周期中植株沉水生活、根生底质中的植物生活型，消费者以有机物为食物的生物动物主要为穴居或埋藏生物，包括某些蜉蝣幼虫、蜻蜓目幼虫、寡毛类等，鱼类也常在这一带出现，或在急流区与滞水区交界处。

河道区群落由于流速小，河道区的群落与湖泊有类似之处。生产者方面，主要是在河床沿岸可生长挺水植物和沉水植物，在一些流速小或支流出口附近存在浮游生物群落。消费者方面，河流种及静水种都可出现，由于河床底质变化较大，使底栖生物的分布呈团状。鱼类与湖泊中的种类近似，由于生殖和觅食的需要，常在江湖间洄游。

河道生态系统的显著特征是以河流淡水作为生物的栖息环境，河流非生物环境由水文过程、能源、气候、基质和介质、物质代谢原料等因素组成，其中水文因素包括水量、流速、径流量、洪水、枯水；能源包括太阳能、水能气候包括光照、温度、降雨、风等；基质包括岩石、土壤及河床地质、地貌；介质包括水、空气物质代谢原料包括参加物质驯化的无机质（N、P、CO_2、H_2O）等和生物及非生物的有机化合物蛋白质、脂肪、碳水化合物、腐殖质等。

(三) 河流生态系统结构

河流生态系统是一个结构非常复杂的系统，根据组成河流生态系统的基本条件及各要素的功能和作用可以分成三个结构。

空间结构：主要反映河流的水文地理、地貌、形态。如水系组成，河网、湖泊、沼泽、海洋河口及其连接方式河道地貌形态，如顺直河道、弯道、汊道、江心洲滩、岸滩湿地河道纵横断面形态，如纵横断面形状、比降、河宽、水深。空间结构主要反映河流的水文地理、地貌、形态。

物质结构：非生物物质，如水、泥沙、溶解质生物物质，如动物、植物、微生物、生物种群及群落。

能量结构：太阳辐射、水流的位能、动能、海洋潮汐能的转换变化及水体间热能交换。

河流系统的生态结构随着外界自然条件的演变，如洪水、干旱、河床底质污染变化、坍塌等，其结构和相应的功能随着发生改变，河流水生群落不断适应并产生的新的生态特征。

Ward 提出了河流生态系统应该具有四维结构，即纵向、横向、垂向和时间尺度，并强调河流生态系统的连续性和完整性。

在纵向尺度上，河流大体上可以分为三个区，即河源区（Headwaters）、输水区（Transfer Zone）和沉积区（Depositional Zone）。河流在纵向上常表现为交替出现的浅滩和深塘。浅滩增加水流的紊动，促进河水充氧，干净的石质底层是很多水生无脊椎动物的主要栖息地，也是鱼类觅食的场所，深塘还是鱼类的保护区和缓慢释放到河流中的有机物储存区。河道的一个典型特征是蜿蜒曲折，天然河道很少是直的，与直线河流相比，弯曲河流呈现更多的生态环境类型，拥有更复杂的动物和植物群落。

大多数河流在横向上都包括三部分，即河道、泛洪平原和高地边缘过渡带。泛洪平原是河道一侧或两侧受洪水影响、周期性淹没的高度变化的区域，它是在河流横向侵蚀和河床迁移过程中形成的，是由水生环境向陆生环境过渡的群落混合区。洪泛区在河流生态系统中具有重要的作用，它可以为洪水和沉积物提供暂时的储存空间，延长洪水的滞后时间等来自河流的养分和有机物。由于河流对两岸周期性淹没促进了岸边植物、浮游生物和底栖无脊椎动物的生长，而这些又为河中的鱼类提供食物。高地边缘过渡带是洪泛区和周围景观的过渡带。因此，其外边界也就是河流廊道本身的外边界，该区常受土地利用方式改变的影响。

在垂向上，河流可分为水面层、水层区和基底区。在表层，由于河水流动，与大气接触面大，水气交换良好，特别在急流、跌水和瀑布河段，曝气作用更为明显，因而河水含有较丰富的氧气，表层分布有丰富的浮游植物，表层是河流初级生产最主要的水层。在中层和下层，太阳光辐射作用随水深加大而减弱，水温变化迟缓，氧气含量下降，浮游生物随着水深的增加而逐渐减少。由于水的密度和温度存在特殊关系，在较深的深潭水体存在热分层现象，甚至形成跃温层。对于许多生物来讲，基底起着支持一般陆上和底栖生物、屏蔽(如穴居生物)、提供固着点和营养来源(如植物)等作用。基底的不同结构、组成物质的不同稳定程度，及其含有的营养物质的性质和数量等，都直接影响着水生生物的分布。另外大部分河流的河床材料由卵石、砾石、沙土、黏土等材料构成，都具有透水性和多孔性，适于水生植物、湿生植物以及微生物生存。不同粒径卵石的自然组合，又为一些鱼类产卵提供了场所。同时，透水的河床又是连接地表水和地下水的通道。这些特征丰富了河流的生境多样性，是维持河流生物多样性及河流生态系统功能完整的重要基础。

在时间上，河流系统的时间尺度在许多方面都是很重要的。随着时间的推移和季节的变化，河流生态系统的结构特点及其功能也呈现出不同的变化。由于水、光、热在时空中的不平均分布，河流的水量、水温、营养物质呈季节变化，水生生物活动及群落演替也相应呈明显变化，从而影响着河流生态系统的功能的发挥。河流是有生命的，河道形态演变可能要在很长时期内才能形成，即使是人为介入干扰，其形态的改变也需很长时间才能显现出来。然而，表征河流生命力的河流生态系统服务功能在人为的干扰下，却会在不太长的时间内就可能发生退化，例如生态支持、环境调节等功能。

二、河流生态系统的功能

河流生态系统是指河流内生物群落和河流环境相互作用的统一体。河流中存在的生态系统包括水底植物、冰生和半水生植物、鱼、无脊椎动物、浮游生物、微生物，它们组成了相互作用的生产者—消费者—分解者系统。随着空间和时间的变化，水与其他物质、能量和生物在河流生态系统内发生相互作用。

在河流生态系统中，河流子系统和河岸子系统作为一个整体发挥着重要的生态功能。主要有栖息地、过滤与屏障、通道、源汇等功能。

(1) 栖息地功能

栖息地是植物和动物包括人类能够正常的生活、生长、觅食、繁殖以及进行生命循环周期中其他的重要组成部分的区域。栖息地为生物和生物群落提供生命所必需的一些要素，比如水源、食物、以及繁殖场地等。河道为很多物种提供适合生存的条件，它们通常利用河道来进行生命活动以及形成重要的生物群落。

河道一般包括两种基本类型的栖息地结构：内部栖息地和边缘栖息地。内部栖息地相对来说是更稳定的环境，生态系统可能会长期依然保持着相对稳定的状态。边缘栖息地则是两个不同生态系统之间相互作用的重要地带。边缘栖息地处于高度变化的环境梯度之中。边缘栖息地比内部栖息地拥有更多样的物种构成和个体数量，同时也是维持大量动物和植物群系多样性变化的地区。

(2) 过滤与屏障功能

河道的屏障作用是阻止能量、物质和生物输移的发生，或是起到过滤器的作用，允许能量、物质和生物选择性地通过。河道作为过滤器和屏障作用可以减少水体污染、相当程度的减少沉积物转移，可提供一个与土地利用、植物群落以及一些迁徙能力差的野生动物之间的自然边界。物质的输移、过滤或者消失，总体来说取决于河道的宽度和连通性。一条宽阔的河道会提供更有效的过滤作用，一条连通性好的河道会在其整个长度范围内发挥过滤器的作用。沿着河道移动的物质在它们要进入河道的时候也会被选择性地滤过。

(3) 通道功能

通道功能作用是指河道系统可以作为能量、物质和生物流动的通路。河道由水体流动形成，又为收集和转运河水和沉积物服务。同时还为其他物质和生物群系通过该系统进行移动提供通道。

河道既可以作为横向通道也可以作为纵向通道，生物和非生物物质向各个方向移动和运动，有机物质和营养成分由高至低进入河道系统，从而影响到无脊椎动物和鱼类的食物供给。对于迁徙性和运动频繁的野生动物来说，河道既是栖息地同时又是通道，生物的迁徙促进了水生动物与水域发生相互作用，例如亲鱼产卵期间溯河到达河流系统上游地段，不仅实现了自身的繁殖，而且垂死的大量亲鱼为河流提供了营养物质输入，进一步促进生物量的增加，河流源头地区也能从海洋中获得营养物质。因此，连通性对于水生物种的移动非常重要。

河流通常也是植物分布和植物在新的地区扎根生长的重要通道。流动的水体可以长距离的输移和沉积植物种子。在洪水泛滥时期，一些成熟的植物可能也会连根拔起、重新移位，并且会在新的地区重新沉积下来存活生长。野生动物也会在整个河道系统内的各个部分通过摄食植物种子或是携带植物种子而形成植物的重新分布。

河流也是物质输送的通道。河道能不断调节沉积物沿河道的时空分布，最终达到新的动态平衡。河道以多种形式成为能量流动的通道。河流水流的重力势能不断地塑造着流域的形态。河道里的水可以调节太阳光照的能量和热量。进入河流的沉积物和生物量在自然中通常是由周围陆地供应的。宽广的、彼此相连接的河道可以起到一条大型通道的作用，使得水流沿着横向和纵向都能进行流动和交换，狭窄的或是七零八碎的河道则常常受到限制。

(4) 源和汇功能

源为相邻的生态系统提供能量、物质和生物，汇与源的作用相反，从周围吸收能量、物质和生物。河岸一般通常是作为“源”向河流中供给泥沙沉积物。当洪水在河岸处沉积新的泥沙沉积物时它们又起到“汇”的作用。在整个流域规模范围内，河道是流域中其他各种斑块栖息地的连接通道，整个流域内起到了能够提供原始物质的。“源”和通道的作用。

河流生态系统是一个动态系统，物质循环和能量流动总是在不断地进行，生物个体也在不断地更新。尽管处于不断的变化当中，但是河流生态系统总是表现出趋向于达到一种动态的稳定，这种现象称之为动态平衡。当河流生态系统达到动态平衡的稳定状态时，它能够自我调节和维持自身的正常功能，并能很大程度上克服和消除外来的干扰，保持自身的稳定。河流生态系统的这种平衡状态是通过某种自我调节的机制来实现的，但是这种自我调节是有一定限度的，当外来干扰超过了系统本身的适应范围，这种自我调节功能遭到破坏，系统便不再稳定。为了达到新的平衡，河流生态系统将会做出一系列的调整，但要经历漫长的时期才能完成。即便重新达到了平衡，恢复后的系统的结构与功能也将很大程度的不同于以前的系统，生态价值将大大降低。

三、河流生态系统的服务功能

河流生态系统服务功能是指河流生态系统与河流生态过程所形成及所维持的人类赖以生存的自然环境条件与效用，包括对人类生存和生活质量有贡献的河流生态系统产品和河流生态系统功能。将生态系统提供的商品和服务统称为生态系统服务，同时将全球生物圈分为16个生态系统类型，将生态系统服务功能分为17个类型。根据河流生态系统提供服务的类型和效用，河流生态系统服务功能可划分为河流生态系统产品和河流生态系统服务两方面。

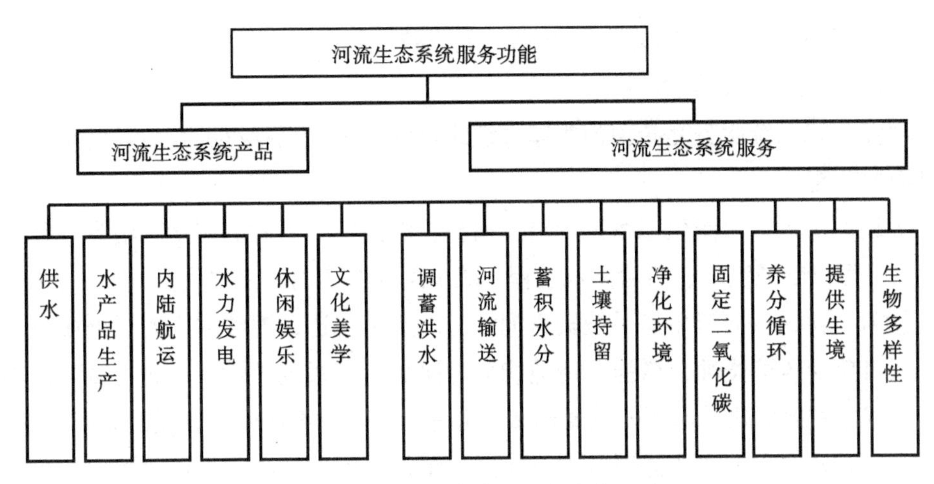

图 5-1 河流生态系统服务功能类型

(1) 河流生态系统产品

河流生态系统产品是指由河流生态系统产生的，通过提供直接产品或服务，维持人的生产、生活活动的功能。

①供水。这是河流生态系统最基本的服务功能。人类生存所需要的淡水资源主要来自河流。根据水体的不同水质状况，被用于生活饮用、工业用水、农业灌溉等方面。

②水产品生产。生态系统最显著的特征之一就是生产力。河流生态系统通过初级生产和次级生产，生产丰富的水生植物和水生动物产品，为人类的生产、生活提供原材料和食品，为动物提供饲料。

③内陆航运。河流生态系统承担着重要的运输功能。内陆航运具有廉价、运输量大等优点。因此，人们修造人工运河，发展内陆航运。

④水力发电。河流因地形地貌的落差产生并储蓄了丰富的势能。水能是最清洁的能源，而水力发电是该能源的有效转换形式。世界上有 24 个国家依靠水电为其提供 90% 以上的能源，有个 55 国家依靠水电为其提供 40% 以上的能源。中国的水电总装机居世界第一，年水电总发电量居世界第四。

⑤娱乐休闲。河流生态系统景观独特，流水与河岸、鱼鸟与林草等的动与静对照呼应，构成了河流景观的和谐与统一。河流生态系统能够提供的娱乐活动可以分为两大方面，一方面是流水本身提供的娱乐活动，如划船、游泳、钓鱼和漂流等；另一方面是河岸等提供的休闲活动，如露营、野餐、散步、远足等。这些活动，有助于促进人们的身心健康，减轻现代生活中的各种生活压力，改善人们的精神健康状况等。

⑥美学文化。河流生态系统的自然美带给了人们多姿多彩的科学与艺术创造灵感。不同的河流生态系统深刻地影响着人们的美学倾向、艺术创造、感性认知和理性智慧。

河流生态系统是人类重要的文化精神源泉、科学技术及宗教艺术发展的永恒动力。

(2) 河流生态系统服务

河流生态系统服务是指河流生态系统维持的人类赖以生存的自然环境条件和生态过程的功能。

①调蓄洪水。河流生态系统的沿岸植被、洪泛区和下游的湿地、沼泽等具有蓄洪能力，可以削减洪峰、滞后洪水过程，减少洪水造成的经济损失。

②河流输送。河流生态系统输送泥沙，疏通了河道，泥沙在入海口处淤积，保护了河口免受风浪侵蚀，增强了造地能力。河流生态系统运输碳、氮、磷等营养物质是全球生物地球化学循环的重要环节，也是河口生态系统营养物质的主要来源。

③蓄积水分。河流生态系统的洪泛区、湿地、沼泽等蓄积大量的淡水资源，在枯水期可对河川径流进行补给，提高了区域水的稳定性，同时河流生态系统又是地下水的主要补给源泉。

④土壤保持。河川径流进入湿地、沼泽后，水流分散、流速下降，河水中携带的泥沙会沉积下来，从而起到截留泥沙、避免土壤流失、淤积造陆的功能。

⑤净化环境。河流生态系统的净化环境功能包括空气净化、水质净化及局部气候调节等。河流生态系统通过水体表面蒸发和植物蒸腾作用可以增加区域空气湿度，有利于空气中污染物质的去除，使空气得到净化。河流生态系统的陆地河岸子系统、湿地及沼泽子系统、水生生态子系统等都对水环境污染具有很强的净化能力，河流生态系统通过水生生物的新陈代谢摄食、吸收、分解、组合、氧化、还原等，使化学元素进行种种分分合合，吸收和降解得以减少或消除，空气湿度、不利影响，诱发降雨，在不断的循环过程中，一些有毒有害物质通过生物使水环境得到净化此外，河流生态系统能够提高降水和气流产生影响，可以缓冲极端气候对人类的影响，对稳定区域气候、调节局部气候有显著作用。

⑥固定 CO_2。河流生态系统中的绿色植物和藻类通过光合作用固定大气中 CO_2 的，释放 O_2，将生成的有机物质贮存在自身组织中。过一段时间后，这些有机物质再通过微生物分解，重新以 CO_2 的形式被释放到大气中。因此，河流态系统对全球浓度的升高具有巨大的缓冲作用。

⑦养分循环。河流生态系统中的生物体内存储着各种营养元素。河水中的生物通过养分存储、内循环、转化和获取等一系列循环过程，促使生物与非生物环境之间的元素交换，维持生态过程。

⑧提供生境。河流生态系统为鸟类、哺乳动物、鱼类、无脊椎动物、两栖动物、水生植物和浮游生物等提供了重要的栖息、繁衍、迁徙和越冬地。

⑨维持生物多样性。生物多样性包括物种多样性、遗传多样性、生态系统多样

性和景观多样性。河流生态系统中的洪泛区、湿地、沼泽和河道等多种多样的生境为各类生物物种提供了繁衍生息的场所，为生物进化及生物多样性的产生提供了条件，为天然优良物种的种质保护及改良提供了基因库。

四、河流生态系统特点

河流属流水型生态系统，是陆地和海洋的纽带，在生物圈的物质循环中起着主要作用。河流生态系统主要具有以下特点：

(1) 纵向成带性：从上游到河口，水温和某些水化学成分发生明显的变化，由此影响着生物群落的结构。

(2) 生物多具有适应急流生境的特殊形态结构：在流水型生态系统中，水流是主要限制因子，所以河流中特别是河流上游急流中生物群落的一些生物种类，为适应这种环境条件，在自身的形态结构上有相应的适应特征。

(3) 相互制约关系复杂：河流生态系统受其他系统的制约较大，绝大部分河段受流域内陆地生态系统的制约，流域内陆地生态系统的气候、植被以及人为干扰强度等都对河流生态系统产生较大影响。从营养物质的来源看，河流生态系统也主要是靠陆地生态系统的输入。但另一方面，河流在生物圈的物质循环中起着重要作用，全球水平衡与河流向海洋的输入有关。它将高等和低等植物制造的有机物质、岩石风化物、土壤形成物，以及整个陆地生态系统中转化的物质不断带入海洋，是沿海和近海生态系统的重要营养物质来源。因此河流生态的破坏，对于环境的影响远比湖泊、水库等静水生态系统大。

(4) 自净能力更强、受干扰后恢复速度较快：由于河流生态系统流动性大、水的更新速度快，所以系统自身的自净能力较强，一旦污染源被切断，系统的恢复速度比湖泊、水库要迅速。另外，由于有纵向成带现象，污染危害的断面差异较大，这也是系统恢复速度快的原因之一。

(5) 动态平衡性和阈值性：河流生态系统的结构和功能由水文、生物、地形、水质和连通性五部分组成，每一组成部分是连续的，而且相互作用于其他组成部分。在天然条件下，河道处于动态平衡之中，在这种状态下，其结构和功能相对稳定，在外来干扰下，通过自调控，能恢复到初始的稳定状态。河道生态系统总是随着时间而变化，并与周围环境和生态过程相联系。在天然条件下，河道生态系统总是自动向物种多样性、结构复杂化和功能完善化的方向演替，从而导致系统的结构和构成要素，均随时间的推移而变化，由于天然的干扰，处在自动调节平衡状态过程中的生态系统在一定范围内能够抵抗人类活动引起的干扰，但超过临界阀值之后，河流生态系统会发生劣变和退化。

五、河流生态系统研究理论基础

（1）Shelford 耐受性法则

生物的生存和繁殖依赖于各种生态因子的综合作用。生态因子是指环境中对生物生长、发育、生殖、行为和分布有直接或间接影响的环境要素，如温度、湿度、食物、氧气和其他相关生物等。在众多的生态因子当中，必有一种和少数几种因子是限制生物生存和繁殖的关键性因子，称为限制因子。任何接近或超过生物的耐性范围的生态因子都将称为这种生物的限制因子。Shelford 耐受性法则在最小因子法则的基础上提出的，该法则认为生物不仅受生态因子最低量的限制，而且也受生态因子最高量的限制。这就是说，生物对每一种生态因子都有其耐受的上限和下限，上下限之间就是生物对这种生态因子耐受范围，其中包括最适生存区。

由于生物生长发育不同阶段对生态因子的需求不同，因此因子对生物的作用也具阶段性，这种阶段性是由生态环境的规律性变化所造成的。如有些鱼类不是终生都定居在某一环境中，而是根据其生活的各个不同阶段，对生存条件有不同要求。如鱼类的洄游，大马哈鱼生活在海洋中，生殖季节就洄游至淡水河流中产卵，而鳗鱼则在淡水中生活，洄游到海洋中繁殖。

环境中各种生态因子不是孤立存在的，而是彼此联系、相互制约的。任何一个单因子的变化，必将引起其他因子不同程度变化及其反作用。如光和温度的关系密不可分，温度的高低不仅影响空气中温度和湿度，同时也会影响土壤的温度、湿度的变化。这是由于生物对某一个极限因子的耐受限度，会因其他因子的改变而改变，所以生态因子对生物的作用不是单一的而是综合的。

对同一生态因子，不同种类的生物耐受范围是很不相同的。例如，蛙鱼对温度这一生态因子的耐受范围是 0–12℃，最适温度是 4℃；豹蛙对温度的耐受范围是 0–30℃，最适温度为 22℃。在进化过程中，生物的耐受限度和最适宜生存范围都可能发生变化，可能扩大，也可能受到其他的竞争而被取代或移动位置。即使是在较短的时间范围内，生物对生态因子的耐受限度也能进行各种小的调节。

（2）生物多样性理论

生物多样性是指生物中的多样化和变异性以及物种生境的生态复杂性。它包括动物、植物和微生物的所有种及其组成的群落和生态系统。生物多样性包含三个层次的含意：①遗传多样性，即指所有遗传信息的总和，它包含在动植物和微生物个体的基因内；②物种多样性，即生命机体的变化和多样化；③生态系统的多样性，即栖息地、生物群落和生物圈内生态过程的多样化。

生物多样性决定着生物圈的整个外貌，生物多样性受到以下因素的影响：①物种生物量一般认为，具有高生物量的生态系统能够更好地发挥生物对环境的自我调节能力，使环境即使在遭受到较大的外界干扰时也不致改变太大而改变生态系统的性质；②属性不同的物种在环境中所扮演的角色也不同，它们对所在的生态系统产生量的积累，达到质的飞跃；③生物多样性水平与土壤营养物之间有密切关系。生物多样性改善了系统内部生物地化循环的性质和过程，主要目的是不使单一物种或小数的量物种在生存定居中失败，不使单种栽培在波动不定的环境中遭受毁灭性打击，改变目前生态系统变化的方向性；④系统的稳定性，就是系统的抗性和弹性。一般地，一个生态系统的物种数目多，物种间的相互作用弱，则系统的抗性大、弹性小。即生态系统越复杂、越高级，则不容易被破坏，但一旦被破坏，恢复很难，而且需要的时间也很长。通常认为，物种的数目越多、越复杂，生态系统越稳定。

(3) 景观生态学理论

景观生态学起源于欧洲，其发展历史可以追溯到20世纪30年代，德国区域地理学家Troll在1939年创造了“景观生态学”一词，但直到20世纪80年代才开始发展成为一门相对独立、逐渐被国际学术界公认的生态学分支学科，其后在欧洲和美国得到了快速的发展。景观生态学的研究对象和内容可概括为景观结构、景观功能和景观动态。景观动态是指景观组成单元的类型、多样性及其空间关系。景观功能是景观结构与生态学过程之间的相互作用，或者景观结构单元之间的相互作用，景观动态是指景观在结构和功能方面随时间的变化。景观的结构、功能和动态是相互依赖、相互作用的，如结构在一定程度上决定功能，而结构的形成和发展又受到功能的影响。

在现代景观生态学中出现了许多重要的概念和理论，特别强调景观异质性、层次性结构、景观格局和尺度在研究生态学格局和过程中的重要性。空间异质性（Spatial heterogeneity）是指某种生态学变量在空间分布上的不均匀性及复杂程度，强调景观特征在空间上的非均匀性及对尺度的依赖性，是景观生态学的研究核心。非生物的环境异质性（如地形、地质、水文、土壤等方面的空间变异）以及各种干扰是产生景观异质性的主要原因。景观中与相邻两边环境不同的线性或带状结构称为廊道。廊道的重要结构特征包括宽度、组成内容、内部环境、形状、连续性及其与周围石块或基底的相互关系。从这个意义上，河流及其相邻部分可以定义为河流廊道，河流廊道作为一类重要的生态廊道，具有多种生态功能，如调节流速、储蓄水资源、移除有害物质以及为水生和陆生动植物提供栖息地等。

河流廊道连接度原理和河流廊道宽度原理是景观生态学中的重要理论。河流廊道连接度原理认为对抗景观破碎化的一个重要空间战略是在相对孤立的栖息地斑块之间建立联系，其中最主要的是建立廊道。生态学家们普遍认为，通过廊道将孤立的栖息地斑块与大型的种源栖息地相连接有利于物种的持续和增加生物多样性。理论上讲，相似的栖息地斑块之间通过廊道可以增加基因的交换和物种流动，给缺乏空间扩散能力的物种提供一个连续的栖息地网络，增加物种重新迁入的机会和提供乡土物种生存的机会。

河流廊道宽度原理表明河流廊道必须与种源栖息地相连接，必须有足够的宽度。否则，廊道不但起不到空间联系的效用，而且可能引导外来物种的入侵。宽度对廊道生态功能的发挥有着重要的影响。太窄的廊道会对敏感物种不利，同时降低廊道过滤污染物等功能。此外，廊道宽度还会在很大程度上影响产生边缘效应（edege effect）的地区，进而影响廊道中物种的分布和迁移。

河流廊道的栖息地功能作用很大程度上受到连通性和宽度的影响。在河道范围内，连通性的提高和宽度的增加通常会提高该河道作为栖息地的价值。河流流域内的地形和环境梯度（例如土壤湿度、太阳辐射和沉积物的逐渐变化）会引起植物和动物群落的变化。宽阔的、互相连接的，并且具有多样的本土植物群落的河道是良好的栖息地条件，通常会发现比在那些狭窄的、性质都相似的并且高度分散的河道内存在更多的生物物种。

第二节　河流生态系统的地貌特征

河流是水流作用形成的主要地貌类型。在自然状况下，以水为核心生态因子的河流系统，经过洪水泛滥、水土侵蚀、自然改造等各种因素，在自然界漫长的演化下形成河道、洪泛平原、湖泊、湿地、河口等不同的水生态系统。河流从源头到河口，气象、地貌、地质、水文、水质、水温呈明显的带状分布特征，物质结构、能量结构、空间结构异质性明显，这一特征造就了河流上、中、下游生境异质性。

一、纵向带状分布及生境异质性

由源头集水区的第一级河流起，以下流经各级河流流域，形成连续的、流动的、独特而完整的系统，称为河流连续体。河流连续体概念是对河流生态学理论的一大发展，它应用生态系统的观点和原理，把由低级至高级相连的河流网络作为一个连续的整体系统对待，强调生态系统的群落结构及其一系列功能与流域的统一性。这种由上游的诸多小溪至下游大河的连续，不仅指地理空间上的连续，更重要的是生物学过程及其物理环境的连续。按照河流连续体概念，不规则的线性河流单向连接，下游河流中的生态系统过程同上游河流直接相关。

与湖泊、水库等水体水温等呈水平分层现象不同，河流从源头到河口，水温和某些水化学成分呈明显的纵向成带变化，河流的这一特征，影响着生物群落的结构。

(1) 上游区：河流形态特点是落差大，河谷狭窄，河流比降大，横断面小，水流侵蚀力强。河床质由各种大小岩石块和砾石或卵石组成，颗粒直径较大。在河流上游区蕴涵着丰富的水能，沿河有机质、养分、悬浮物等的运动速度快，水流挟沙能力强，河流中泥沙随水流运动被带入下游，水体清澈，溶解氧含量高。径流特点是流量和流速变化大，洪水暴涨暴落，洪峰持续时间短，年径流变化大，但是生物多样性较差。在流水型生态系统中，水流通常是主要限制因子，所以在河流的上游急流中，生物群落的一些生物种类，为适应这种生境条件，在自身的形态结构上有与之相适应的特征。有的营附着或固定生活，如淡水海绵和一些水生昆虫的幼体，它们的壳和头黏合在一起，有的生物具有吸盘和钩，使身体紧附在光滑的石头表面。如长江上游金沙江段，落差达3000多米，生物种类较少，只有少数个体较大的中华鲟、江豚等，身体呈流线型，以适应急速流动时把摩擦力降到最小，在其他水生昆虫幼体也可见到这种现象。而有的呈扁平状，以便能在岩石缝隙中找到栖息场所。

(2) 中下游区：河流进入中游比降变缓，河道横断面变宽，河流的深度和宽度加大，虽然流量增大，但是变化幅度变小，水流趋于平稳。水流挟沙能力变小，水体透明度变小，水中悬浮沉积物的负荷增大，因而光透入的深度减少，水温较高，溶解氧含量相对减少。沿河流下游，岸边一般都有植物生长，浮游生物除一些藻类外，原生动物和轮虫也很多。还有某些底栖生物和鱼类（鲤鱼、蛤鱼）等自游生物。上游的一些鱼类，随着河流地貌、河流形态、水文、水质、温度等生态因子的变化，在河流中下游很少或完全消失。但是随着生物栖息地空间的变大，生物物种多样性特征较为明显。如长江自宜昌开始进入中游，河流蜿蜒曲折，其中枝江至城陵矶荆江河段直线距离仅为185公里，而河道长度长达420公里。长江中下游湖泊众多，生活的鱼类种目多，江湖半洄游性鱼类占有重要地位。

(3) 河口区：河口区与上游、中游区具有很大的区别。河流比下降得更为平缓，江海之间交换频繁，河流受到海洋潮流的影响，淡水与海水混合导致水体含盐量较高，这里既是洄游性鱼类的必经之路，也是淡水生物和海洋生物的栖息地，河口的生物多样性更加明显，生产力高、生物量大，生态系统更加复杂。

二、河流横向空间连通性

河流在横向上的延伸主要是河岸、河滩地、湿地和洪泛区等。河岸是河流和河岸以外空间物质交换、能量流动、信息交流的介质，具有重要的作用。河岸生态系统是联系陆地和水生生态系统的纽带。河岸带生态系统将河流生态系统与陆地生态系统紧密地联系起来，是两者间进行物质、能量、信息交换的生态过渡带，它具有明显的边缘效应。

洪泛区是河道两侧受洪水影响周期性淹没的区域，包括一些河滩地、浅水湖泊和湿地。河滩地是河流的重要组成部分。河滩地的生态系统和河流生态系统紧密联系，特别是被淹没的河流。河滩地生物产品数量非常大，不仅在数量上是其他土地上产品的几倍，而且质量也较高。与此相联系的是，河滩地的土壤覆盖是由富含有机物质的丰水期的河流泥沙形成的。因此在河滩地上生长着茂盛的草类和灌木植物，以及动物等。在洪水期河滩地是珍贵鱼类的产卵地和育肥场。这样，河滩地形成了与河流生态系统相关的自己的生态系统。河滩地生态系统是高度发展的和多种多样的，而像浮游生物和水底生物、鱼和鸟，动物、草地、灌木和森林，所有这些生态系统元素繁衍都依赖于河滩地的发展。河流水文状况对于生态系统正常运转有决定性作用。河滩地淹没的频率和持续时间，以及此时的水深，都有重要意义。为与河流有关的生物的繁殖创造更有利条件的水文特征非常重要。河滩地上的水温、水流深度和流速、水库、沼泽、支流和河湾的存在，是制约河滩地生产和生态系统繁荣的主要因素。

湿地也是河流生态系统的重要组成部分。湿地是处于水陆交错带的特殊生态系统，具有极其丰富的生物多样性，并保留着世界多种濒危动、植物种类，是世界上极其重要的种质资源库，具有重要的环境功能和服务功能。湿地生态系统是气象、水文、地质、地貌和生物等综合作用而形成的，具有独特的生态环境功能。

湿地对河流与陆地之间的水文、水力和生态联系起着过渡作用，是典型的地表水水文过渡带。在洪水季节，洪泛区湿地可以直接拦蓄降水，也可承接滞留溢出河槽的洪水，而在洪峰过后的枯水季节缓慢释放补给河道生态用水，缩短下游河道干枯的时间，维系河川的基流，实现对河川径流的调节。同时也是地表水和地下水之间的水文过渡带，储存在洪泛区湿地的水分被重新组织和土壤过滤后，一部分以径流的形式补给河流，另一部分渗入地下水含水层，甚至可以越流补给承压水，成为地下水的补给来源。

作为地表河流与陆地的水文过渡带，同时又是地表水与地下水之间的过渡带，洪泛区湿地对进入河道生态系统和渗入地下含水层的地表片状集水中的污染物质可以截留、阻滞和富集，从而成为河道走廊内、地表水与地下水之间的重要生态缓冲区。水流所携带的泥沙在水陆交错带沉积，交错带自身又是植物生长旺盛、有机质高度积累的地域。水陆交错带的土壤由于长期截留和沉积营养物质，有机质在此长期积累，所以养分和有机质含量都相对较高。

洪泛区湿地的另一特点是，交错带环境与均一生态环境不同，通常交错带中生物多样性程度高，它为多种具有其生态学特征的物种提供了栖息地，使系统在受扰动后能迅速地恢复其演替过程。水陆交错带中经常可以发现不同资源片的交替分布，这些资源经常是在受扰动后处于不同的恢复阶段。交错带的植被既有区域性的特色，又因地块不同而有差异，并且还受食草动物活动的影响。

交替出现的洪水和干旱是影响交错带中物种组成和变化的主要因素。洪水和干旱各自在不同的时间和地点为种间竞争创造了不同的条件。此外，高程、土壤（底泥）的质地也有很大的影响。这些交错带的不均一性造成交错带中众多的小环境。这些小环境的相互交错使众多的植物、无脊椎动物和脊椎动物种类能在这生机盎然的水陆交错带中生存、繁衍以及得到各种资源。

湿地生态系统的一切生态过程都是以固定的水文格局为基础的，湿地特殊的水文条件（长期积水或季节性积水）决定了湿地生物地球化学过程的特征。湿地水文条件，如水位、流量、流速及其动态变化规律等能够改变养分有效性、土壤氧化还原条件、沉积物属性及值等理化性质。所以湿地水文条件的变化，决定着湿地中化学物质的生物地球化学循环和过程。研究表明，湿地水文条件是湿地过程与效应的关键影响因子，也是湿地环境中化学物质浓度、存在形态及迁移转化、湿地生物生产力形成的重要影响因子。也正是由于其系统结构对水文条件的依赖性，湿地生态系统才显得非常脆弱。

洪泛区可拦蓄洪水及流域内产生的泥沙，吸收并逐渐释放洪水，这种特性可使洪水后洪泛区光照及土壤条件优越，可作为鸟类、两栖动物和昆虫的栖息地。同时湿地和河滩适于各种湿生植物和水生植物的生长。它们可降解径流中污染物的含量，截留或吸收径流中的有机物，起过滤或屏障作用。河道及附属的浅水湖泊按区域可划分为沿岸带、敞水带和深水带，它们分布有挺水植物、漂浮植物、沉水植物、浮游植物、浮游动物及鱼类等不同类型的生物群落。

与河流横向联系紧密的是洪水脉冲概念（Flood Pulse Concept）。洪水脉冲概念描述了河道水流进入平原的涨落的季节变化过程，生物适应该过程，湿地也依赖该过程。洪泛湿地的生物和物理功能依赖于江河进入湿地的水的动态，洪泛湿地上植物种子的传播和萌发，幼苗定居，营养物质的循环，分解过程及沉积过程均受洪水过程影响河流生态系统的主要生物过程包括生产、分解和消费均由洪泛平原驱动。另外，植物、动物和碎屑的空间运动和洪水脉冲有关。适应洪水脉冲的鱼类跟随季节性的水流脉冲从河道到洪泛平原，鱼类生长的70%–100%发生在该时期。

洪水是存在了千万年的自然现象，人类的水资源活动严重影响洪水过程。例如建坝对洪泛平原的影响最大，使得洪泛平原淹没消失，河道和洪泛平原的联系切断，洪泛平原不再能为河流鱼类提供有机物质。如果人类顺应洪水、依托洪水，恢复湿地，洪水就是可利用资源。洪水脉冲实际上是水文事件中的一个特殊事件，在河流生态系统理论中，从恢复的角度洪水脉冲概念是最重要的。在湿地恢复时，一方面应考虑洪水的影响，另一方面可利用洪水的作用，加速恢复退化湿地或维持湿地的动态。

三、垂向上的分层与河床质

河流表层阳光充足，与大气接触面大，水汽交换频繁，曝气作用明显，有利于植物的光合作用，因此河流表层常分布有丰富的浮游植物。中层和下层，太阳辐射作用随着水深的加大而逐渐减弱，溶解氧含量降低，浮游生物随着水深的增加而逐渐减少。底部对于许多生物来讲，具有支持底栖动物、提供生活和产卵场所、营养物质来源等作用。因此，河床的结构、形状、河床质组成、稳定程度都直接影响着水生生物的分布。河床的冲淤特性取决于水流流速、流态、水流的含沙率及颗粒级配以及河床的地质条件等。由悬移质和推移质的长期运动形成了河流的动态河床。在河流上游急流区由于水流冲刷作用，河床质除了透水性较差的岩石外，大部分河床由卵石、烁石、沙土、黏土等组成，都具有透水性和多孔性，这些特征给地表水与地下水之间的交换提供了连通通道。具有透水性能又呈多孔状的河床基质，适于水生和湿生植物以及微生物生存。不同粒径卵石的自然组合，又为鱼类产卵提供了场所。

四、河流生态系统的时间尺度

另外，河流生态系统的时间尺度在许多方面都是很重要的。随着时间的推移和季节的变化，河流生态系统的结构及其功能也呈现出不同的变化。由于水、光、热在时空中的不均匀分布，河流的水位、流量、水温、营养物质等也呈季节变化，水生生物活动及群落演替也相应呈明显变化，从而影响着河流生态系统的功能的发挥。

第三节　河流形态多样性的生态特征

一、河流地貌形态分类

由于气候、地质地貌因素、水流运动特性及其相应的沉积特性，河道植被的连续性，使得河流形态在小尺度范围内总体上形成四种不同类型的平面河型，分别是顺直型、弯曲型、分汊型和交织型。

在顺直型河道中，河流形态顺直较为稳定的单河道，水面比降很小，一般下游比上游比降要小，横断面特征表现较为对称，在河流上中下游均有分布。水流连续性好，在边界特征上顺直型河道两岸物质组成较为均匀连续，河床质组成沿断面变化较小。

在弯曲型河道中，弯曲度通常大于1.3，为单河道系统，断面为不对称，一般在冲积河流中下游，水流特点是右岸冲刷、左岸沉积，水流在一定条件下使河道裁弯取直，形成漫滩。横断面在弯道处表现为复式断面。河床质沿断面变化较大，沿右岸到左岸粒径较大的卵石或砾石逐渐变为粒径较小的粗砂或细砂。

在分汊型河道中，通常为弯曲型河道和分汊河道交替分布，是较稳定的多河道系统。一般在冲积河流的中下游。比降较大，断面分布较为复杂，一般单河道呈不对称的V字型，而在分汊处多为W字型。水流在各分支流彼此消长，但是主流稳定。通常在河道中有江心洲存在，河岸具有一定的抗冲性，河床质分布不均，河床质的组成也相对多样化。

在交织型河道中，弯曲度通常小于1.5且具有一系列可迁移的河道砂坝，为多河道系统，比降最大。横断面的形态最为多样化，常常是被砂质冲积物隔开的宽深不一的复合式断面。在这种河道中，河流水流连续性差，多形成涡流，流速大小和方向变化多端，随机性强。河岸边界组成颗粒较粗，抗冲能力较差。

二、不同河道形态与生境的相互关系

在实际情况下，天然河流从源头到入海口总是各种不同河型相互交织，不同类型的河道形态在局部河段会同时存在。河流的地貌、河道地形、横断面形状、水流状态也呈现出多样性和异质性，从而造就了各种不同的生境，形成了丰富的生物群落和物种。河流首先给水生生物提供了生活栖息地，自然界的生物在长期的进化演变过程中，逐渐适应了不同类型的栖息地，栖息地的类型与河流地貌、河道形态有密切的关系，河流地貌形态这些边界条件决定了水流的运动规律，复杂的河道形态水流运动复杂，流态紊乱，流向多变。

在顺直型河道中，河道构造和结构较为单一。河流自上游到下游河道断面逐渐由V字型逐渐转变为U字型，河势较为稳定，水流速度快，一些急流生物如大型鱼类逐渐适应这样的生存环境，在这里形成固定的栖息场所和繁殖场地。而长江葛洲坝下中华鲟产卵场处于大坝消能区内，受工程的影响，河道断面并不表现为较对称的字型。从能量和物质结构的角度来看，水流运动所消耗能量主要用于水体向下游运动，而对河岸的冲刷不明显，上游所携带下来的沉积物和营养物质，在顺直型河道随水流迁移到下游。因此在顺直型河道中，由于河流形态地貌，空间异质性不很明显，生物多样性程度较低。

而在弯曲型、分汊型、河曲型河道中，河道形态多样性明显，沿河道纵向断面形状变化多端，由在水力学条件上表现为深槽和浅滩的交替出现。浅滩的生境，光热条件优越，适于形成湿地，供鸟类、两栖动物和昆虫栖息。而在深潭里，太阳光辐射作用随水深加大而减弱。水温随深度变化，深水层水温变化较表层变化缓慢。由于水温、阳光辐射、食物和含氧量沿水深变化，在深潭中存在着生物群落的分层现象。同时深槽内流速较小，也为水生生物特别是鱼类提供休息场所。从能量和物质角度来说，河道形态的多样性造就了不同水流流态，在右岸流速较快，水流携带的能量冲刷河岸、下切河床，同时在水体自身的碰撞和摩擦中消耗能量。在河流左岸水流缓慢，与右岸的急流相互作用形成涡流，在回水区形成静止水域，河床逐渐淤积，营养物质被截留，为鸟类、两栖动物和鱼类提供饵料、育肥、栖息等。在这种开放的生境中，生境的异质性明显，生物多样性较高，也形成了较为复杂的生态系统。

自然界的河流都是蜿蜒曲折的，不存在直线或折线形态的天然河流。在自然界长期的演变过程中，河流的河势也处于演变之中，使得弯曲与自然裁弯两种作用交替发生。但是弯曲或微弯是河流的趋向形态。另外，也有一些流经丘陵、平原的河流在自然状态下处于分岔散乱状态。一些分岔散乱状态的河流归入主槽，形成明显的干流，往往是由于人类治河工程的结果。蜿蜒性是自然河流的重要特征。河流的蜿蜒性使得河流形成主流、支流、河湾、沼泽、急流和浅滩等丰富多样的生境。由于流速不同，在急流和缓流的不同生境条件下，形成丰富多样的生物群落。

三、河道横断面形状及多样性

河流的横断面形状多样性表现为非规则断面，也常有深潭与浅滩交错的布局出现。

一般来说，自然界不存在严格意义上的梯形、矩形等断面的河流。浅滩的生境、光热条件优越，适于形成湿地供鸟类、两栖动物和昆虫栖息。积水洼地中，鱼类和各类软体动物丰富，它们是肉食性候鸟的食物来源，鸟粪和鱼类肥土又促进水生植物生长，水生植物又是植食鸟类的食物，形成了有利于珍禽生长的食物链。由于水文条件随年周期循环变化，河湾湿地也呈周期变化。在洪水季节水生植物种群占优势。水位下降后，水生植物让位给湿生植物种群，是一种脉冲式的生物群落变化模式。而在深潭里，太阳光辐射作用随水深加大而减弱。红外线在水体表面几厘米即被吸收，紫外线穿透能力也仅在几米范围。水温随深度变化，深水层水温变化迟缓，与表层变化相比存在滞后现象。由于水温、阳光辐射、食物和含氧量沿水深变化，在深潭中存在着生物群落的分层现象。

河流整治工程中天然河道的人工化改变了自然河流的天然特性，河道纵向和横向形态发生了急剧变化，使河流急流、缓流相间的格局消失，而在横断面上的几何规则化，也改变了深潭、浅滩交错的形态，河道水力参数发生了跃变，沿河道纵向和横向重新分布，由于河流的自我调节功能，形成新的河道特性。同时河流生态系统的结构与功能随之发生变化，生境的异质性降低，特别是水生生物群落多样性将随之降低，生态系统退化，丧失了河流生境多样化的根本基础。

第四节 河流生境概述

前面已经简单介绍过河流生态系统，在河流生态系统中，生命部分是生态系统的主体，生境是生命支持系统。下面具体介绍生境的概念及生境与生物群落之间的关系。

在生态学中，具体的生物个体和群体生活地区内的非生物生态环境称为“生境”。

一、河流生境要素

根据组成生境各元素的特点，可以将生境要素分为水文要素、水力学要素、水质要素、气候要素等，本节着重研究水文及水力学要素。

(一) 水文要素

河流水文要素包括流量、水位、泥沙、水文特征值等，河流水文要素及其特征值的变化规律是河流生物群落组成和多样性的决定条件，主要体现在以下几个方面：

(1) 流量

在单位时间内通过某过水断面的水量，叫作流量，单位是 m^3/s。测出流速和断面的面积，就可以知道流量，流量是河流的重要特征值之一。流量的变化将引起流水蚀积过程和水流的其他特征值的变化。随着流量的变化，水位也发生变化，流量和水位之间有着内在联系。

流量对生态群落和生态系统有重要影响，流动越剧烈，河水的搅拌就越多，沿河流活跃界面上的溶解的氧气就越多。有剧烈流动的河流（山区、半山区）还会产生含有大量空气的射流。因此这样的河流水中富含氧气，其中盛产鲟鱼、淡水蛙、茴鱼和其他喜欢纯净水体的生物。流量的大小对洄游性鱼类来说是非常重要的信息。人类活动造成水量时空分布改变，往往破坏了水量时空分布与生态系统的和谐关系。人类对径流的影响往往表现在水量的减少。河道流量减少的最直接效应是流速降低、水深变小和水面面积减少。流速降低造成水流挟沙能力的减小，造成河道淤积，改变河床形态。河流形态的变化会潜在地影响河流生物的分布和丰富度。流速的降低还可能影响像鱼类产卵这样的生理活动。河道流量的减小还造成低水流量时间变长，进而改变了水生栖息地的环境，对物种分布和丰富度产生长期影响。水深和水面面积的减少，造成水生生物栖息地总面积减少。这些影响往往造成生物的数量减少。

(2) 水位

河流中某一标准基面或测站基面上的水面高度，叫作水位。水位高低是流量大小的主要标志。流域内的降水和冰雪消融状况等径流补给是影响流量，同时也是影响水位变化的主要因素。但是，其他因素也可以影响水位变化，例如流水侵蚀或堆积作用造成河床下降或上升河坝，改变了河流的天然水位情势。河中水草或河流冰情等使水流不畅，水位升高入海，河流的河口段和感潮段由于潮汐和风的影响而引起水位变化等等。可见，水位变化是多种因素同时作用的结果。这些因素各具有不同的变化周期，如流水侵蚀作用具有多年变化周期，径流补给形式的变化具有季节性周期，潮汐影响具有日变化周期等等，因而，河流的水位情势是非常复杂的。河流水位有年际变化和季节变化，山区冰源河流甚至有日变化。水位变化具有重要的实际意义，根据水位观测资料，可以确定洪水波传播的速度和河流水量周期性变化的一般特征。用纵坐标表示不同时间的水位高度，用横坐标表示时间，可以绘出水位过程线。通过分析水位过程线，可以研究河流的水源、汛期、河床冲淤情况和湖泊的调节作用。

河流的水位有着重要的生态学意义。水位影响河流的水面面积、水体体积和生物的生存空间。在洪水高水位的条件下，河流与湖泊、岸滩、洪泛区的联系更加密切。四大家鱼的洄游对洪水上涨的过程都很敏感，它们一般只有在江水上涨的情况下才能产卵。

(3) 泥沙

泥沙是改变河床形态的物质基础，沙量的多少、颗粒的粗细影响着河床变形的方向，不同的水沙组合特征决定了河床的平面形态和断面特征。河流输沙量及其时空变化在河流地貌的形成和演变过程中起着重要的作用，同时河流中携带的营养物质与泥沙对于生物群落的发育和演替有着深刻的影响。

①输沙的年内和年际变化

绝大多数输沙的年内变化过程与流量过程相应，河流含沙量与输沙量的峰值出现在汛期，沙峰大致就在洪峰时段上，相应的枯季输沙量少。输沙在年内分配具有高度集中和极不均匀的特点。如长江径流量和输沙量主要集中在5—10月，占全年的70%以上，而11月、12月和1—3月径流量和输沙量均很低。

输沙的年际变化与自然因素（如降雨雨量、雨强及地区分布）和下垫面条件地貌类型、岩性、土壤种类等有关，同时还受人类活动的影响。参考长江宜昌站年径流量和输沙量的历年变化过程线，发现该站水、沙量变化过程基本一致，但输沙量年际间变化幅度较大，年输沙量最大的1954年与最小的1994年的比值达到了11.6。同时注意到，近年来输沙过程与流量过程之间发生了一定的偏移，表现为输沙的减少。其原因主要可以归结为两方面：一方面是水保工程的拦沙作用，各种拦沙工程（加坡面上的梯田）减少坡面侵蚀，拦截上游的来水来沙，减小泥沙的归槽率，从而减少流域的泥沙输移；另一方面是河道上兴修水利工作发挥的拦沙效应，1990—1999年长江上游新增大型水库库容约175.3亿m^3时，约为90年代前长江上游已建大型水库总库容的近2倍。

②输沙的沿程变化

河流中的泥沙主要来自上游河段的输移和本河段内河床和边界的供给，因此河段内的泥沙运动必然同它河段内的泥沙运动紧密相连。在河流中上游、中游和下游河段表现出不同的输沙特性。

河流输沙的沿程变化，尤其是泥沙在区域输移的变化，是决定着河段的冲淤和演变的重要原因。随着长江三口的逐渐淤积萎缩，分沙比的减小，洞庭湖的沉沙功能逐渐减弱，洞庭湖淤积量的减少打破了中游长期的输沙平衡。长江中游泥沙输移规律发生了调整，表现为泥沙淤积向干流螺山－汉口河段的转移，该河段发生累积性泥沙淤积。这种区域泥沙输移的变化加剧了干流和洞庭湖区全局性水患。

水体含沙量是河流生态系统重要的非生物因子，它对于水生植物的生长，及水生动物的产卵繁殖、生长发育、觅食等多方面产生影响，甚至直接关系到水生动植物的生存。

一旦河流的含沙过程发生巨大的变化，其生态效应即在短期内体现出来。含沙量剧增将减少水体透明度，减少浮游生物的数量，甚至威胁到一些鱼类的生存。同样，含沙量剧减，将增加水体的透明度，有利于水生植物的生长，但同时使得一些浮游动物减少了庇护，增加了其被捕食概率，不利于其生物种类和数量的维持。由于细颗粒泥沙富含大量有机物和矿物质，一些生物在某些发育阶段对这些物质非常敏感，泥沙含量的大量减少将使得它们的卵或幼虫死亡率增加。

河床冲刷和淤积是在河流的水流泥沙作用下，河床发生的剧烈变化，它对生态系统直接作用效应可以分为两类。一类是直接作用于生物。冲刷将破坏河床床面结构，引起河床粗化，对水生动植物产生直接的破坏，以水库下游的河床冲刷为例，冲刷将破坏坝下游水生植物区，导致整个植物的剥离和根除、根的暴露。在水流直接作用下，水底无脊椎动物向下游推移，鱼类产卵场破坏，大量的鱼苗被激流冲走。同样大量的泥沙淤积，将加大对鱼卵的覆盖作用，使孵化率大幅度下降。

另一类是改变生物十分敏感的生存条件。冲刷引起的河床粗化，使许多水生动物失去了隐蔽场所，泥沙淤积掩埋了水底石砾、碎石及水底其他不规则的类似物，从而破坏了鱼苗天然的庇护场所，而庇护场所是鱼苗借以躲避敌害、提高成活率的有效保证。大量实验表明，河床剧烈冲淤变化对水中的底栖生物、鱼卵及鱼苗等有不可估量的影响。

(4) 水文特征

①河流径流及其分配

河流的径流具有显著的、与一般的气候年变化有关的周期性。

年内分配径流情势在年内反映出洪水、枯水季节交替出现的规律。在河流中春汛的洪水波、枯水期的小流量、秋汛、冬季的低流量等现象的范围及其随时间变化呈现出一定的规律。其年内变化又可称为年内分配，即一年内总水量按各月的分配。径流的季节分配主要取决于补给源及其变化，我国大部分地区都以雨水补给为主，径流的年内变化主要决定于降水的季节变化，因此径流季节性变化剧烈，有明显的汛期和枯水期。汛期河水暴涨，容易形成洪水泛滥枯水期水量很小，水源不足。

径流年内分配有着重要生态意义。径流年内分配的变化使得各种生物不同生长周期所需水文条件改变，最终适应这种水文条件的生态系统受到破坏。径流年内的不同分配为水生生物提供适宜的栖息地，而改变年内分配则会对生态系统稳定带来影响，如长时间的小流量导致水生生物聚集植被减少或消失，植被的多样性消失外来生物容易入侵，威胁土著物种，改变种群组成减少水和营养物质进入河漫滩等。而如果延长淹没时间，植被功能发生变化对树木有致命的影响水生生物的浅滩生境消失等。

年际变化河流水情的周期性多年变化规律也是决定河流生态系统的特征和生物多样性的重要因素。年径流多年变化规律对研究确定水利工程的规模和效益提供了基本依据，同时对中长期预报及跨流域引水也十分重要。年径流的多年变化一般指年径流年际间的变化幅度（简称年际变幅）和多年变化过程两方面。年际变幅通常用年径流变差系数（C_v）、实测最大年平均流量与最小年平均流量比之（简称年际比值）来表示。而多年变化则包括年径流丰、平、枯水的特征及其循环。

年径流的 C_v 值，反映一个地区年径流相对变化程度。C_v 值大，表明年径流的年际变化剧烈，不利于水资源的利用；C_v 值小，表明年径流的年际变化缓和，有利于水资源的利用。影响 C_v 值大小的因素主要有年径流量的多少和补给来源。C_v 值一般随径流量的增大而减小。

C_v 值是河流水文生态系统脆弱性评估的重要指标之一。C_v 值在流域水系中的变化规律及与生态系统和种群结构有密切的关系。C_v 值在不同级别河流中的空间变化是生态条件的一种指标，随着河流级别的增加，C_v 值变小。

河流年际变化对于生态系统同样有着重要的意义。对于物种的补充来说，一些植物需要长时段的夏季低流量来播种和补充含种子的泥土；另一些植物，如杨木，则需要结合一些极端水文年的组合。大洪水提供了有新鲜泥土的平原，接着几年的小流量使树苗能够长大以不至于被下一场洪水冲走。这种极端水文年的组合具有一定的恢复功能，如特大洪水能够通过冲刷淤沙，恢复长期废弃的河道。

②洪水

洪水是一种峰高量大、水位急剧上涨的自然现象。洪水给人类正常生产生活带来了损失和祸患，但与此同时洪水又是河流的必要组成部分。在一般情况下，河流决定着洪水的行进方向，而洪水有时又要冲刷或淤积河床，甚至让河流改道。自然洪水的存在对生态系统有其积极的意义。正是在河流与洪水的相互影响、相互作用下，河流生态系统才得以逐渐进化，生物多样性才得以不断丰富，生态环境也才不断朝着有利于人类生存与发展的方向演替。

一般可以根据河流的水情和防洪水平，将洪水划分为一般洪水、较大洪水、大洪水、特大洪水、罕见特大洪水等。小洪水在半干旱地区的干旱季节有着重要的生态意义。它刺激着鱼类的产卵，改善水质、输沙（以提高河床形态的多样性，有利于水流的变化）。它们重新设定了一系列的河流条件，引发了上游鱼类和植物种子的迁移。大洪水同小洪水一样，同样能引发一系列的生态响应。除此之外，它提供了冲刷的水流，直接影响着河床形态，它能输送粗细颗粒泥沙，并在冲积平原上淤积淤泥、营养物、动物的卵、植物的种子等。它还能淹没死水区和分支河道，促发许多物种的生长，同时能对河岸重新湿润，淹没滩区，冲积河口淤积等。

洪水发生的时间与一个流域的气候条件密切相关。不同流域的洪水发生的时间存在一定的差异。如长江中下游干流受两湖水系及上游来水影响，洪水发生规律，汛期为5-10月；黄河下游的大洪水则出现在7月中旬至8月中旬；汉江洪水最早出现在4月中下旬，为桃花汛。在同一流域，由于气候和地域的差异，洪水的出现时间也存在差异。以长江为例，一般是中下游洪水早于上游，江南早于江北岸。生态系统中的动植物适应于河流洪水自然季节性变化的生活周期，如许多植物适时开花，适时传播，适时发芽和适时生长，形成了相应的“气候关系”。

自然洪水历时和涨落特征取决于流域的降雨过程和河流地形地貌条件洪水的涨落速率与其历时关系密切，一般而言洪水的历时较长，则表现为洪水的涨落平缓，反之如果洪峰流量大，洪水历时短，则表现为陡涨陡落。受降雨和地形地貌的影响，山区洪水一般表现为陡涨陡落，平原河流所流经的地区坡度比较平缓，河槽两侧又有广阔的河漫滩，降雨以后，汇流时间长，洪峰在传递过程中因槽蓄作用不断削平，加上大面积的降雨分布不均，支流汇流时间有先有后，因此其起涨和回落都比较平缓，持续时间长。长江中下游各支流，一次洪水过程历时一般在10天左右，干流因汇集于上游宜昌站的来水，经湖泊、河槽调蓄作用，一次洪水过程历时较长，荆江沙市站在30天左右，城陵矶50天左右。洪水的频率和持续时间以及水深，对河滩地都具有重要意义。洪水过程消失，洪水期滩地得不到洪水泛滥时水源补给，两岸湿地面积变小，降低了河滩地淹没的持续性和频率，导致生物产物的脱水和减产。河滩地失去了自己的农业和渔业作用，这将会对某些洄游性鱼类的产卵繁殖造成极大的破坏，导致鱼类产卵、孵化和迁徙激发因素中断；鱼类无法进入湿地或回水区；改变了水生生物的食物网结构；岸边植被复原能力降低或消失；植被生长的速度减缓。但洪水历时过长也会带来一定的灾害。对于河流漫滩植物而言，洪水历时越长也就意味着其淹没的时间越长，其根部出现缺氧情况越严重，洪水历时过长就会导致其根部腐烂，漫滩植物衰亡。

洪峰是表征洪水大小的重要特征值。对于一般河流来说，在没有或很少区间水加入的情况下，由于河道槽蓄作用的影响，洪峰流量总是沿程递减的，而且通常是洪水过程线越瘦，递减也越大。而对于有区间入汇的情况，由于不同地域的洪水遭遇，则会出现洪峰的叠加，洪峰流量沿程增加。洪峰大小决定着进入河流两岸滩地的流量，对于漫滩各种栖息地的塑造起着重要作用。

③枯水

流域内降雨量较少、通过河流断面的流量过程低落而比较稳定的时期，称为枯水季节或枯水期，其间所呈现出的河流水文情势叫作枯水。枯水期的河流流量主要由汛末滞留在流域中的蓄水量的消退而形成，其次来源于枯季降雨。枯水期的起止时间和历时，完全决定于河流的补给情况。如雨水补给的南方河流，每年冬季降雨量很少，所以雨水补给的河流每年冬季经历一次枯水阶段。以雨水融合补给的北方河流，每年可能经历两次枯水径流阶段，即一次在冬季，主要因降水量少，全靠流域蓄水补给另一次在春末夏初，因积雪已全部融化，并由河网泄出，夏季雨季尚未来临而造成的。各河的枯水径流具体经历时间决定于河流流域的气候条件及补给方式。

枯水期的水量同样对水生生物有着重要的影响。长时间的小流量将会导致水生生物聚集；植被减少或消失；植被的多样性消失；植物生理胁迫导致植物生长速度较低；导致地形学的变化。改变淹没时间会改变植被的覆盖类型。延长淹没时间植被功能发生变化；对树木有致命的影响；水生生物的浅滩生境丧失。根据三峡工程的蓄水方案，进入月份后，水库开始蓄水，使得枯水期提前，对渔业资源可能造成了两方面的不利影响：一是缩短鱼类肥育生长期。因枯水期提前，水位降低，水量减少而造成鱼类天然饵料的相应减少；二是对主要经济鱼类越江过冬将造成较大影响。按常规，春季江中鱼类入湖肥育，秋季湖中鱼类下江越冬，大量鱼类亲体得以保存下来。枯水期提前到达，极有可能造成下江亲体数量减少。

(二) 水力学要素

水力学要素对河流生态系统也具有重要的作用。

Vogel 水力环境理论中定义了对水生生物具有重要影响的水力学要素，如流速、弗劳德数 (水流自身动能与势能的相对比例)、雷诺数 (水流的惯性力与黏滞力之比)、水力半径等。

河道形态要素反映水生生物的生存空间，同时可以反映河道冲淤变化，河道形态要素与一定的水文过程相对应，在来水流量不同的情况下，水生生物对水力学要素的要求也不同。河渠形状的变化会改变水流速度特性，从而改变河流容纳鱼类生存的潜力。研究表明，栖息地是河流中水生无脊椎动物和鱼类的丰度和分布的重要决定因素。

描述河流能量变化的要素中，流速是十分重要的指标。流速指水质点在单位时间内移动的距离。它决定于纵比降方向上水体重力的分力与河岸和河底对水流的摩擦力之比，可以运用等流速公式。河流中流速的分布是不一致的，在河底与河岸附近流速最小，流速从水底向水面和从岸边向主流线递增。流速对河流生态系统有重要作用。对于河流水生植物群落，水力条件是影响其群落组成成分的重要因子，流速过大，常使许多种类 (特别漂浮植物不能生存)，而在湖泊及缓流水域中，水流的影响较小，水生植物大量生长。一般来说，水流状况对挺水植物影响较小，而对浮水及沉水植物影响较大。河流的水力条件直接关系到水生动物的产卵、繁殖、生长、捕食等生命过程，最终影响着水生生物的分布、种群形成、年龄结构、数量变动等。水流速度表示了传送食物和营养物质的一种重要机制，然而也限制了生物体继续生存在河流段落中的能力。以鱼类为例，水流能够刺激鱼类的感觉器官，使其产生相应的活动方式及反应。如丰水期高流量对很多物种迁徙时间和许多鱼类产卵会起到提示作用。极端的低流量或许会限制幼鱼的产量因为这样的流量经常发生在新苗补充和生长时期。

(三) 河流水质要素

河流水环境是生物赖以生存的重要条件之一，与此同时河流生物又表现出较强的污染物降解和净化功能。河流水环境和生态系统之间表现出紧密的作用和联系。河流水质要素主要包括水温、溶解氧、pH 值、电导率、含盐率、氨、氮等。

(1) 水温

河水热状况的综合标志是河水温度。河流的补给特征是影响河水温度状况的主要因素。河水温度随时间而变化，还随流程远近而发生变化。流程愈近，水温与补给水源的温度愈接近流程愈远，水温受流域气温状况的影响则愈显著。

水温是评价水库对于下游水下生境影响的重要水质参数。实际上，在很大程度上许多重要的物理、化学和生物过程都受河水温度的影响。河流里的水温具有高度季节性变化和日变化，它影响鱼类的繁殖、水生植物生长和水中氧气的含量，由于水的密度特征，冬季可以保护河流中生物，冰的导热性差，可以保护河底不被冻透。对生物生存、洄游、产卵、孵化、水质影响具有保护作用。不同鱼类的繁殖对水温的要求非常严格，像四大家鱼产卵的温度在18–26℃之间，主要在21–24℃水温条件下产卵。水库对水温的调节减弱了这样的季节性变化，水库下游的水温，在夏季比天然条件下的低，在冬季则比天然条件下的高，对于许多水生昆虫的羽化、产卵和中断滞育的信息系统具有特别不利的影响，同时对水温十分敏感的水生生物的生长、繁殖带来不利影响。

(2) 溶解氧

水中溶解氧来自水生植物光合作用和空气中氧气的溶解，河流溶氧是衡量河流水质的最重要的综合指标之一。

溶解氧直接影响水生生物的生存，当溶解氧低于3–4Mg/L时，水中缺氧使鱼类窒息死亡，甲壳类动物、轮虫、原生动物和好氧生物无法生存溶解氧的降低可能会影响沉水植物的繁殖生长，并因此在沉水植物的退化或消亡，以及在沉水植被恢复过程中起到重要的作用，水中溶解氧的缺乏也会影响污染物质的降解和转化，造成水体自净能力降低。

(3) 生物盐

水中生物盐是生物生长的必须物质。营养升高促进藻类和大型水生植物之间的竞争，同时高营养本身也对水生植物产生胁迫，从促进植物生长，消除植物生长的营养限制，到最终抑制植物生长的过程。过量的营养盐如氮盐、磷盐的分布会造成水体富营养化，使得水生植物如藻类疯长，引起水化现象，导致水质恶化。

二、河流生境特点

(一) 水—陆两相和水—气两相的联系紧密性

河流是一个流动的生态系统，水—陆两相联系紧密，是相对开放的生态系统。水域与陆地间过渡带是两种生境交汇的地方，由于异质性高，使得生物群落多样性的水平高，适于多种生物生长，优于陆地或单纯水域。另外，河流又是联结陆地与海洋的纽带，河口三角洲是滨海盐生沼泽湿地。

由于河流中水体流动，水深又往往比湖水浅，与大气接触面积大，所以河流水体含有较丰富的氧气，是一种联系紧密的水—气两相结构。特别在急流、跌水和瀑布河段，曝气作用更为明显。与此相应，河流生态系统中的生物一般都是需氧量相对较强的生物。

(二) 上中下游的生境异质性

我国的大江大河多发源于高原，流经高山峡谷和丘陵盆地，穿过冲积平原到达宽阔的河口。上中下游所流经地区的气象、水文、地貌和地质条件有很大差异。以长江为例，长江流域地势西高东低呈现三大台阶状。长江流域内的地貌类型众多，据统计，流域的山地、高原面积占全流域的71.4%，丘陵占13.3%，平原占11.3%，河流、湖泊等水面占4%。形成峡谷型河段、丘陵型河段及平原型河段。与长江干流相连的湖泊众多。长江流域为典型亚热带季风气候，流域辽阔，地理环境复杂，各地气候差异很大，且高原峡谷河流两岸常有立体气候特征。流域内形成了急流、瀑布、跌水、缓流等不同的流态。

河流上中下游有多种异质性很强的生态因子描述的生境，形成了极为丰富的流域生境多样化条件，这种条件对于生物群落的性质、优势种和种群密度以及微生物的作用都产生重大影响。在生态系统长期的发展过程中，形成了河流沿线各具特色的生物群落，构成了丰富的河流生态系统。仍以长江流域为例，流域大部分处于中亚热带植被区，介于暖温带和南亚热带之间，并有青藏高原高寒植物和垂直地带性植物，种类极为丰富。在我国植物3980个属、近3万种种子植物中，长江流域的植物分别占属的2/3和种的1/2。长江流域在世界大陆动物区系中，分属古北界青藏区、东洋界西南区和东洋界华中区三大区。生活着白唇鹿、藏羚羊、野耗牛、麋鹿、华南虎、石貂以及大鲵、丹顶鹤等多种动物。珍稀动物就有大熊猫、白鳍豚、中华鲟等22种。其中，中华鲟是溯源产卵洄游鱼类，每年秋季从大海逆流而上到长江上游产卵，幼鱼顺江游到大海。

(三) 河流纵向的蜿蜒性

自然界的河流都是蜿蜒曲折的，不存在直线或折线形态的天然河流。在自然界长期的演变过程中，河流的河势也处于演变之中，使得弯曲与自然裁弯两种作用交替发生。河流的蜿蜒性使得河流形成主流、支流、河湾、沼泽、急流和浅滩等丰富多样的生境。由于流速不同，在急流和缓流的不同生境条件下，形成丰富多样的生物群落。

(四) 河流断面形状的多样性

自然河流的横断面也多有变化。河流的横断面形状多样性表现为非规则断面，也常有深潭与浅滩交错的布局出现。自然界的河流处于浅滩的生境，光热条件优越，适于形成湿地，供鸟类、两栖动物和昆虫栖息。积水洼地中，鱼类和各类软体动物丰富，它们是肉食候鸟的食物来源，鸟粪和鱼类肥土又促进水生植物生长，水生植物又是植食鸟类的食物，形成了有利于珍禽生长的食物链。而在深潭里，由于水温、阳光辐射、食物和含氧量沿水深变化，在深潭中存在着生物群落的分层现象。

(五) 河床材料的透水性

由悬移质和推移质的长期运动形成了河流动态的河床。除了在高山峡谷段的由冲刷作用形成的河段，其河床材料是透水性较差的岩石以外，大部分河流的河床材料都是透水的，即由卵石、砾石、沙土、黏土等材料构成的河床。具有透水性能的河床材料，适于水生和湿生植物以及微生物生存。不同粒径卵石的自然组合，又为鱼类产卵提供了场所。同时，透水的河床又是联结地表水和地下水的通道，使淡水系统形成整体。

三、人类活动对河流生态系统的影响

(一) 河流生物群落与河流生境的关系

野生动物栖息地可以为某一动物个体、种群或群落提供生活所需要的空间场所，非生物环境作为其重要组成，是动物生存的首要因素。不同的生物以及在不同生长阶段的同一种生物对生境要素都有不同的要求。

(1) 生物群落与生境的统一性

有什么样的生境就会造就什么样的生物群落，二者是不可分割的。如果说生物群落是生态系统的主体，那么，生境就是生物群落的生存条件。一个地区丰富的生境能造就丰富的生物群落，生境多样性是生物群落多样性的基础。因此，作为重要的生态因子，河流水文、水力学、水质要素具有的自然状态下的变化性造就了河道内外类型丰富的栖息地环境，促进了水域生物群落的多样化。对于很多河流生物而言，为了完成生命的循环与不息，生境也应处于不断的演化、更替当中。

(2) 生物群落与生境的适应性

在生物群落与生境之间是一种物质、能量的供需关系，在长期的进化过程中也形成了相互适应的能力，使其具有自我调控和自我修复功能。对于很多河流生物而言，为了完成生命的循环与不息，生境也应处于不断的演化、更替当中。Greenberg等认为，正是由于河流系统中生物群落对栖息地环境不断变化的适应能力，使得它们能够面临更加恶劣的水文现象，如洪水和干旱。因为这样的极端水文状况尽管会破坏原有的生境，但又会重新形成和发展新的栖息地环境。水体自我修复能力，也是河流生态系统自我调控能力的一种。由于具有这种自我调控会自我修复能力，才使河流生态系统具有相对的稳定性。

(3) 生物群落与生境的整体性

从生物群落内部看，完整性是生态系统结构的重要特征。一旦形成系统，生态

系统的各要素不可分割而孤立存在。如果硬性分开，那么分解的要素就不具备整体性的特点和功能。在一个河流淡水水域中，生境与生物以及各类生物之间互为依存，互相制约和影响，形成复杂的食物链或网结构。研究表明，一个生态系统的生境越丰富，生物群落多样性就越丰富，即食物链越复杂，其结构形成三维的食物网状结构，生态系统的稳定性比简单的直线型食物链要高得多，其抵抗外界干扰的承载力也高得多。另外，从生物群落多样性角度看，一个健康的淡水生态系统，不但生物物种的种类多，而且数量比较均衡，没有哪一种物种占有优势，各物种间既能互为依存，也能互相制衡，使生态系统达到某种平衡态即稳态，这样的生态系统功能是完善的。反之，如果一个淡水生态系统的生物群落内比例失调，会造成整个系统的生态失衡，恶化河流生境，致使河流生境多样化降低。

四、人类活动对河流生态系统的胁迫

近一百多年来人类利用现代工程技术手段，对河流进行了大规模开发利用，兴建了大量工程设施，不仅改变了河流的地貌学特征，而且也显著地改变了河流情势。有学者估计，至今，全世界有大约超过60%的河流经过了人工改造，包括筑坝、筑堤、自然河道渠道化、裁弯取直等。一方面，这些工程为人类带来了巨大的经济和社会效益，另一方面却极大地改变了河流自然演进的方向。

(一) 胁迫类型

水文水利工程的兴建造成对河流生态系统的胁迫主要有以下两种类型：

(1) 河流渠道化

所谓渠道化（channelization）。就是为了防洪的目的，在整条河流或某一河段用人工的手段进行取直、加宽、挖深或衬砌等。一条典型的河流，水陆交错，蜿蜒曲折，为众多的河流动物、植物和微生物创造了赖以生长、生活、繁衍的宝贵栖息地。人们对原始的河流进行了裁弯取直、河道衬砌等改造工程，使河道的深潭与浅滩、急流和缓流丧失，河道断面呈现均一化和水流均匀化。渠道化改变了河流的物理特性，使河流的生命、生态系统受到威胁，一些水生生物面临种群灭绝的危险。

(2) 河流连续性受到破坏

河流连续体概念（River Continuum Concept，RCC）是Vannote等以北美自然未受扰动的河流生态系统的研究结果为依据提出的，它是河流生态学中最重要的概念，代表着河流生态学取得的重大进步。这一概念不仅阐述了流域、泛洪平原和河道系统的连续性，而且也描绘出了从河源到河口生物群落的发展和变化规律。

渠道或改造过的河道断面、江河堤防采用人工材料对岸坡进行硬质化处理，或在河道中修建大型水文水利工程，如水闸、大坝、泵站等，这些工程切断了河流各部分之间的紧密联系，使河流的四维空间连续性遭到破坏，进而将影响到河流的物理水质指标和化学指标、河流的泥沙淤积、河流栖息地生物移动和河流鱼类洄游等。

同大坝上游未整治河流相比，下游的流量、温度、基流变化以及值得注意的一些其他变量，在生物模式中都发生了重要的变化。基于人类活动的干扰作用，Ward 和 Stanford 在 1983 年提出的“序列不连续体概念”（Serial Discontinuity Concept, SDC）。序列不连续体概念的目的是解释大坝对河流生态系统结构和功能所产生的相关效应，根据“不连续体的距离”“参数强度”等特定的参数，可以对工程措施引起的河流生态系统的生态反应进行预测。SDC 将把大坝看作最典型的干扰事物，认为大坝是造成河流连续体分裂并引起非生物和生物参数与过程在河流上游—下游之间变化的不连续体。

（二）胁迫内容

大坝是近代人类活动显著影响河流生态系统的一个典型，以下将主要讨论水库对河流生态系统的影响。

在河流筑坝蓄水后，河流将产生一系列复杂连锁反应改变河流的物理、生物、化学因素。

第一级影响是大坝蓄水影响能量和物质流入下游河道及其有关的生态系统，对非生物环境产生影响，它是导致河流系统其他各要素变化的根本原因。主要是河流水文、水力、水质的变化，具体表现在：河道下泄流量减少、相应流量变化、淹没范围、历时和频率的变化；水库拦沙使得下泄泥沙含量减少，浑浊度降低；水库及下泄水体溶解氧含量、氮含量、pH 值、营养物等的改变。

第二级的影响是局部条件变化引起生态系统结构和初级生物的非生物变化与生物变化。主要是河道、洪泛区和三角洲地貌、浮游生物、附着的水生生物、水生大型植物、岸边植被的变化，具体体现在：河道的冲刷或淤积抬高；污染物含量增加导致浮游生物数量的增加；附着水生生物数量的增加；带根植物和漂浮植物数量的增加；洪水减小使依赖于洪水变动的物种受到负面影响，洪泛区内营养物补充减小会使土壤肥力减小。

第三级的影响是由于第一、二级变化的综合作用，使得生物种群发生了变化，它直接决定河流生态环境的健康程度。主要是无脊椎动物、鱼类、鸟类和哺乳动物的变化，体现在：水情和物理化学条件（如水温、浑浊度和溶解氧）的变化使得微型无脊椎动物的分布和数量发生显著变化（通常是种类减少）；由于洄游通道被堵以及水情、物理化学条件、初级生物和河道地貌等发生变化，鱼的数量显著变化；因洪泛区动物栖息地环境的变化和河道通路阻断引起鸟和哺乳动物数量的变化。如三峡工程建成后，就白鳍豚来说，由于水库蓄水后清水下泄河床冲刷，中下游栖息水域改变，白鳍豚的分布范围缩小155公里，意外死亡、事故概率增多。10月份水库蓄水，葛洲坝下游水位下降，江面变窄，产卵场面积相应减小，不利于产卵和发育幼鱼，同时船舶增多，对亲鱼噪声干扰加剧，机械损伤概率也增多。对四大家鱼来说，如果水库调度不考虑家鱼繁殖要求，宜昌至城陵矶江段的家鱼繁殖将受到严重不利影响，鱼苗在中下游将减少50–60%，进入洞庭湖鱼苗的减少幅度则更大。水库调蓄使洞庭湖提前一个月进入枯水期，鱼汛提前，鱼产品的数量与质量亦将下降。

河流系统响应的三个层次表现出层层递进的关系，其中水文水力学条件变化是系统变化的因，河流生态环境变化是果。

第五节　大型水利工程对河流生态系统的影响

水能作为一种可再生能源，伴随着社会经济的高速发展和人类对水资源开发利用需求的不断增大，大江河流上筑建的大坝和水库越来越多，满足了人类对于供水、发电、灌溉、防洪等方面的需求，但在造福人类的同时也影响了河流的天然生态系统和环境，如使河流连续性发生变化、河流环境受到影响或水生物环境遭到破坏等等，这些改变必将对流域及河流生态系统造成深刻且长远的影响。然而由于世界能源的趋紧，为满足社会的发展水库大坝的修建又是不可避免的。因此，只有充分地认识和理解水利枢纽工程对所控河流水文情势和环境的影响，才能正确地对待和治理现如今显现的河流生态问题、维持河流生态系统的健康生命、实现人水和谐，这同时也成为了国内外学者研究的焦点和重点。

随着大坝带来的经济效益的不断体现，大坝对生态的影响问题也变得越来越突出。大坝工程的修建造成水库淤积，影响了周围的生态环境，对水文过程带来变化，减少了河流、流域片段的链接，改变了水体的水文条件，河流的天然状态也发生了较大变化，上游库岸侵蚀，下游河道形态改变，水质下降，阻隔洄游通道，同时还打破了河流生态环境的初始性和稳定性。这些缓慢而长期的影响，会破坏水生栖息地，最终使浮游动植物、水生植物、底栖无脊椎动物、两栖动物和鱼类都发生不同种类的变化，导致种群数量减少，基因遗传多样性丧失，种群结构简化，生物多样性降低，还可能会改变物种的组成和丰度，许多敏感水生生物种群甚至面临灭绝的边缘。

一、水利工程的河流生态效应中非生物环境影响研究

水利工程的河流生态效应中，非生物环境影响研究主要表现在两个层面：第一个层面是反映在河流生态系统的河道径流、泥沙特性、水质等非生物环境要素，具体表现在河道下泄流量、河道水深、含沙量、水温、溶解氧含量、有机物质含量、pH 值、营养物质含量等的改变；第二个层面是反映在水利工程长时间运行后对上游库区淤积、库岸侵蚀和河道形态的影响。两个层面的共同作用影响了河流生态系统的天然性和整体性特征。

（一）水利工程对第一层面的非生物环境影响研究

（1）对河道径流的影响

天然河流的径流变化是季节性的，毫无规律，而大坝蓄水后人工调节作用的产生，彻底颠覆了河流的原始径流模式，转变成为有目的的调蓄径流模式。实现了防洪、发电、灌溉、调水的综合功能。

①防洪。汛期，大坝可拦截洪水，进而消减了洪峰、发洪频率降低，截滞洪水于水库内，有利于减轻下游大坝的防洪负担，大大减少了洪泛造成的人员伤亡和财产损失，避免了河道干涸，降解了有毒有害物质，通过合理的调节水量，同时解决了枯水期的旱灾问题，实现了人们多年期望的掌控淡水资源、与洪水和谐共存的优良局面，进而改善了人们的生活质量和居住环境，有助于和谐社会发展目标的顺利完成。②发电。发电型功能水库调蓄水量是根据下游的需电量为指导依据，与天然降水无关，因此下泄流量的变化是因发电量而异的，河道水位和流速自然也是随之呈波动状态变化。③灌溉。大坝拦截的大量水体可供往各个种植区的作物灌溉，充足的灌溉用水有助于规划用地、促进劳作积极性、提高粮食产量，从而缓解灾害地区的灾情。民以食为天，充足的灌溉用水才能保障人民安居乐业，保障社会的可持续性和谐发展。④调水。我国的淡水资源分布不均，使得地区水资源供求矛盾不断加深。大坝的建设缓解了这一问题，通过各个大坝的联合调水措施解决了我国水资源时空分布失衡的难题，充分实现水资源的优化配置，促进河流生态系统服务功能的全面发展。

（2）对河流泥沙特性的影响

天然的河流中夹带着大量的泥沙从发源地流向入海口，泥沙在中途流速小的区域沉积下来填补河床避免冲刷，并在河岸沉积形成冲积平原和在入海口淤积形成三角洲保护内陆，而冲积平原和三角洲是人类的重要发展资源，许多产量丰硕的农耕区和高品质油气田都散布在三角洲区域。水利工程的建成蓄水后，拦截了大量泥沙在库区堆沉淀积，下泄的水量中携带的泥沙含量大大减少，而且颗粒一般较细；下

泄的“清水”容易对下游河床造成冲刷，河道形态发生变化；下游河道年含沙量降低，使得水生生物的栖息地环境遭到破坏；河流输沙的功能减弱，使得河岸无法形成冲积平原、河湖交汇处或入海口无法形成三角洲等宝贵资源。

(3) 对水温及水质的影响

大坝拦截了径流流量，蓄积在水库中，流水变为了止水，随着库区水深增加，水温、有机物质分层现象显著，水温与水深呈负相关趋势发展。库区表面的水温升高和水的长时间滞留，以及大坝拦截的有机物质和营养物质富集可诱发浮游植物大量繁殖，导致大坝水库富营养化。库区水域的大量水生植物进行光合作用消耗了大量的氧气，使得水体溶解氧含量降低，同时光合作用产生的大量二氧化碳和大量的有机物质富集，致使水体呈酸性，pH 值降低。同时由于大坝的拦截作用，泥沙的运输、污染物质的转移和降解受到了限制，水体浑浊度增加，污染程度高。水温分层、水体富营养化、pH 值降低和污染物质残余的综合作用导致库区水质变差，改变了库区水生动植物的生活环境，影响生态系统平衡。

(二) 水利工程对第二层面的非生物环境影响研究

水利工程的第二个层面影响可谓是间接性的，生态系统经过被大坝长时间的作用后产生的一系列影响。

(1) 对上游库区淤积和库岸的侵蚀

水利工程蓄水投入运行，开挖了大体积的库区对上游流量进行拦蓄，导致库前水深和库后水深落差增加，容易造成上游库区淤积和库岸侵蚀的不良现象。大坝最主要的不良影响就是拦截作用，长期运行后，大量的泥沙、有机物、污染物等淤积在大坝上游，改变了河流的天然生态系统状态，使得水温和有机物分层、溶解氧含量降低、pH 值降低、水库富营养化、污染物难以降解分离，水质变差的同时引起多种生态环境问题，更威胁到生物种群的生存和繁衍、生物多样性的扩展和群落结构的丰富性。水库蓄水后，开挖的库岸初期会由于流入水流的冲蚀作用对岸边进行侵蚀，破坏原始的生态环境和土地形态，引起土壤流失并降低岸边植物防止库岸冲刷的功能，后期会由于库区大量的泥沙堆积作用形成新的库岸边线，且该边线会在水流冲蚀和泥沙堆积的共同影响下发生迁移。大坝的拦截改变了区域生态环境，库区水生动植物和库岸动植物的生活习惯都将引起巨大改变，对各类生物的生存和发展构成一定的威胁。

(2) 对下游河道形态的影响

在河流上加筑大坝，抬高了大坝上游水位，下泄的“清水”势能增加，剧烈冲刷了靠近大坝的下游河道和河岸，造成越靠近大坝，河道深度越深的趋势，从而降低了下游水位，容易引起下游干涸，河道和岸区的横向物质能量交换减少，洪泛区、湿地、沼泽的面积也将有所下降。伴随着径流对下游河道泥沙和其他沉积物的冲刷，泥沙和其他沉积物堆积在离大坝更远的下游河道，抬升了河床。由于下游水量的减少和输沙量的降低，丧失了冲积平原和三角洲等这类利于人类发展的地球资源，同时入海口的三角洲又是保护入海口淡水域和防止河岸侵蚀的最佳屏障。

不同的大坝功能和规模对下游河道形态的影响也有所不同。对于水电站来说，依据水库蓄调水能力分为径流式和调节式，径流式电站根据季节性径流变化发电，来多少排多少，调节式电站是根据需电量调节下泄水量，多蓄少补，但整体来说水电站的下泄水量是变化频繁的，变化频率的改变引起下游河道形态发生变化，下泄流量的突然增大或减少会造成河岸冲刷和侵蚀程度的强弱改变，不利于河内生境和河岸生境的维护，影响生物群落的栖息。对于供水大坝来说，下泄的水量是根据丰水期和枯水期调节的，丰水期大坝蓄水，枯水期向下游泄水，从而改变了下游河道的天然径流规律，使径流量始终保持在河流生态流量范围内，下游河流流速下降，对水生生物的产卵和繁殖造成威胁，生物多样性降低、生态完整性遭破坏。

二、水利工程的河流生态效应中初级生物影响研究

水利工程对河流非生物环境的河道径流、泥沙特性、水质的一系列影响和上游库区淤积、库岸侵蚀和河道形态的变化，直接引起了植物群落生长环境的巨大改变，严重威胁到植物群落的多样性特征。

(一) 对浮游生物和附生藻类的影响研究

(1) 浮游生物

浮游生物一般喜于静水或流速较慢的水环境生长。①坝前库区。大坝建造之前的天然河道往往地势较高，河道较窄，流速较快，不适宜该生物的生长，因此浮游生物种群结构较单一，种群数量较少。筑坝之后，拦截径流蓄于水库内，坝前水面流速降低近似于静水水域，导致浮游生物的大量繁殖；而水库淹没的树木、草、岩石、动物等大量的有机物分解，为浮游生物带来了大量的有机物和营养物质，为其生存和繁衍提供了丰硕的养分补给，为其规模的扩大提供了条件；有机物质分解生成的大量氮和磷，进一步对浮游生物的繁殖产生刺激，从而导致其数量呈指数型增长。②下游河道。大坝修筑后，下游河道的天然生境发生变化，伴随下泄流量的改变，河道内的流速、水温、含沙量、水质、有机物质等也发生着变化，不同的水文、营养物质、季节、水库运行条件都将从根本上影响着浮游生物的繁衍和结构。下游河道内的水深不及库区，流速相对库区来讲较快，营养元素也没有库区多，整体来

说下游河道内的浮游生物生境条件没有库区好，但其数量发展仍为增加趋势，且整条河道内的浮游生物种类会较多，结构更为复杂。

大坝的拦截作用改变了河流的天然生境，促进了坝前库区和下游河道的浮游生物增长，且其调蓄作用下泄的种群促进了下游浮游生物的多样性发展，最终引起被人为干扰（建坝）的河流内浮游生物种群结构和数量都将高于天然河流。

（2）附生藻类

附生藻类即附生于河床和河流内淹没物质上的藻类，包括水下石块、腐木和其他大型植物表面。筑坝后的河流，水质变清，阳光照射程度高，相对水温升高，流速减缓，有机物质含量增加等一系列变化为附生藻类的生长提供了条件，再加上平时水库岸边滑落库区的生物，和枯水期下游普遍水深的增加使淹没的生物增多，导致附生藻类的规模不断扩大。附生藻类肆无忌惮的生长会诱发河流内溶解氧含量的降低，水质变差，并散发出恶臭味，破坏生态环境；河床上的附生藻类繁殖，会阻碍河床的砾石运动，不利于水生动物的栖息和产卵，降低生物多样性。

（二）对大型水生植物的影响研究

大型水生植物包括除小型藻类以外的所有水生植物种群，主要包括水生维管植物。水生维管植物一般个头较大，顺着河心到岸边的顺序可分为四种植物类型，分别为沉水植物（如黑藻）、浮叶植物（如浮萍）、挺水植物（如芦苇）和湿生植物（如香蒲）。

大坝的拦截作用在一定程度上促进了大型水生植物的生长，这是由于库区内水质变好、浑浊度降低，促进了光合作用强度，水体营养物质和有机物含量增加，为其提供了更多的养料，加剧了大型水生植物的繁殖发育；另一原因，是由于减少了汛期流量对下游河道的冲刷，枯水期河道水深的保持也确保了河床的稳定性，从而减少了冲刷对大型水生植物水面下部分的影响，提高了其根的抓地性；再加上库区的类湖泊水环境和下游的河流水环境不同，下泄流量中夹带的有生长于库区内的大型水生植物物种，漂流到适宜它们生存的地带或冲积平原和三角洲区域，从而扩充了大坝下游大型水生植物的生物多样性。

大型水生植物的繁殖量过多也为生态系统带来了压力，也影响了人类的健康生活。大型水生植物的数量之多，造成散布区域面积大，促进蚊子肆虐生长，容易堵塞供水口阻碍灌溉和人类生活用水。大型水生植物的数量之多，亦消耗了大量的氧气，引起水体含氧量含量降低，影响其他水生动植物的生长。与此同时，大型水生植物的数量之多，破坏了底栖无脊椎动物、两栖动物、鱼类和岸边动物的活动场所，比如鱼类的迁移、鸟类的觅食、鳄鱼的栖息等，甚至导致物种生活习性的被迫丧失。

三、水利工程的河流生态效应中鱼类影响研究

水利工程的建成运行后，对鱼类的影响在时间的推移下缓慢而长期地被体现出来。鱼类从出生到繁殖，一系列的生物周期所需的生态环境的相对稳定，是保证鱼类生物种群生存和鱼类资源稳定的前提条件。大坝阻隔了鱼类的洄游和迁徙习性，使得鱼类生境破碎化，破坏鱼类的产卵和繁殖，引起种群的基因遗传多样性丧失，长期作用下会对原始物种的存亡造成威胁，种群结构改变，进而导致生物多样性降低。

（一）直接影响

水利工程的建造对河流的直接影响就是分割作用，是天然河道被分割为大坝上游、大坝库区和大坝下游，同时也分割了生态环境使其分散化，一条河流中出现了不同的水环境和生物群落分布和组成。对鱼类的直接影响表现在三个方面，分别为：

（1）洄游鱼类的阻隔

该方面的影响是最严重的。大坝的建筑破坏了河流的连续性，使极小长度的河段内产生了极大的水头差，阻碍了鱼类在河段内的迁移和产卵路径，对洄游性鱼类的洄游习性造成了影响，使其不能到达产卵场，有些甚至撞坝而亡，最终导致其产卵活动终止，严重威胁洄游鱼类的产卵繁殖，被迫改变已经习惯了的产卵区域和生存空间，甚至威胁到物种的存亡。

（2）物种基因交流的隔断

大坝破坏河流连续性的同时，原来连续分布的种群，被隔断为彼此独立的小种群，阻碍了水生种群之间的物种基因交流，造成物种单一性，改变物种结构，导致种群个体或不同个体内的基因遗传多样性的终极毁灭。

（3）对鱼类的伤害

鱼类游经溢洪道、水轮机组等大坝构造时，容易受到高压高速水流的冲击，造成休克、受伤，严重者甚至死亡。高水头大坝泄洪和溢流时，大量空气被卷入水中，造成氧气和氮气含量长时间处于超饱和状态，容易使鱼类诱发气泡病导致死亡，大大降低幼鱼和鱼卵的存活率，严重影响鱼类的生存和繁殖，造成鱼类资源的直线型下降。

（二）间接影响

水利工程建成后，水库开始蓄水，大量的来水积蓄在库内，破坏了上游河段、库区和下游河段的天然水文情势，从而间接地影响了鱼类的生活环境，引起鱼类种群结构、生物多样性的改变。

（1）水位的改变

大坝的建成，使得所控河流分为三个河段：上游自然河段、水库库区和水库下游河段。上游自然河段在上游没有水利工程影响的情况下，仍保持天然水流情势；水库对上游来水进行拦截，水位在库区逐渐上升，水库静水区面积增大，待汛期到来之际，水库届时将进行调蓄和泄洪，水位将发生频繁变化，且变化幅度也会增大；水库下游河段则由于库区不断的调洪作用，河流自然水位变动较为稳定，水位的变化幅度降低，年内年际变化水平趋小。水库下游河段自然水位变化趋于稳定，促使河流生境产生变化，那些对水流变化敏感的鱼类的栖息地将遭到破坏。

经水库蓄水和泄洪，水库下游河道的水位将发生剧烈变化，这些变化使得水流对河岸的冲刷和侵蚀越来越严重，使得鱼群已适应的休憩场所受到淹没或裸露，促使鱼类的生存环境恶化，轻者影响鱼类产卵、繁殖和生长发育，繁殖日期推迟，重者将导致鱼类性腺退化，鱼群数量急剧减少，最终走向灭绝。

（2）水温的改变

水温作为鱼类栖息地环境的一个影响因子，直接影响鱼类的生长、发育、繁殖、疾病、死亡、分布、产量、免疫、新陈代谢等，鱼类的生长一般与温度成正相关。筑坝蓄水后，随着库区水深增加，水温分层现象显著，库区水深越深温度越低，库区表层的水温由于太阳辐射则相对较高，特别是库岸的区域水深较浅水温分布较为均匀，更适宜鱼类的繁殖和生长，加之库内静水面积增大，促使静水性鱼类的种群数量扩展较快。同时水温升高，水的长时间滞留，以及与大坝运行相关的营养物富集可诱发浮游植物大量繁殖，导致大坝水库富营养化。通常大坝下泄的水量位于水库底部，相对温度较低，对于水库下游的一些对水温变化比较敏感的鱼群来说，泄水过程将破坏其产卵信号，导致产卵时间推迟，影响产卵数量和质量，促使生长周期紊乱。

（3）流速的改变

水库蓄水后流速降低，对漂流性鱼卵的影响最为严重。漂流性鱼卵产出后本应吸水膨胀漂在水面，但没有适当的漂流距离，就会沉入水底，以致死亡，降低了鱼类的产卵数量。比如四大家鱼，亲鱼产卵后，受精卵需要约 2d 才能孵化，若漂流到下游库区的静止水面，没有流速推动其继续漂流，最终将沉入水底，受精卵承受过大水压致其破裂，最终导致死亡。因此，流速条件的变化严重影响了对产漂流性卵鱼类的繁殖和生长。另外，流速的降低会使某些鱼类失去方向感进而被猎食，例如幼鲑鱼。

（4）流量的改变

大坝建成之后，经过水库的运行调度，季节性的洪峰流量将被削减，枯水流量变大，流量的年际变化幅度显著降低，流量的恒定流状态所处的时间逐渐变长。对于通过流量的改变作为产卵刺激因素的鱼类来说，产卵活动将受到干扰和抑制，日期将延后，有些鱼类没有受到流量的刺激，反而没有产卵活动。经水库调节，下游河道中的流量也会随之发生变动，产粘性卵的鱼类，往往会把卵排在产卵场底部黏附在砾石或泥沙中，而河道中突然增大的下泄流量，导致产卵场底部的新生卵伴随砾石和泥沙一起被冲下下游，大大降低了卵的孵化率。因此，流量的变化对产粘性卵鱼类的繁殖和生长产生巨大影响。

(5) 泥沙含量的改变

库区蓄水后，对上游来流进行拦截，使上游的泥沙沉积在库区中。由于水库下泄的是“清水”而不是原来夹带泥沙的水流，对下游河床大肆冲刷使河道内泥沙含量显著降低，泥沙组成变细。而绝大多说鱼类是在河床和河岸带进行生产和繁殖的，泥沙的来源中断了，使得在河床和河岸带生活的鱼类的生存环境受到影响，久而久之甚至威胁到其生存。

(6) 溶解氧的改变

库区大量蓄水后，水面较平静，流速降低，导致库区里的藻类等厌氧植物和细菌疯长，特别是在气温下降时，库区水体表层与底层产生对流，水体发生翻动，底泥中动植物的腐体和腐殖质上浮，大量的溶解氧被消耗，引起水体中含氧量迅速降低，库区的底栖无脊椎动物、鱼类和其他植物将会因缺少氧气和阳光大量死亡。

第六章　水利水文工程的生态效应分析

第一节　现行水利水文工程建设项目评价方法的解析

目前我国建设的水利工程数量已经很多，满足了人们的期待，在防洪抗旱等灾害中发挥了极大的作用，但是有利也有弊，对生态环境造成了严重的影响。而且影响范围很大，且影响因素众多，在其建设可行性研究阶段必须进行环境影响评价，对建设中会造成环境影响进行有效的把握，掌握其对环境造成影响的程度和范围，通过各种评价方法做好水利工程建设环境影响评价是十分重要的。可以根据评价来对水利工程进行引导，将经济效益与生态效益相结合，使其能够在不破坏生态环境的基础上满足人们需求。

一、水利工程建设对生态环境带来的正负面影响

(1) 在正面影响方面，主要体现在两个方面：①水是一种可再生的清洁能源，其开发和利用可以有效缓解国内能源资源匮乏的情况，减少化石燃料在燃烧时产生的SO_2、NO_2等有害物质排放，进而减少对生态环境的破坏。②水利工程建设具备较好的防洪减灾等功能，可以在一定程度上减少恶劣气候对生态环境造成的影响。

(2) 在负面影响方面，主要体现在五个方面：①水利工程建设可直接影响其所在区域的气候，如蒸发大大增加，在大气循环的作用下会使得当地的雾天气、降雨天气甚至极端天气的发生率提高；②水利工程建设减缓了水循环和水汽交换速度，使得污染物扩散迁移能力降低，直接影响着当地的水质；③大型水库水流比较缓慢，水面比较宽，易形成一种特殊水温结构而造成蓄水水温升高，直接影响着一些低温生物的正常生长；④水利工程占地面积大，会对各种陆地植被造成一定程度的破坏，使得一些动物发生迁移或者植物灭亡；⑤水利工程建设改变了土地养分，降低其酸碱性与肥力，提高了盐碱化与沼泽化的发生率等等。

二、环境影响评价概述

（一）环境影响评价内涵

所谓环境影响评价，就是对规划或者建设项目在实施后可能会产生的环境影响开展分析、预测以及评估，进而提出缓解或预防不利环境影响措施，最后实施跟踪监测的一种方法及环境保护制度。

（二）环境影响评价功能

在水利工程建设中，环境影响评价主要有以下一些功能：首先，对水利工程影响区的社会环境、自然环境的特征进行调查，调查内容包括区域主要污染源、主要污染物种类及其分布、生态环境现状等。其次，在水利工程建设中对当地社会、自然与生态环境造成的影响进行预测与评价。然后，根据相关法律法规、当地环境功能区划要求等，对项目实施可能产生的不良环境影响提出针对的污染防治措施和生态修复方案，从而减少水利工程建设中对环境造成的不良影响。最后，从环境保护的角度为水利工程建设的设计、施工以及运营等过程提供环境保护管理依据。

三、水利工程建设中环境影响评价方法分析

（一）水利工程环境现状调查方法

在水利工程建设中对环境影响进行评价前，先对区域环境现状进行调查，为后续评价工作提供有效的参考依据。因此，要保证现状调查过程中所获得的相关数据与资料具有准确性。因此，水利工程建设中的环境状况调查就是需要对水利建设评价范围内相关社会状况与自然状况展开调查，掌握区域环境现状及其演变趋势在进行现状调查时，需要包括社会环境与自然环境两个部分，其中社会环境包括人口、经济、土地、文物以及政治军事设施等；而自然环境则包括地质、水文、地形、气候、水质以及生物等。

（二）环境影响预测的评价方法

在水利工程建设中，对环境影响进行预测，即是对水利工程建设后可能会产生的变化及其影响进行预测。通常而言，环境影响预测的结果分为两种，即定性分析与定量分析。

1. 定量分析预测评价

部分环境因素可通过量度单位进行表示，可借助物理模型或者数学模型开展定量的预测与估算。比如在水库兴建后，对其局部气候、水库水质与水温变化等方面产生的影响进行预测，可通过数学模型实施科学的估算；也可以采用物理模型和数

学模型共同对库区泥沙淤积、下游河道冲刷等产生的影响进行科学的定量分析。

2. 定性分析预测评价

部分环境因素很难采用量度单位予以表示，那么可以采用类比分析方法进行预测。也就是说，采用和拟建水利工程相似的自然环境、社会环境、工程特性的工程展开对照分析，进而做出合理的判断与预测。对于陆生与水生生物产生的影响，一般可以选择生态机理分析法来进行预测与评价，也就是针对其对环境要求以及对环境变化表现出的适应性等进行分析，根据水利工程兴建之后的相关环境实际状况，对生物在数量、种群或者群落方面发生的变化进行预测与评估。

(三) 水利工程环境状况分析

基于环境现状调查获取的相关数据与资料，结合水利工程特点，可以找出相关环境影响因素，并对其加以全面的分析与预测。每一种因素对环境造成的影响程度都不相同，因此可以有主次地展开分析，结合各项因素的相关权重而进行综合平衡评价。因此，在这个方面可以包括四种评价方法:

1. 基于清单法的环境状况评价

此评价法把所有可能会对环境造成影响的因素，按照其影响程度的大小以表格的形式进行排列，进而形成一份清单。这种方法又可细分为简单清单法、提问式清单法以及分级加权清单法，尤其是最后一种方法运用较为广泛。

2. 基于矩阵法的环境状况评价

把水利工程建设中所有环境影响因素有序地排在纵列上，同时将环境效益排列在横行上，进而构成一个阵列。各项效应对环境造成的正负面影响会根据其影响程度表现为不同的等级。一般而言，还可以使用加权法来对各项因素在整体环境中造成影响的总和进行识别。

3. 基于网络法的环境状况评价

网络法作为一种流程图结构运用在环境状况评价中，一般由箭头和方框形成有序组合，借以表达人类活动在工程建设中可能造成的逐渐性影响。网络法的运用特点就是能够对人类活动、环境效应及其与环境因素之间产生的因果关系进行直观形象的反映。

4. 基于叠置法的环境状况评价

叠置法在环境状况评价中的运用，即先对环境影响类型进行区分，进而具体形成环境质量等级分布图，再将这些分布图进行叠置，从而进行识别与筛选，最终形成相应的环境状况评价。

（四）环境影响综合评价方法

在环境影响评价中，采用综合评价方法就是结合环境影响预测的结果，对水利工程建设中对环境因素正在造成的影响或者已经造成的环境问题实施综合性的分析，从而对水利工程建设对环境造成的影响进行综合评价，最终提出预防或者减缓这些不利影响的对策。在水利工程中，其建设活动对各项环境因素造成的影响具有错综复杂的特点，而且环境效益之间存在着一定的联系，使得综合评价也具有一定的复杂性与困难性。

随着水利水文水利工程的建设和发展，水利工程可以控制河流流量，在促进国家经济发展的同时，很多水利工程会对生态环境造成破坏，所以在今后的发展过程中，应该对水利工程生态环境影响进行科学评价方法加以运用，实现水利水文水利工程经济效益、生态效益和社会效益的协调发展。

第二节　水利水文工程生态效应分析内涵

在当前的现代农业发展中，水起着非常重要的作用，对我国经济的发展起着重要支撑作用，是进行生态环境改善的重要保障。如何对水利进行不断改革，这将关系到我国农村和农业的发展，将关系到我国的经济发展。水利建设项目是一项非常重要的工程，因此需要对其进行合理的评价，由此才能对水资源进行很好的保护。由此，我们提出了对水利工程进行生态效应的分析。所谓的生态效应分析就是通过对水利建设工程当中的影响因素进行分析，将其分成生物生态因子和非生物生态因子，从而对其进行整体评价，从而为今后的管理提供参考决策，是否保留、拆除进行有效决策。与以前的评价所不同的是，生态效应分析是一种项目建成之后的评价，是项目评价的一个组成部分，是从整个生态系统的角度来对问题进行分析的，是一种人文的考虑角度。

一、内涵

所谓水利工程生态效应主要是指工程在建成之后的一种破坏和修复的综合效果。其中破坏主要指的是那种能够直接对水生态造成危害的工程效果，能够使得水流发生紊乱，从而使得整个生态系统在生产力方面有了明显的减少，从而造成环境方面的问题发生。当把水库建成之后，河道下游的水量便会因此减少，从而就会使得湿地变少，气候变得干燥，野生动物也会相对减少，周围的环境和气候也因此恶化。当修建好水闸之后，水就会由流动变为静止，有越来越多的污水被排放，使得河道失去了原有的净化能力，影响了水质。修复主要是指通过水利工程来使得当前的水流得到改善，河道的水质条件得以恢复，湿地、鸟类、动物等也逐渐变多。其中水质的恢复能够使得原来消失的水生动物再次回来，河道内再次呈现了繁荣的景象，人们的居住环境也因此得到改善。

通过分析水利工程的生态效应，我们可以对人类的居住环境、野生动物、自然规律，乃至是经济的增长有一个很好的影响分析，可以有效评价水利工程的好坏，对于其保留与拆除的确定有一个很好的参考依据。在分析水利工程的生态效应时，我们需要按照这样的步骤进行：分析边界的确定、层次分析、指标筛选、调查相关生态环境、相关影响因子的识别、进行模型的构建，继而来对其进行综合分析和评价，对现实的水利工程的未来，提出决策性意见，即或保留、或拆除或改善功能。

二、水文水利工程生态效应分析的必要性

水利工程的生态效应分析是建立在生态基础之上，运用生态学原理，对水利工程的影响进行综合分析，对已建成的水利工程的拆除或改善，提出决策性意见。生态效应分析避免只谋求经济效益，而应综合考虑水利工程项目的经济、社会、生态效益，使投资的项目与社会、环境相适应，持续造福于民。因此对水利工程的生态效应进行全方面地分析是十分必要的。现行水利工程环境影响评价是人们站在自身需求的角度，预测水利工程对社会环境和自然环境产生的影响，而没有分析被影响的社会自然环境如何反过来影响人类的生存和发展。经济评价是人站在大自然主宰者的位置，以获取经济利益最大化为出发点，而没有充分地考虑工程建成后，自然界变化对人类潜在的长远影响。因此，现行的评价，尤其单纯以经济要素来评价水利工程项目带来的效益产出是远远不够的。针对以往评价的不足，需要对已建成的水利工程进行生态效应分析，把水利工程整合到生态经济大系统中，对质量变化所引起周围直接或间接的影响进行分析。

三、水利工程生态效应国内外研究状况

(一) 国内研究状况

水利工程应用在我国有着悠久的历史，但近几十年来才被大规模地开发利用。从我国水利工程建设的发展看，水资源的利用一直是工程建设的重点，目前对其评价内容也多限于环境影响评价和经济评价。随着近些年生态学在各学科中应用的不断深入，水利工程的生态效应才开始受到广泛关注，相关的研究也逐渐增多。

水利工程生态效应的评价指标和方法正逐渐完善，对已建水利工程的评价从单

项因子评价到开始尝试综合运用多种方法构建生态效应评价指标体系。郭乔羽、王金贵等人分别提出水电站、水利工程对生态环境可能产生的正面和负面影响，并提出了改变负面生态效应的措施。房春生、孙宗凤等人在水利工程的生态效应评价指标体系方面进行了广泛而深入的研究。然而，我国水利工程生态效应的评价起步较晚，还处在探索的阶段，其评价理论、方法和技术还没有形成统一的认识，有待进一步的研究。

(二) 国外研究状况

在水利工程的生态效应方面，国外做了大量的基础性研究。澳大利亚对于水利工程生态效应的研究大都针对水底脊椎动物和鱼类。日本近年来在水利生态方面也进行了大量的研究和实践。加拿大政府在20世纪80年代就开展了鱼类和生态、环境所有权的立法工作，要求任何一项水利水文水利工程，都要就环境和生态方面的效应与影响进行综合评价。美国科学家研究评价了流量变化对水生物的影响问题，利用微生态环境来预测各种蛙鱼栖息和繁殖所需的生态环境，利用流速、水深、底层物质及覆盖层横断面的微生态环境实测资料，定量描述不同流量下生态环境的变化情况。

20世纪80年代末期，人们把环境影响评价作为一种制度和方法融入到水文水利工程开发中。国外许多国家开始全面开展水利水文水利工程环境影响评价工作，并将研究结果用于指导水电项目的生态环境保护工作。国外有关水利工程的评价工作开展较早，目前已形成较为成熟和系统的工作方法，可为我国环境影响评价工作的发展提供可借鉴的经验。

第三节　水利水文工程生态效应分析方法

一、生态效应指标体系分析

在生态效应评价中，指标是用来揭示和反映生态环境变化趋势的工具，具体包括识别和描述环境背景状况、评估生态环境效应以及对比环境影响评价结果的偏差等。水文水利工程生态效应评价指标体系是反映评价区域生态环境质量和社会经济各方面特征的多个指标构成的相互联系、相互依存的统计指标群，其构成决定于水文水利工程生态效应评价的评价内容，而评价的内容又决定于评价的工作目标。因此，了解水文水利工程生态效应评价内容和工作目标，才能建立明确的指标体系。而建立评价指标体系实质就是建立生态效应评价的具体评价内容。前文已详细分析了生态效应评价的影响因素，现将评价指标体系的评价目标、评价内容与指标体系内各系统之间的关系作以分析。

二、建立指标体系的指导思想

(1) 从世界环境与发展委员会提出可持续发展思想以来，可持续发展已成为人类社会的各种发展行为的最高目标。可持续发展以自然资源的可持续利用和生态环境质量的持续良好为基础，以经济的可持续发展为前提，以谋求社会的全面进步为目标。可持续发展思想对生态效应评价的具体要求体现为可持续性原则，其核心思想在于要求人类的经济建设活动和社会发展行为不能超越自然资源与生态环境的承载能力。

(2) 生态效应由水文情势改变引起，其指标体系的建立要以水文情势为依据。对水文情势改变的考虑既是基础，也是评价的关键。指标体系应该通过对水文特性来体现水文水利工程对河流生态及生态系统的综合影响。当然，除此之外，还应该包含生态指标、社会指标与经济指标，生态指标反映生态系统功能与结构的变化社会和经济指标表征水文水利工程对人类发展的综合作用。同时应依据不同区域的特点，强调突出一些特定的生态环境问题，使指标既具有统一性，又可灵活运用于不同地区。

三、生态效应分析的评价内容

水文水利工程生态效应评价是对水文水利工程建设及运行期对河流生态系统、库区生态系统和周边陆地生态系统的结构和功能的综合影响评价，它应该包括对自然环境、生态环境、社会环境等系统的影响评价。

生态效应评价的工作目标决定了其评价内容，因此，生态效应评价应切实围绕上述目标，重点研究其实施区域自然资源可持续利用和生态环境质量方面的影响，而存在在经济、社会方面对该系统影响的因素，也应是生态效应评价所关注的内容。

水文水利工程生态效应评价指标体系应具有如下三个主要功能：首先，它应该能够描述和表征出当前时刻水文水利工程所涉及的各生态系统的状态，这有利于决策者、评价者和公众了解工程修建前后系统状态的变化；其次，它应该能够描述和反映出某一规划时段内系统各个方面的变化趋势，即在现状基础上，反映系统未来的走向；最后，它应能反映系统总体的生态效应现状，使决策者清楚地了解当前整个系统的稳定状态，对其采取的生态修复措施能起到积极的指导作用。

四、指标体系中的系统分析

水文水利工程生态效应研究面对的是一个涉及社会、经济、生态、环境的纷繁复杂的大系统，在这个系统内既有自然因素的影响，又有社会、经济、文化、传统等因素的影响。因此，我们必须要对水文水利工程与经济、社会和环境系统进行综合分析。

(1) 水文水利工程与社会系统的关系分析

人类是社会发展的主体，社会所有其他的发展都是为人类的发展创造条件或者机会，水文水利工程带来的社会效益也不例外。人类建设水利工程，开发利用水资源的历史由来已久，水利工程满足了人们对供水、防洪、灌溉、发电、航运、渔业及旅游等的需求，对于经济发展和社会进步发挥了重要作用。在增加就业、促进社会公平、改善人居条件等各方面都具有良好社会效益。但也要看到，水文水利工程带来的移民问题，成为当前最关注也是最复杂的社会问题之一。可以说移民安置成败关系到广大移民和老居民的生活和社会安定，也关系到水利水电建设能否顺利发展。

(2) 水文水利工程与经济系统的关系分析

水资源是区域发展的重要条件，尤其是在低级和中级发展阶段更是如此。人类发展的历史表明，古人逐水栖居，人类最早的文明起源是在埃及的尼罗河、中国的黄河、印度的恒河和古巴比伦的两河流域，发生和发展的近代世界和我国的一些著名大城市也都是依水依海而建。这就说明了水对地区和城市发展的重要性。水资源是国民经济和社会发展的一项重要的物质基础。工农业生产活动像生命系统一样离不开水的供给，而且随着生产力的发展，需水量将大大增加。

水电系统实质上是由一系列相互联系、相互作用的水电经济要素组成，并作为国民经济的基础产业。它是一个综合系统，以水资源开发利用为核心，涉及一切利用和控制水的经济活动，形成了一个内部结构多元化的水利产业经济体系，成为国民经济体系中一个重要组成部分。水利水电经济系统具有资源性、时空分布不均匀性、不可专有性、基础性、公益性、社会经济性及非均衡性等特点。

建立水文水利工程是合理利用水资源，除水害、兴水利的一项重要措施。其目的是为国民经济发展与社会进步提供更好的服务。一方面它以经济效益为中心，按照市场经济的要求，通过提供公共产品，以最小的投入获得最大的效益；另一方面，航运等综合效益往往不以赢利为目的，而是为了满足社会的需要，人民安居乐业。水电建设的防洪、灌溉是为了保持社会的稳定与人民安居乐业。

(3) 水文水利工程与生态环境系统的关系分析

生态环境子系统是水资源社会经济系统的重要组成部分，是整个系统的基础。

整个系统进行生产和再生产所需要的物质和能量，无一不是来源于生态系统，特别是水的循环运动、水资源补给与利用，离开生态环境系统，水资源社会经济系统是无法存在的。从生态环境系统与水的关系角度分析，水是构成生态环境系统结构的要素，形成了生态系统的完整功能，是维持生态环境系统良性循环发展的保证。

由于人类的贪欲与无知，过分地向自然索取，或在对生态系统的复杂机理知之甚少的情况下而盲目开发造成生态系统的破坏。水资源开发利用是人类利用自然资源的重要生产活动，其中人们为了获取清洁的电力能源，开始拦截河流、修筑闸坝，运用水的势能来发电。这些水文水利工程的开发，改善了人类的生产和生活条件，促进了经济的迅猛发展。但由于人类对自然的认识不够深入，有时也存在事与愿违，在开发利用水资源时带来对生态环境的副作用。若不对其重视，则可能会造成不可挽回的经济损失与生态价值的丧失。因此，要维持良好的生态平衡应坚持对生态系统进行合理调整，对自然资源进行综合考察、合理开发，制定符合生态学原则的开发方案，使人类可以最大限度地利用自然资源。在改造自然、控制自然方面进行综合治理，在大规模的生产建设时，应充分研究论证，谨慎实施，以免对区域甚至全球生态环境产生不利影响。

(4) 社会、经济、生态环境系统的关系分析

社会、经济、生态和水文水利工程存在以下关系：

①社会进步促进经济的发展、环境改善与治理；②经济发展带来的环境污染与生态破坏等问题；③环境恶化所造成的生态破坏、资源浪费等问题；④生态环境的改善对经济发展、社会进步的促进作用。

五、指标体系建立原则

根据以上对水文水利工程生态效应特点的分析，综合考虑评价指标体系功能，在指标体系建立时，除遵循科学、实用、简明的原则，还应具体考虑以下几个方面：

(1) 整体性原则

评价指标体系必须具有广泛的覆盖性，应能涵盖水电项目评价所涉及的自然资源、生态环境、社会发展以及社会经济等各个领域。水文水利工程生态影响评价要反映出自然环境、生态环境、社会环境、生活质量等系统的指标。

(2) 前瞻性原则

生态影响评价应该从现阶段的发展、变化状况入手，分析水文水利工程对生态影响的缓慢变化，来预测未来的发展态势。

(3) 定性与定量相结合原则

生态影响评价应尽量选择可量化的指标，难以量化的可以采用定性的描述指标。

(4) 可比性原则

指标尽可能采用标准的名称、概念、计算方法，做到与国际指标的可比性，同时又要考虑到我国的实际情况。

(5) 可行性原则

指标体系的选取要充分考虑到基础资料的来源和现实可能性，以及对其进行分析整理的可操作性。

(6) 差异性原则

不同的地理位置、气候条件等引发的生态环境影响是有差异的，指标的确定应因地而宜，突出各自的特点与重点。

六、指标体系设计

由前文对水文水利工程生态效应的定义以及对其内涵和特性的分析可知，水文水利工程生态效应是一个很综合的概念，涉及生态、环境、社会、经济系统，因此，水文水利工程生态效应评价系统应是一个由水文水利工程子系统、社会子系统、经济子系统和生态环境子系统相互耦合而成的复杂系统。面对如此复杂的评价对象，很难简单用一两个指标完全反映其特征或发展状态。因此，应采用指标体系评价方法。由于指标体系包括指标多，每一指标都反映了评价对象的某个因素或某一方面，因此容易做到较全面反映评价对象的现状、水平和发展趋势。但也要指出，采用这种方法应注意的问题是，什么样的指标体系才是合理的，应包括多少指标、选用那些指标，这很难有一个完全客观的标准。不同的研究者，往往由于其知识水平、工作经验、背景、认识问题角度的不同，甚至价值观念不同，所创造的指标体系常常差别很大。用不同的指标体系对同一时空范围内评价，可能会得到不同结果。因此，合理选择指标体系构建方式，是准确合理评价的前提与基础。

(一) 指标选取

建立评价指标体系要紧密结合评价对象的特点和提高可操作性，因此指标的选取应以统计数据为基础，在指标的筛选过程中，采用频度统计法、相关性分析法、理论分析法和专家咨询法筛选指标，以满足科学性和系统全面性原则。

频度统计法是对目前有关水文水利工程生态效应评价研究的书籍、报告、论文等进行统计，初步确定出一些使用频度较高的指标。通过大量的资料检索和查阅，选取出使用频率较高、内涵丰富的指标，并通过初步的合并运算，建立指标原始数据库，作为下一步研究的基础资料。

相关性分析是对指标进行统计分析，确定出指标间的相互关联程度，结合一定的取舍标准和专家意见进行筛选。在筛选时，一方面要求指标之间应保持相互独立，使整个体系比较简明，可避免重复计算；另一方面须建立起指标之间的内在联系，否则无法确定各指标的权重，无法体现系统内各因素之间的相互作用关系。

理论分析法是对生态效应评价的内涵、特征进行综合分析，确定出重要的、能体现生态效应评价特征的指标。专家咨询法是在建立指标体系的整个过程中，适时适当地征询有关专家的意见，对指标进行调整。理论分析法和专家咨询法几乎贯穿建立指标体系的整个过程。通过多层次的筛选，得到内涵既丰富又相对独立的指标所构成的评价指标体系。

由于水文水利工程本身的特点具有复杂性，在不同时期受影响的生态因子不同，影响强度不同，空间分布不同，影响后果不同。因此，水文水利工程对生态环境的影响没有一套完整的、适合各类工程的评价指标体系。在结合本文分析的水文水利工程产生的环境影响基础上，建立受大多数工程影响显著的重要生态因子的评价指标体系，是本文研究的一个重要目标。

（二）指标体系评价标准

生态效应评价标准是生态效应评价的前提，也是确定生态效应影响大小的重要基础。

在评价研究中，各个指标的实际值均需与标准值比较才可以标准化或者规格化，因此，评价标准的确定是评价过程中的重要一环。由此，生态效应评价标准的确定就是要建立起一套衡量生态环境质量和人类活动影响程度的定量参照系，使决策者能够通过与参照系的比较，确定当前状态及今后发展趋势。参照系是为了观察某一物体的运动状态，选取相对运动的一物体或一组物体作标准。参照系不同，人们观察事物运动状态的结果就会不同，同时这一参照系的确立科学与否，将直接影响到人们对事物运动状态的认识和价值取向。但是对于生态效应评价尚没有统一的标准。

由于我国幅员辽阔，自然条件差异大，经济、社会背景不一，很难用统一的标准去评价差异性较大的区域。可以说，生态效应没有绝对的评价标准，任何标准都是相对的，都是以现实为基础提出来的。

评价标准的选择取决于评价目的。如果评价的目的是要比较不同地域水文水利工程的生态效应影响程度大小，那么可选择不同地域相同指标，在同一时间、断面上的平均值作为评价标准。如果评价的目的是为了了解某一地区水文水利工程的生态效应变化状况，发现问题从而提出改善措施，促进人与自然和谐相处，则可选择某一时间断面的指标数据作为评价标准，通过分析不同时间断面的生态效应状况，进行纵向比较。

水文水利工程的生态效应评价目的是为了了解工程建设引起的自然、生态和社会经济的变化状况，找出主要的影响因素，以便通过一定的工程措施及有关管理、技术对策来有效地改善不良影响，从而实现不利影响最小化。因此，对某一确定的评价来说，时间序列的纵向比较比空间地域的横向比较更为重要，因为它表明被评价区域受水文水利工程的影响是有利于还是不利于改善自然环境与社会环境。

具体的生态效应评价标准可从以下几个方面选取：

(1) 国家、行业和地方规定的标准。国家已发布的环境质量标准，如地面水环境质量标准、地下水质量标准等。行业标准指的是行业发布的环境评价规范、规定、设计要求等。地方政府颁布的标准和规划区目标，河流水系保护要求，特别区域的保护要求，如绿化率要求、水土流失防治要求等均是可选择的评价标准。

(2) 背景和本底标准。以工作区域生态环境的背景值和本底值作为评价标准，如区域植被覆盖率、区域水土流失本底值、生物生产量与生物多样性等。

(3) 类比标准。以未受人类严重干扰的相似生态环境或以相似自然条件下的原生自然生态系统作为类比标准，以类似条件的生态因子和功能作为类比标准，如类似生境的生物多样性、植被覆盖率、蓄水功能等。类比标准须根据评价内容和要求科学地选取。

(4) 科学研究已判定的生态效应。通过当地或相似条件下科学研究已判定的评价标准亦可作为评价的标准或参考标准应用。

第四节　水利水文工程生态影响及调控措施

近年来，随着我国水利资源的大力开发，水利施工过程中的环境问题受到人们越来越多的重视。许多水利工程修建在山区河谷，一般都具有工程大、工期长、施工条件复杂等特点，水利建设职工长期反复地受到施工环境的影响，已出现了一些职业性的身体损害。同时，施工对当地的生产、生活等方面也产生着不同的影响，在施工规模不断扩大的条件下，这种影响还有进一步扩大的趋势。因此，充分了解施工影响，探讨行之有效的防治对策，对促进生态环境的良性循环有重要的意义。

一、水利工程对生态效应的影响

(一) 对水资源的影响

水利工程对水资源的影响包括水文、水质和水温等方面的变化。对水文的影响主要表现在水库修建后改变了下游河道的流量过程，从而对周围环境造成影响。当水库下游河道水位大幅度下降以至断流时，势必造成水质的恶化。对水质则可以产生正负两方面的影响。有利影响是工程建成后使坝址上游河段的水环境容量大大增加，水库内水环境的纳污能力得到提高；不利影响是当水库水长时间处于停滞状态，水、气界面交换的速率和污染物的迁移扩散能力显著降低，水体复氧能力减弱，此时水库水体自净能力大大低于河流水。若含有有毒物质或难降解的重金属，可形成次生污染源。水库工程引起水温变化，是水库建设中不可避免的现象。水库水温与气候条件、热传播、水体流动特性、水库库容、水深、运行方式和水体交换的频繁程度、径流总量、洪水规模等具有密切的关系。

(二) 对生物资源的影响

生物资源是生态系统最重要的组成部分，水利工程的修建不可避免地会影响到区域内的生物群体，水利工程对用水区生物的影响包括生物种和生物结构。但在不同的地区、不同的河流上建坝，对生物物种的影响是不同的，对生物资源的影响可分为对陆生生物的影响和对水生生物的影响。对陆生生物的影响主要是由于水利工程的修建将会淹没大片陆地，直接破坏陆生生物生存的生境。对水生生物的影响主要是水库的兴建抬高了水位，改变了河流水生生态系统，破坏了水生生物的生长、产卵所必需的水文条件和生长环境。此外，水库淹没区和浸没区原有植被的死亡，以及土壤可溶盐都会增加水体中氮磷的含量，库区周围农田、森林和草原的营养物质均随降雨径流进入水体，从而导致富营养化。

(三) 对局部气候和大气的影响

气候条件是影响生态系统稳定性最重要因素，一般情况下，地区性气候状况受大气环流控制，但大中型水库和灌溉工程的修建，使原先的陆地变成了水体或湿地，对局部小气候产生了一定的影响，主要表现在对降雨、气温、风和雾等气象因子的影响。对大气的影响在国际上也被看作是建坝对生态影响的首要问题。

(四) 对土壤和泥沙的影响

对土壤的影响主要是水库蓄水引起库区土地浸没、沼泽化和盐碱化。水利工程的建设减少了河流径流量和流速，改变了库区和下游泥沙的输移和沉积模式，大量的泥沙被拦截在坝内水库中，引起下游泥沙输送量的下降，并改变泥沙的粒级组成。输水、输沙条件的变化也导致其携带的营养物入海量的变化，改变了河口区的理化特性和生态平衡条件，影响鱼类种群的数量，导致渔业产量下降，破坏了三角洲湿地生态系统、减少了生物的多样性，引起水体自净能力的下降，可能导致河口区污染加剧。

此外，上游建坝蓄水以后会直接引起洪泛沼泽地淤泥和养分补给量的减少，使其逐渐贫乏，加之断流时间增长、水分供应短缺，使原本水草丰美的沿河湿地逐渐干涸，人为地加剧了该地区的干旱化、盐渍化和风沙化程度。

（五）对地质的影响

修建大坝后可能会触发地震、塌岸、滑坡等不良地质灾害。①大型水库蓄水后可诱发地震。其主要原因在于巨大体积的蓄水增加的水压，以及在这种水压力下岩石裂隙和断裂面产生润滑效果，使岩层和地壳内原有的地应力平衡被改变。值得注意的是，水库蓄水可以在天然地震较少和较弱的地区，诱发较强烈的地震。②库岸产生滑塌。水库蓄水后水位升高，岸坡土体的抗剪强度降低，易发生塌方、山体滑坡及危险岩体的失稳。③水库渗漏。渗漏造成周围的水文条件发生变化，若水库为污水库或尾矿水库，渗漏则易造成周围地区和地下水体的污染。

（六）对景观资源的影响

水库蓄水，水面增大，航道变宽，使感官性有所改善。但是水利工程也可能淹没一些名胜古迹、地下文物等。

（七）对人类自身的影响

水利工程本来是人类为改善自己生存环境质量而建设，是促进社会经济发展的产物。然而，在为人类造福的同时，水利工程不可避免的也会产生一系列负面效应，如人类健康和移民的问题。在没有进行预测和采取必要的防治措施的情况下，水利工程会引发流行病，对人类健康产生严重影响。同时，水利工程的建设往往要淹没土地，这就必然会引起移民搬迁的问题，移民涉及众多领域，是一项庞大复杂的系统工程，关系到人的生存权和居住权的调整，是当今世界性的难题。

二、应对水利工程负面生态效应的措施

生态与环境是当前全社会十分关注的问题。关注生态，是经济社会高度发展后人们思想认识的升华所产生的必然结果。水利建设不可避免地在一定程度上改变了自然面貌和生态环境，使已经形成的平衡状态受到干扰破坏。水利工程师的职责是研究由平衡状态到不平衡状态再到平衡状态的发展规律。只要遵循“因势利导，因地制宜”的原则，合理规划，周全设计，精心施工，加强科学管理，大多负面影响都可以得到缓解。我们必须充分发展和应用现代科学技术，深入研究自然与生态的平衡机制，研究人类改变自然时对生态的近期和长远的影响。为了建立生态环境友好的大型水利工程建设体系，需要重点进行以下工作：

1. 坚持人与自然和谐相处的原则，使人与自然共同和谐地发展。自有人类社会以来，人与自然都在发展。宏观上大自然的发展变化是不以人的意志为转移的。例

如，地壳的变动、河道的切割、大江大河三角洲的冲淤等等。但是人类仍然能够在微观的尺度上改变自然环境，以求得自身的发展。水利工程也正是在一定条件下修堤、筑坝、开渠、建闸、安装水力机械，改变水环境，以求得人类在防洪、灌溉、供水以及发电、通航各方面取得有利的生存发展条件。人类越发展，改造自然的能力越强，对自然环境的影响也越大。所谓人与自然共同和谐地发展，应该是人类对自然环境的干预，不会造成对生态不可逆转的破坏。例如：甘肃的黄羊河流域由于水资源过度开发，特别是上游的过度用水，使下游干旱缺水，土地沙化加剧，当土地沙化形成沙漠时，就很难逆转。人类对湖沼、湿地的过度围垦也会造成一系列生态环境失衡问题。因此，我们必须高度重视水利发展中的生态环境问题，用人与自然和谐相处的理念来认识和妥善处理水利工程对生态环境影响问题，确保水利事业健康快速发展。

2. 完善有关法律。在不宜进行水利项目建设的自然保护区、风景名胜区、地质公园、森林公园、世界遗产区、生态功能区以及其他需要进行保护的区域内，划定保护河段和保护流域区，禁止进行水利工程建设和其他大型工程建设。应真正把加强地区的生态建设与环境保护作为根本点和切入点，对严重破坏和影响生态环境、国家自然保护区、国家风景名胜区和世界遗产的水利建设项目，应该重新进行评估和审查。

3. 因地制宜，确定适当的开发目标。过去的水力资源规划，按照流域梯级开发模式，往往追求 100% 的开发率。由于移民和耕地的补偿费用会越来越高，因此考虑社会稳定和保护耕地资源在规划时应因地制宜、选择适当的开发目标，对于移民和淹没耕地少、生态环境问题少的河流，可以 100% 地开发；对于移民和淹没耕地多、生态环境问题大的河流，可以放弃部分河段的开发。参照多数发达国家的情况，水利资源平均开发率为 70%-80% 是可行的。

4. 要加强负面影响的调查、分析和评价，提出处理方案兴修水利工程的目的，为改造水环境使之向有利于人类生存发展的方向转化。这里所谓负面影响指的是兴修水利工程所带来的对生态环境不利的副作用。这些副作用往往不容易为人们正确认识，或因出发点不同而认识有很多分歧。因此必须对水利工程的副作用有正确的评估和处理的对策。这就需要积累大量观测调查资料，加强分析研究工作，对负面影响进行实事求是的评价，并提出正确的处理方案。

5. 加强生态环境影响观测技术和信息技术研究。不论是在超采地下水区还是预防水利工程引起地质灾害的地区都要加强地质观测设备的安置和记录工作。这就需要不断研究发展新的观测和记录技术以及记录资料传递到观测中心的信息技术。地下水毕竟是水资源的一个重要方面，即使在地下水超采区，不可能也不必要全部停采，而应限量开采，使采补平衡。因此各种观测、计量和记录设备非常必要。水利工程引起的地质灾害，如水库塌岸、诱发地震等，不少状况是在工程修建前难以准确预测的，更需要安设多种观测仪器和记录设备。这些设备要耐受长时期野外严酷环境的考验并能做连续的记录，还要传递到远方管理单位，使管理单位及时采取必要措施，减少或避免因之而带来的灾难。为了从宏观和大尺度研究生态环境的变化，有必要充分利用卫星遥感遥测图片长时期地追踪一些地区，以利于分析修建水利工程前后，生态与环境变化的趋势。例如，珠江水利委员会利用遥感技术分析珠江河口变化，研究治理工程对策，已取得丰硕成果。

总之，应立人与自然共同和谐地发展的理念，高度重视水利工程建设中的生态环境问题，妥善解决水利工程对生态环境的负面影响，确保水利事业造福于民。

第七章 三峡和葛洲坝对长江中下游河流生态水文及重要鱼类中华鲟生境的影响

第一节 研究区概况

一、流域概况

长江是我国第一大河，发源于“世界屋脊”青藏高原的唐古拉山脉各拉丹冬峰西南侧，全长6300余km，总落差5400m左右，流域形状呈东西长、南北窄的狭长型。长江流域有丰富的水资源，多年平均径流量约为9560亿m^3，占全国总水量的36%。

长江流域横跨我国西南、华中、华南三大经济区。干流流经青海、西藏、云南、四川、重庆、湖北、湖南、江西、安徽、江苏、上海等11省（市、区），在上海汇入东海。支流还遍及甘肃、陕西、河南、贵州、广西、广东、福建、浙江等8省（区）。全流域集水面积约为180万m^2，约占全国总面积的18.75%。

流域内地貌类型众多，有山地、丘陵、盆地、高原和平原，山地、高原和丘陵约占84.7%，其中高山高原主要分布在西部地区，中部地区以中山为主，低山多见于淮阳山地及江南丘陵地区，丘陵主要分布在川中、陕南及湘西、赣东、皖南等地。平原占11.3%，主要以长江中下游平原、肥东平原和南阳盆地为主，汉中、成都平原高程在400m以上为高平原。河流、湖泊等水面占4%。各种地貌类型的分布和排列，主要受大地构造所控制，并与流域内主要构造单元的构造线方向一致。纵观全区，以岷山、锦屏山、玉龙雪山、东以龙门山、小相岭、大小凉山、乌蒙山等山系构成的南北向山地为界，以西的青南、藏东、川西地区山系均呈北西、北北西向，诸如唐古拉山、芒康山、宁静山、沙鲁里山、大雪山和巴颜克拉山等以东的川鄂黔湘赣地区的山系呈北东向，由西向东分别为龙门山、齐岳山、武陵山、雪峰山、罗霄山、武夷山等，其间分布有四川盆地，湘江西丘陵、湘中南丘陵盆地，赣中南丘陵盆地。北部秦巴山受北西向构造带控制，山系也呈类似方向控制，主要有秦岭、伏牛山、桐柏山、大别山、以及米仓山、大巴山等山系。南部的南岭山地，诸山岭的走向为北东向，但其总体为东西向，构成流域南部边界的分水岭。

长江干流自江源至湖北宜昌为上游，长约4500km，流域面积约100万km^2。其中玉树巴塘河口到宜宾河段，通称金沙江，长约2300km；宜宾至宜昌江段，统称川江，长约1030km，川江的奉节至宜昌，长约200km，为著名的三峡河段，宜昌至江西湖口地区为中游，长约650km，流域面积68万km^2。长江出三峡后，进入中游冲积平原，河面变宽，水势变缓，其中枝城至城陵矶河段，通称荆江，河道异常曲折，为典型的蜿蜒型河道。南岸有松滋、太平、藕池、调玹四口（于1959年封）堵分洪江水进入洞庭湖，与洞庭湖水系的湘、资、阮、澄汇合后，在城陵矶汇入长江干流。下荆江河段在19世纪70年代至80年代初，曾实施两处人工裁弯和发生一处自然裁弯，从而缩短河道约80km，上荆江洪水位也有所降低。长江下游湖口－徐六泾段，江心洲十分发育，汊道众多，地势低洼，湖泊星罗棋布，是我国水网最为密集的地区之一。长江大通以下为感潮河段，江水位受潮汐影响，有周期性的日波动，徐六泾以下划属长江口段，为陆海双向中等强度的潮汐河口。

长江水系发育，支流约7000余条，其中流域面积在1000km^2以上的有437条，在1万km^2以上的河流有49条，8万km^2以上的有8条（上游4条，即雅砻江、山民江、嘉陵江和乌江；中游4条，即洞庭湖水系的沅江、湘江和鄱阳湖水系的赣江及长江北岸的汉江。长江流域湖泊很多，据1984年统计，流域内湖泊面积总计约15200km^2，约占全国湖泊总面积的1/5，有92%的湖泊集中在中下游地区。其中，中游的洞庭湖、鄱阳湖，下游的巢湖、太湖据我国五大淡水湖之列，面积以鄱阳湖面积最大，其次是洞庭湖，太湖居第三。长江中下游以往通江湖泊众多，历史上依靠这些通江湖泊滞蓄洪水。1950年以来，在长江中下游兴建了大量防洪工程，通江湖泊除洞庭湖和鄱阳湖外，均已建闸控制。随着泥沙淤积，以及湖州滩地的不断围垦，湖泊面积不断减小，例如洞庭湖水面由1954年的3914km^2（城陵矶水位33.50m）减少为1995年的2623km^2，蓄洪能力不断降低。

二、水文气象特征

长江流域地处欧亚大陆东部的副热带地区，东临太平洋，海陆的热力差异及大气环流的季节变化，使长江流域的大部分地区，特别是中下游地区，成为典型的季风气候区。夏季盛行偏南风，冬季盛行偏北风，夏汛冬枯，冬冷夏热，四季分明。长江上游除江源地区和川西高原外，因流域北部有秦岭和大巴山的阻挡，冬季冷空气的入侵不如中下游强烈，温差没有中下游地区大。

长江流域的降水的水汽主要来自孟加拉湾、南海、西太平洋等地，多年平均输入到流域上空的年水汽量约为67800亿m^3，其中约25%转化为降水，流域多年平均降水量为1100mm左右。降雨集中在夏秋季，5–10月的雨量占全年的70%–90%，地区分布很不均匀，总的趋势是由东南向西北递减，山区多于平原，迎风坡多于背风坡。除江源区因地势高，水汽少，年降水量少于400mm外，大部分地区年降水量在800–1600mm。年降水量大于1600mm的特别湿润带主要分布在四川盆地西部和江西、湖南地区。

长江流域降水年内分配很不均匀，一般年份，最早为洞庭湖、鄱阳湖水系，4月份即进入雨季，6月中旬至7月上旬长江中下游为梅雨季节，雨带徘徊于干流两岸，呈东西向分布；7月中旬至8月，雨带移至四川和汉江流域，此时长江中下游和川东受副高控制，出现伏旱；9月雨带又回旋至长江中上游，多雨区从川西移至川东北至汉江上游月，全流域雨季基本结束。

长江中下游平原区年平均气温由南部的19℃逐步向北递减到17℃，长江上游地区地形对气温的影响较大，从四川盆地西部到川西高原年平均气温从17℃剧降到0℃。气温的年内分布体现了冬寒夏热的特点，1月是最冷月，7月是最热月。极端最高气温在东及长江中下游部分地区甚至超过40℃，多出现在7月下旬和8月中旬，但四川西部山区和云南省常出现在5月下旬至6月中旬。极端最低气温均在0℃以下，大部分地区出现在1月中旬至2月上旬，川西高原出现在12月下旬至1月上旬。

长江流域水面蒸发无明显的地区分布规律，全流域年平均为922mm；长江多年平均陆地蒸发量为540mm，总的分布趋势是中下游大于上游。

三、长江流域重要鱼类资源及产卵场概况

长江的鱼类资源无论种类和数量都在世界上具有重要地位。从种类数目看，长江水系有鱼类370种，占我国淡水鱼总数772种的48%，居亚洲各水系之首。370种鱼类中，纯淡水性鱼类294种，咸淡水鱼类22种，海淡水洄游性鱼类9种，海水鱼类45种。长江特有鱼类142种，其中上游112种，中下游21种，全江分布9种。长江的鱼类中有9种列入国家重点保护动物名录，其中I级保护动物3种，分别是中华鲟、达氏鲟、白鲟;II级保护动物6种，分别是川陕哲罗鲑、胭脂鱼、滇池金线鱼、大理裂腹鱼、花鳗鲡、松江鲈鱼。鲤形目鱼类多达248种，其中以鲤科鱼类种类最多，有181种，且多为经济鱼类，其中以四大家鱼（青鱼、草鱼、鲢鱼、鳙鱼）最为著名。

从资源数量看，长江水系一直居我国水系之冠。以天然捕捞鱼产量为例，长江流域最高为1954年，达45万t，占同年全国淡水捕捞量的72%，最低为1978年，仅18万t，仍占同年全国淡水捕捞量的60%。就“四大家鱼”而言，其产卵群体在20世纪60年代估计数为20万尾，年捕捞鱼苗达数百亿尾。在我国“四大家鱼”人工繁殖没有成功和推广前，丰富的长江鱼苗一直支撑着我国的淡水养殖业。在四大家鱼

人工繁殖获得成功和推广后，各地人工繁殖用的“四大家鱼”的种源仍继续由长江提供。1988–1994年，长江天然鱼苗产量占全国天然鱼苗产量的63%。

然而，20世纪下半叶以来，长江的渔业资源发生了巨大的变化。主要问题有渔业资源量剧减、江湖半洄游性鱼类在渔获物中比例显著下降，定居性鱼类在渔获物中比例虽相对稳定，但资源量下降，渔获物中低龄鱼增多、高龄鱼减少，面临濒危或灭绝的种类增多，物质资源衰退或混杂等问题。究其原因，影响长江鱼类多样性产生较大影响的长江生态环境的变化主要有七个方面：(1) 水利工程的建设阻隔鱼类、蟹类的洄游通道；(2) 围湖造田破坏鱼类繁殖场所；(3) 水质污染直接危害鱼蟹生命，还破坏浮游生物、水生生物、底栖生物等各种饵料的繁殖；(4) 上游植被破坏，水土流失严重；(5) 过度地捕捉亲鱼，严重损害幼鱼；(6) 湖泊的不合理开发等。

根据1981年中国科学院水生生物研究所的调查，长江葛洲坝水利枢纽建成前，重庆到湖北的田家镇共有30处“四大家鱼”产卵场，而宜昌至城陵矶就有11处，产卵量约占全江产卵量的42.7%。这些产卵场是四大家鱼的栖息、产卵、繁殖的栖息地，具有重要的生态功能，是长江生物资源重要的生态功能区。

长江葛洲坝水利枢纽建成后，依据对大坝上、下柏溪江段（位于宜宾市上游）、武陵江段（位于忠县与万县之间）及古老背江段（位于葛洲坝之下，宜都之上）3个断面采集到的青鱼、草鱼、鲢及鳙卵推算，长江上游新市镇至古老背100余千米的干流内仍有家鱼产卵。坝上主要产卵场有新市镇、屏山、安边、重庆、长寿、武陵、高家镇、忠县、巫山、巴东、莲沱坝下主要产卵场有宜昌—枝城江段、荆沙监利江段、城陵矶—鄂城—武穴江段、九江—湖口—彭泽江段等。

中华鲟是一种在海洋中生长，在淡水中繁殖的大型江海洄游性鱼类，是国家一级珍稀保护动物，在鱼类乃至脊椎动物进化史上都占有特殊地位，具有极高的科研价值和经济价值。平时，中华鲟栖息于北起朝鲜西海岸，南至我国东南沿海的沿海大陆架地带（中国海南岛以东到黄渤海等海区和珠江、钱塘江、长江、黄河等淡水河流）。在海洋生活9–18年后，性腺发育接近成熟时，便成群结队向长江上游洄游，到达长江上游四川宜宾一带和金沙江下段繁殖。幼鱼一般在江中停留几个月时间然后入海生长。

中华鲟是鲟鱼中生长较快的种类，但性成熟较晚。雌体性腺初始成熟在14–26龄，平均18龄；雄体性腺初始成熟在8–25龄，平均12龄；生殖期间估计在4年以上。自然繁殖群体的平均怀卵量在64万粒。产卵量低，但卵的死亡率却非常高。性腺成熟的个体于6–8月到达长江口进行溯河生殖洄游，9–10月陆续到达湖北江段，并在江中滞留过冬，第二年10–11月洄游亲鱼在宜昌江段产卵繁殖。产卵场多在底质为岩石或卵石的江段，上有深水急滩，下为宽阔石砾或卵石溃坝浅滩，中有深洼的回水沱。

四、长江流域大型水利工程生态问题概述

至1995年底统计，长江流域已建成大中小型水库45628座，总库容1420.5亿m^3。其中大型水库119座，总库容904亿m^3；中型水库959座，总库容247亿m^3；小型水库44550座，总库容269亿m^3。据1998年汛后调查，长江流域已建成大型水库136座，总库容约1185亿m^3，其中库容在10亿m^3以上的特大型水库25座，总库容约876亿m^3。

（一）三峡工程

三峡工程是长江干流上最大的综合型水利枢纽，位于南津关上游38km处，三斗坪镇附近，下距已建成的葛洲坝枢纽约38km，库区回水末端可达重庆附近。整个库区包括渝、鄂两省19个县市，面积54000km^2。三峡工程是中国、也是世界上最大的水利枢纽工程，是治理和开发长江的关键性骨干工程。三峡工程水库正常蓄水位175m，总库容393亿m^3；水库全长600余千米，平均宽度1.1km；水库面积1084km^2。它具有巨大的防洪、发电、航运等综合效益。

1. 防洪效益

三峡工程的首要目标是防洪。三峡水利枢纽是长江中下游防洪体系中的关键性骨干工程。其地理位置优越，可有效地控制长江上游洪水。经三峡水库调蓄，可使荆江河段防洪标准由现在的约十年一遇提高到百年一遇、千年一遇，类似于1870年曾发生过的特大洪水，可配合荆江分洪等分蓄洪工程的运用，防止荆江河段两岸发生干堤溃决的毁灭性灾害，减轻中下游洪灾损失和对武汉市的洪水威胁，并可为洞庭湖区的治理创造条件。

2. 发电效益

三峡水电站总装机容量1820万kw，年平均发电量846.8亿千瓦时。它将为经济发达、能源不足的华东、华中和华南地区提供可靠、廉价、清洁的可再生能源，对经济发展和减少环境污染起到重大的作用三峡水利枢纽工程包括：大坝、电站厂房、通航建筑物和茅坪溪防护大坝等建筑物。

3. 三峡水库将显著改善宜昌至重庆660km的长江航道，万吨级船队可直达重庆港。航道单向年通过能力可由现在的约1000万t提高到5000万t，运输成本可降低35%–37%。经水库调节，宜昌下游枯水季最小流量，可从现在的3200m^3/s提高到5000m^3/s以上，使长江中下游枯水季航运条件也有较大的改善。

三峡大坝为重力坝，坝顶长2309.5m，坝顶高程185m，最大坝高181m。泄洪坝

段居河床中部，两侧为厂房坝段和非溢流坝段。泄洪坝段设有22个表孔，23个深孔和22个导流底孔（2006年全部封堵完毕）。泄洪坝段左侧的左导墙坝段和右侧的纵向围堰坝段各设1个泄洪排漂孔，右岸非溢流坝段设有1个排漂孔。左岸厂房坝段设2个排沙孔，左岸非溢流坝段设1个排沙孔右岸厂房坝段设4个排沙孔。

电站厂房为坝后式厂房。由上游副厂房、主厂房、下游副厂房及尾水渠等建筑物组成。分别在左岸电站厂房安装14台、右岸电站厂房安装12台的700MW水轮发电机组，500KV开关站设置在厂坝之间的上游副厂房内。

临时船闸与升船并列布置在左岸，上、下游共用引航道。临时船闸为单线一级船闸，临时船闸停用后改建成设有2个冲沙孔的挡水坝。升船机为单线一级垂直升船机。最大过船吨位为3000t级客货轮，单向年通过能力350万t。永久船闸为双线平行布置的五级连续船闸，主体结构段总长1607m，闸室有效长度280m，宽34m。过闸船队吨位为万吨级船队，年单向通过能力为5000万t。

（二）葛洲坝水利枢纽

葛洲坝水利枢纽是三峡工程的航运梯级水库，担负着渠化三峡大坝至宜昌天然河道，对三峡电站日调节非恒定流进行反调节和利用河段落差发电的任务。

主要设计指标如下：

正常蓄水位：66m

总库容：15.8亿m^3

反调节库容：0.8亿m^3

最大坝高：53.8m

坝顶高程：70m

关闸蓄水时间：1981年5月

（三）现行水库调度存在的生态问题

三峡工程对生物的影响是多方面的，且因种类不同而异。例如白鳍豚，目前已不足200头，水库蓄水后清水下泄河床冲刷，中下游栖息水域改变，白鳍豚的分布范围缩小155km，出现意外死亡、事故概率增多。坝下鱼类资源减少对饵料的保证也是不利的。当三峡大坝建成后，10月份水库蓄，葛洲坝下游水位下降，江面变窄，产卵场面积相应减小，不利于产卵和发育幼鱼，同时过往船舶的增多，对亲鱼噪声干扰加剧，机械损伤概率也增多长江鲟的产卵场在库区上游，建坝后对其产卵场不会产生影响，但水库蓄水之后，水文条件有所改变，原栖息地则发生变化，种群数量不会明显增加。胭脂鱼在上游的种群在建库后若干年内将相对稳定，而中下游的种群，由于缺乏上游幼鱼的补充，仅依靠在本江段小规模的繁殖，将难以维护稳定的种群数量。目前人工繁殖已成功，可望减轻所引起的影响程度。

长江鱼类资源丰富，建坝后，上游由于环境的改变，约40余种鱼类受到不利影响，其中40%系上游特有鱼类，虽不致灭绝，但因栖息地范围缩小约四分之一，种群数量则相应减少。对“四大家鱼”而言，建坝后上游干支流所繁殖的卵苗将滞留库内，加之库内浮游生物将会增多，鲤鱼种类得以发展，家鱼资源量增加，而坝下产卵场，由于水文条件改变，产卵场的位置与规模将发生改变，如果水库调度不考虑家鱼繁殖要求，宜昌至城陵矶江段的家鱼繁殖将受到严重不利影响，鱼苗在中下游将减少50%–60%，进入洞庭湖鱼苗的减少幅度则更大。水库调蓄使洞庭湖提前一个月进入枯水期，鱼汛提前，鱼产品的数量与质量亦将下降。鄱阳湖亦有类似的情况发生。

三峡水库的削峰作用，也直接影响“四大家鱼”的产卵量，可能导致中下游“四大家鱼”的产量下降；水库泄洪时，可能使下泄水流中造成氮气过饱和，可能使坝下游鱼类尤其是鱼苗，发生“气泡病”；水库的清水下泄，影响和改变了中下游的江湖关系，也相应地影响了中下游的水生态环境。另一方面，在三峡水库蓄水运行过程中，支流回水区受水库回水顶托的影响，在局部缓流区域可能会出现水体富营养化，甚至“水华”(如蓄水过程中香溪河发生的“水华”)；随着水库蓄水位抬高，水库消落带的利用，也可能影响水库水体的水质。

(四)闸坝阻隔江湖连通对长江生态的影响

闸坝建设的本身直接对河流产生了分割作用，使河流渐变的比降发生突然变化，破坏了地貌变化的连续性，河流被分为上下游两个地貌单元。闸坝的分割作用改变了河流的水力学特性，形成了高位水头，造成了影响河道内水生生物栖息和迁移的障碍，闸坝不仅对某些溯流而上的鱼类的迁徙造成阻隔，同样会减缓或阻挡鱼类向下游迁徙水库中激流的消失，常会导致某些鱼类(如幼蛙鱼)迷失向下游迁徙的方向感，进而被其他动物猎食，影响了河道内生物的栖息和迁移规律，阻碍或减缓了水生生物迁徙过程，进而影响了河流廊道的食物链功能，还影响了水生生物的产卵场，干扰了水生生物的生长发育过程。由于闸坝对水流及泥沙的蓄滞作用，水库中的水流呈缓慢的分层流流态，致使上下层水流不能得到充分混合，影响到水质及下泄水对有机污染物的净化能力。在许多情况下，这也是造成水库富营养化的一个主要诱因。由于水库对泥沙的蓄滞作用，还会引起水库清水下泄导致床冲淤的问题，影响河滨带的地下水水位，进一步对河流生态系统的植被群落产生不良影响。大坝的建设导致水质的变化也会引起物种的变化。

闸坝还使得生物洄游通道被阻断，水流能量发生很大的改变，阻隔了鱼类洄游的路径，影响了鱼类产卵场的分布，从而影响了鱼类的繁殖生境，同时也可能阻隔了其他生物的迁徙路径，从而影响河流的生态系统的生物多样性。如长江“四大家鱼”等半洄游性鱼类有一部分群体被阻隔在坝下无法进入坝上江段，无法上溯到上游地区肥育生长。

长江两岸的绝大多数中型以上的湖泊（大于10平方公里）原为通江湖泊，数量超过多100个，其中湖南约20个，湖北60个，江西、安徽约10个。但现只剩下三个洞庭湖、鄱阳湖和石臼湖。通江湖泊生态意义为：(1) 鱼类提供“三场一通道”(饵场、繁殖场、育肥场和交流通道)；(2) 特别是洄游性鱼类保护湖泊的自然属性和生态系统的稳定性，减缓湖泊的萎缩趋势，发挥生态功能，特别是生物降解功能；(3) 保持湿地类型的多样性，如有涨落区、浅滩、滩涂等重要湿地，从而孕育了丰富的生物多样性，使生态系统更趋于稳定；(4) 提高湖泊防蓄洪能力。由于江湖水间的自由交流使得湖泊面积有很大的伸缩性，能为蓄洪、排洪提供较大的空间，大大降低洪的危害。

然而，防洪大堤和闸坝建设使湖泊与长江失去联系，江湖阻隔已长江中游成为湖泊和湿地丧失的重要原因之一。自1950年以来，湖泊由于被阻隔不再通江，野生鱼类种类多样性持续下降，幅度达40%以上。湖泊阻隔已影响长江中游珍稀濒危物种的生存，并对鱼类多样性的组成产生重大影响。如鲟鱼、时鱼已基本从阻隔湖泊消失，而一些通江洄游性鱼类如鯮等则急剧下降，同时洄游性鱼类的比重在阻隔湖泊中急剧下降，有的湖泊从原有的50%下降到不足20%。除少数湖泊外，几乎所有的阻隔湖泊都存在着不同程度的滥捕，对野生鱼类的发展构成威胁，与此对应的是湖泊的渔业产量持续下降，现有产量不到原有产量的一半。相对阻隔湖泊而言，通江湖泊的渔业产量也在持续下降。

第二节　三峡水库下游河流水文情势变化分析

一、长江中下游地区

长江自出三峡后，进入中下游平原区。宜昌至湖口段为中游，长955km，流域面积68万km^2。干流自宜昌以下，河道坡降变小、水流相对平缓，枝城以下沿江两岸大多筑有堤防。本段加入的主要支流，南岸有清江和洞庭湖水系的湘、资、沅等，鄱阳湖水系的赣、抚、信、饶、修五水，北岸有汉江。自枝城至城陵矶河段为著名的荆江，河道弯曲，素有“九曲洄肠”之称，南岸又有松滋、太平、藕池、调弦已堵塞四口分流入洞庭湖，水道最为复杂，目前上荆江藕池口以上堤高流急，形势险要，防洪问题突出，下荆江曲折蜿蜒，泄洪不畅。城陵矶以下河道，河势虽总体稳定，但一些分叉河段内主流有摆动，一些浅滩河段河势不够稳定。

湖口以下为下游，长938km，流域面积12万km^2，沿江亦有堤防保护，加入的主要支流有南岸的青弋江和水阳江水系、太湖水系和北岸的巢湖水系，淮河的大部分水量也通过淮河入江水道入江，大通以下约600km受潮汐影响。本区由淮阳山地、长江中下游平原和江南丘陵三个地貌单元组成，除大别山地以坚硬岩浆岩与变质岩为主体外，江南丘陵区岩类复杂，分布有变质岩、岩浆岩、碳酸盐岩、砂页岩等。中下游平原区以亚黏土、亚砂土和软弱淤泥质土及粉细砂分布为主。

长江流域湖泊很多，据1984年统计，流域内湖泊面积总计约15200km^2，约占全国湖泊总面积的1/5，有92%的湖泊集中在中下游地区。其中，中游的洞庭湖、鄱阳湖，下游的巢湖、太湖据我国五大淡水湖之列，面积以鄱阳湖面积最大，其次是洞庭湖，太湖居第三。长江中下游以往通江湖泊众多，历史上依靠这些通江湖泊滞蓄洪水。1950年以来，在长江中下游兴建了大量防洪工程，通江湖泊除洞庭湖和鄱阳湖外，均已建闸控制。随着泥沙淤积，以及湖州滩地的不断围垦，湖泊面积不断减小，例如洞庭湖水面有1954年的3914km^2（城陵矶水位33.5m）减少为1955年的2623km^2，蓄洪能力不断降低。

二、三峡工程对长江中下游河流的水文功能的主要影响

三峡工程是长江防洪治理的关键工程和长江中下游防洪系统的主体，减少了中游重要防洪区的大洪水威胁，改善了人们的经济生活环境，其最主要的不利影响是对长江河流连续体产生了阻隔作用和改变化中下游的水文节律。人类社会在利用河流的自然功能的同时投入了人类有目的的劳动，使河流这个复合生态系统在价值流上发生了一定的偏向流动，对河流水生生态系统产生了一定的影响和干扰。这里，首先对三峡建库前宜昌水文站天然径流变化特征进行分析，弄清该站的天然水文节律，然后才能在了解其改变的基础上采取有效的生态调度措施。

宜昌站流量变化区间及其节律具有一定的规律，与其天然气候顶级系统表现出整体一致性，但由于下垫面的作用又表现出一定的差异性。通过长系列历史水文资料（1877–2002年）表明宜昌站的流量变化有相应的区域，宜昌站多年平均流量14200m^3/s，年平均流量是最大的1954年的18200m^3/s，最小的是1942年的10600m^3/s；最大流量是发生在1896年9月的71100m^3/s，最小流量是发生在1937年3月的2770m^3/s。宜昌站一年内丰、平、枯的水量变化节律，可以划分为枯水期、汛前涨水期、汛期、汛后退水期，长江各种水生生物活动都对此水文节律有自己的响应和应对措施。长期的气候条件和下垫面条件的相对稳定性，形成了与气候顶极系统相似的径流过程；

也形成了河流的径流量单峰涨落的自然节律。宜昌以上流域的降雨量与该站的径流量过程节律有整体上的一致性，以及径流经流域调蓄后的滞后性，宜昌站以上流域的降水量一般为1月份最小，而径流量最小值发生在2月份。

宜昌以上的流域集水面积占长江的56%，是中下游径流的主要构成成分，它的改变将引起下游荆江河道的径流节律的改变，对城陵矶以下长江河段径流节律都有一定的影响。按照水库调度图和调度规则，选用1946—1976年30年径流系列进行了水库调节计算，其结果如下：

（1）在30年中，1959—1960年和1972—1973年各有一个时段不足499万kw（各460万kw、483万kw，破坏深度不到10%），若按月为统计时段，历时保证率达99%。弃水发生在汛期6-9月份，枯水期没有弃水，水量利用系数达90%，水量利用较充分。

（2）汛期一般维持在防洪限制水位145m运行，满足了防洪与排沙的要求。

（3）10月份是水库蓄水期，由于在防破坏线以上水库按发装机预想出力运行，在防破坏线以下保证出力区按保证出力运行。

（4）当坝前库水位高于160-164m时，万t级船队可以直达重庆港。根据30年调度结果，枯水期10月至次年5月有90%以上时间库水位维持在160m以上，就全年而言，坝前库水位高于的保证率达57%，大于航运部门万t级船队直达重庆港的保证率达到50%以上的要求。

（5）经水库调节，枯水年1951—1952年1—4月份的流量从3730—5340m^3/s，增加到5420—6370m^3/s，调节流量达5860m^3/s，提高了水库下游荆江浅滩河段的航深，结合葛洲坝水库的反调节，可基本满足协调电站调峰与葛洲坝下游航运之间矛盾的要求。

三峡工程对长江的自然功能的产生了一系列干扰影响，主要影响为改变了河流的水文节律。在径流情势上，主要体现在1月1日至6月10日的放水上，在枯水季节1-3月的下游水位上升，不利于土壤的排干，土壤盐渍化有扩大趋势，因此要限制枯季放水最大流量；每年10月份蓄水时，使中下游湿地和河口的枯水季节提前从而影响它们的相关生态系统中生物的生长节律；在洪水脉冲上，水库调度运行，使下泄洪水过程坦化，对“四大家鱼”繁殖产生不利在单项的生态因子上，改变了生态因子的变幅，对库区和下游生态系统的产生一系列影响。如在水温上，三峡水库下泄水温不同时期分别出现的“滞温”和“滞冷”现象，对“四大家鱼”和中华鲟的繁殖产生干扰。总的来说，三峡建库后将使宜昌水文站径流年内变化特征，改变中下游的水文节律和水文功能，从而影响到中下游河流的地质功能和生态功能的发挥。

三、三峡工程对长江中下游河流的地质和生态自然功能的主要影响

建坝引起的水库淹没和河流水文、水力情势的变化是影响河流地质与生态的基本原因。三峡工程的兴建对生态与环境的有利影响主要在中游，不利影响主要在库区，其中库区移民环境容量是工程决策中比较敏感的制约因素。这里主要对自然环境和各种生物的影响进行分析。三峡工程对自然环境的影响主要有：

(一) 对局地气候的影响建库后对库区及邻域气候有一定影响，但是影响范围不大，对温度、湿度、风和雾的水平影响一般不超过范围，表现最明显地在水库附近。

(二) 水质影响主要是三峡库区的大量污染源。调查资料与等标负荷评价结果表明，库区污染源主要为工业、农田退水、生活污水、城市径流和船舶流动污染源等。对水质影响主要有：

(1) 对扩散能力的影响某些近岸局部区域污染物浓度会有所增加；(2) 对生物化学需氧量的影响。由于入库生物化学需氧量的负荷远小于水库生物化学需氧量的容量，近期水库总体水质不致恶化；(3) 淹没对水质的影响。经类比分析，淹没的土地面积与年径流量之比较小，因土地淹没而加剧水污染的可能性不大。在支流其比值较大，支流和库湾土地淹没引起的水质问题可能会严重一些；(4) 泥沙淤积对水质的影响。水库的沉积作用使库水中的悬浮物和重金属含量明显降低63%—70%，水中重金属元素总浓度将降低，而水库沉积物中的污染物和重金属含量将增加，水库仍保持以吸附为主的水环境条件，不会因解吸而造成二次污染；(5) 对营养物质的影响。建坝后，水库对氮、磷、钾营养物质有一定拦蓄作用。由于三峡水库属峡谷型水库，平均水深约70m，就总体而言，水库不致出现富营养化问题。对干支流局部流速很缓的库湾水域，有发生富营养化的可能性。长江入海营养物质70%—80%来自三峡坝址以下江段，水库对坝下游水中营养物质增减的影响甚微；(6) 对坝下游水质的影响。水库运行后，宜昌江段的浊度、固态元素浓度明显降低。枯水期坝下江段岸边污染将得以改善。而10月份蓄水期间，城市江段的岸边污染带污染程度则有所增加。由于下泄泥沙减少，在坝下游的一定区间内，江水吸附自净能力将会降低。水库运行使坝下流量趋于稳定，便于坝下游排污的控制，提高水质的稳定程度。

(三) 环境地质

1. 区域及坝址地壳稳定性分析：三峡工程区周缘4万km^2，内无深大断裂分布，震旦纪以来无岩浆活动，具典型的准地台型地壳活动特征，稳定程度相对较高。

2. 水库诱发地震：据最大历史地震震级并适当加权，确定最大可信地震为6级左右。对坝址所受影响烈度为VI度，不会对按烈度VII度设防的枢纽主要建筑物构

成直接威胁。

3. 库岸稳定：三峡库岸主要由坚硬、半坚硬岩石组成，岸坡总的稳定条件较好，岸坡变形破坏的主要形式是古老崩塌和滑坡的再活动，坡面泥石流和松散堆积层的塌滑仅在局部地段发生。

4. 水库渗漏：三峡水库封闭条件良好，不存在向邻谷和下游渗漏问题。

（四）陆生植物和植被

对物种的影响：有三峡建库对植物物种的影响和对珍稀濒危与经济植物的影响。三峡工程对植物物种和珍稀特有种类有影响，不至于导致濒危物种的灭绝。

（五）陆生动物

对陆生动物现状影响：三峡建库后，随着库水位升高，农田和人类活动上移，以农田草灌和草灌农田生境为主的陆生脊椎动物生存环境受到影响。两栖爬行类在蓄水初期数量将下降，随着时间推移可能逐步增加。黑线姬鼠、褐家鼠等有害鼠类动物将随移民上迁，对生产、生活和人民健康带来危害。而水禽数量将会增加，特别是雁形目、鹤形目、鸥形目鸟类将成为常见种。

（六）水生生物

1. 水生生物现状

库区有藻类植物80余属，种类以硅藻和绿藻居多，主要为着生藻类，但干流着生藻类数量少，支流中种类丰富。干支流及沿岸小支流内有水生维管束植物40余种，但干流中种类与数量都少。

库区有浮游动物70余种，干流种类和数量少，支流则反之。底栖动物20种，主要为摇蚊幼虫和寡毛类。

库区干支流有鱼类140种，其中上游特有种47种，经济鱼类30余种。在三峡工程影响区有6种珍稀濒危水生动物，其中白鳍豚、白鲟、中华鲟和长江鲟为一级保护动物，江豚和胭脂鱼为二级保护动物。

由于人类活动的影响，四大家鱼资源呈现衰退现象，长江干流繁殖的鱼苗数量，80年代仅相当于60年代的1/5至1/3，繁殖种类规模显著减小，支流尤甚。

2. 影响预测评价

（1）对珍稀、濒危物种的影响

白鳍豚：目前珍稀水生动物白鳍豚的种群数量已不足200头，若不积极保护，可能灭绝。

中华鲟：属上游产卵洄游性鱼类，葛洲坝修建后洄游受阻，已采取人工繁殖、放流保护等措施。有资料表明，中华鲟在葛洲坝下游已形成了新的产卵场。

长江鲟：其产卵场位于库区上游江段，建坝不会对其产卵场产生影响。

胭脂鱼：上游的种群在若干年内将相对稳定，而中、下游的种群由于缺乏上游仔、幼鱼补充，单靠本江段小规模的繁殖群体，将难以维持稳定的种群。胭脂鱼的人工繁殖试验在1987年已取得成功，经过1988年和1989年的进一步试验，胭脂鱼人工繁殖和幼鱼培育技术已臻完善。

（2）对鱼类资源的影响：建库后，由于上游环境的改变，约40种鱼类受到不利影响，其中2/5为上游特有鱼类。虽不致灭绝，但因栖息地面积缩小约1/4，种群数量相应减少。四大家鱼在上游干支流繁殖的卵、苗，能在库区内漂流、发育，并滞留于水库内，资源将会增加；中游宜昌至城陵矶江段如果水库调度不考虑家鱼繁殖要求，其繁殖将受到严重不利影响，水库调蓄使洞庭湖提前一个月进入枯水期，鱼汛提前，渔产品数量和质量将有所下降。

（七）中游湖区的环境问题

1. 环境状况

目前，长江中游平原湖区的土壤沼泽化和潜育化问题比较严重，需要注意排涝除渍，控制地下水位。建坝后，由于水库的调节，长江中游的水文情势将有所改变。汛末10月，水库蓄水，下泄流量较天然情况减小；1—5月，水库下泄流量较天然情况增加；这种变化将影响中游平原湖区的枯季自流排水和地下水位。土壤的脱湿与沼泽化、潜育化是一个缓慢过程，需要若干年后才可能出现湿生状态。因此，三峡水库对中游湖区土壤潜育化也有影响。

2. 对四湖地区的影响

四湖地区南缘长江北绕东荆河，因境内原有长湖、三湖、白露湖和洪湖而得名。总面积11000余km^2，耕地45.3万hm^2，人口450万人。

建库后影响四湖地区长江水位的主要因素有二：一是因枯水期流量加大引起水位抬升，根据丰、平、枯三种典型年三峡水库调度资料推算，新滩口闸外长江水位与建坝前相比，1–5月升高0.2–1.23m；二是由于坝下游河床发生普遍冲刷致使水位下降。

3. 对洞庭湖区和鄱阳湖区的影响

洞庭湖区洞庭湖区位于长江荆江段南岸，总面积为18730km^2，高程从43m至26m，水网密布，土地肥沃。

鄱阳湖区：鄱阳湖区现有耕地面积约37.3万hm^2，主要耕作区地面高程在16m以上，16m以下属湖洲草滩地。

在水库建成运行后，长江枯水期1—5月份流量有所增加，相应水位也略有抬高，而荆江河床的冲刷又可使水位下降，特别是经三峡工程调蓄后在洞庭湖淤积的泥沙量大大减少，这些因素综合作用的结果在不同时段对洞庭湖和鄱阳湖地区土壤的潜育化、沼泽化将产生不同程度的影响。

（八）河口地区的生态与环境问题

1. 对河口径流的影响

三峡建库后，全年入海总水量不变，只是年内分配有所变化。枯、平、丰三种典型年与天然情况相比，大通站10月流量分别减少32.4%、20.3%、16.9%。1-5月份水库增加下泄量约1000—2000m^3/s，不同典型年份比天然情况分别提高24.5%、19.9%、5.1%。

2. 对河口盐水入侵的影响

枯水期下泄流量增加后河口水体氧化物的峰值将有所削减，连续取不到合格水的天数有所减少，但枯水年10月和11月下泄流量减少后，会使河口段入侵时间提前，历时加长，总的受影响天数有所增加。

3. 对河口三角洲地区土壤盐渍化演变趋势的影响

目前，在河口沿江和滨海三角洲地区分布有相当数量的盐渍土。该地区盐渍土的演变总趋势是向脱盐方向发展。研究表明，大面积盐渍土与脱盐土的地下水矿化度多在2g/L上下，现在该区地下水位已处于临界状态。三峡建坝后，由于长江水情的变化，将会对河口地区的土壤水盐平衡现状产生一定的影响。

三峡水库运行后，由于1—5月水位抬高，排水排盐受阻，10月江水下落，咸潮沿江上溯势力增强，会延缓河口地区盐土、盐化土脱盐过程，部分已经脱盐的土壤可能会发生不同程度的次生盐渍化。同时，在下泄流量调节期间，潮位变化幅度仅升降5—15cm左右。相对于天然潮位变化幅度2.5—3m，改变较小，因此，对河口潮位变化、咸潮入侵等不致产生明显不利影响。

4. 对河口泥沙堆积和侵蚀过程的影响

水库运行的前50年，大通站年平均悬沙输移量比建库前减少23.4%，即1.14亿t，以后来沙量将逐渐增多。来沙量的减少以及水量年内分配的调整，会使河口三角洲岸滩的侵蚀、堆积作用发生相应变化；不利的影响是某些淤积岸段的淤涨速度率将减缓，某些冲刷岸段的冲刷作用会加强；有利的影响是将增加河口河槽的稳定性。

5. 对河口及近海营养物质和渔业资源的影响

长江口及近海地区是我国重要渔场。建坝后，将改变河口径流在年内的分配，影响到该水域的渔业资源。中华绒螯蟹产卵场（渔场）有移动，蟹苗可能减产；对银鱼和鲤鱼等资源可能有利对梅童鱼产生不利的影响。

第三节　三峡水库下游水文情势变化对重要鱼类中华鲟生境影响

水库拦蓄河流改变了原来自然生态系统的组成与结构，阻断了生态系统的物质与能量循环，必然会对河流生态系统造成某些影响。三峡工程作为一项举世瞩目的大型水利水电工程，是治理和开发长江的关键性骨干工程，具有防洪、发电、航运等巨大的综合效益，将对我国社会主义建设发挥巨大的推动作用。但与此同时，三峡工程也将部分改变长江水文情势，对其上下游一定范围的生态与环境带来深远影响。三峡水库对生态与环境的影响一直是备受国内外各界广泛争论和密切关注的热点和焦点问题。

三峡水库位于长江干流中游，其下游宜昌江段分布有重要经济鱼类“四大家鱼”产卵场，产卵规模大，是长江最重要的家鱼自然繁殖区之一，同时也是长江洄游性珍稀水生动物中华鲟唯一产卵场所在江段。三峡水库蓄水后，影响较为明显，主要表现为每年10月份开始蓄水，下泄水量减少；5—6月份，水库对洪水实施调节，削减了上游来的洪峰，这两个下泄流量变动阶段正好与坝下中华鲟和四大家鱼产卵时间一致。水生生物产卵繁殖对生境影响因素要求条件相对于其他生命阶段要高，也比较敏感，因此，以中华鲟和四大家鱼产卵繁殖期作为研究关键期具有重要研究意义。

一、数据收集和研究方法

三峡水库下游设有多个水文测量站，重要控制站点有宜昌站、汉口站和大通站。为了研究三峡水库对中华鲟和四大家鱼产卵期生态水文情势影响，本文选择宜昌水文站流量、水位、水温和含沙量水文资料为分析对象，宜昌水文站处于中华鲟产卵场分布范围内，能够反映产卵场径流变化特征，同时宜昌站有较长的历史水位、流量等资料，此外，宜昌站也是三峡水库的出口控制断面，具有很好的代表性。此外，收集了中华鲟和四大家鱼产卵历史资料。采用的数据资料主要包括:(1)水文数据：1882—2006年宜昌水文站流量资料，1956 —2006年宜昌站水温资料，1950—2006年含沙量和水位资料，分析时段中华鲟产卵时期10—11月份，四大家鱼集中产卵期5—6月份;(2)生物资料：1982—2006年中华鲟产卵数据资料，1997—2002年监利断面四大家鱼产卵数据资料。

根据长江水产所和水生物研究所等对中华鲟和四大家鱼产卵繁殖监测资料，首先分别分析中华鲟和四大家鱼产卵繁殖条件，进而研究三峡水库蓄水前后中华鲟和四大家鱼繁殖期生态水文变化情况及其对中华鲟和四大家鱼产卵繁殖的影响。

二、三峡水库蓄水对中华鲟产卵繁殖影响

(一) 中华鲟产卵繁殖条件分析

中华鲟一般在每年的10月中旬至11月中旬产卵，在10月中下旬尤为集中。中华鲟产卵需要一定的水温、水位、流量、流速、含沙量、河床质等水文条件和水力条件，产卵期这些因子的变化直接影响中华鲟的产卵数量和质量，此外，洪水期的水文情势特征和中华鲟的洄游也是重要的信息，其间接影响每年中华鲟亲鱼产卵洄游的尾数。根据前人相关研究以及相关中华鲟产卵资料，统计了葛洲坝建坝后中华鲟1982—2006年共25年中华鲟产卵日期以及产卵时的流量、水位、水温、含沙量和平均流速等水文条件，可知，中华鲟产卵适宜流量为10000—15000 m^3/s，在此流量段中华鲟产卵次数约占历年次数的50%；中华鲟产卵适宜水位为43—46 m；中华鲟产卵适宜水温为18—20℃，最适宜温度为18—19℃；中华鲟产卵适宜含沙量为0.1—0.7 kg/m^3，其中最适宜为0.1—0.3 kg/m^3；中华鲟产卵适宜流速为1—1.4m/s，最适宜流速为1.0—1.2 m/s。可知中华鲟产卵繁殖是产卵场条件及水文水力条件共同作用的结果，就中华鲟产卵生态水文条件分析而言，中华鲟产卵具有一定的适宜的范围。

(二) 三峡水库蓄水前后中华鲟产卵期生态水文变化

根据对宜昌水文站10月和11月水文资料进行了统计分析，可知，10月、11月份流量、水位和含沙量呈下降趋势，其中流量下降比较明显，下降显著超过95%置信度；10月份平均水位下降2.85m，11月份下降3.42m，而且减少量是逐年递增的；10月份平均含沙量下降0.4kg/m^3，11月份下降0.46kg/m^3；然而，10月和11月份平均水温呈上升趋势，10月份平均水温上升1.43℃，11月份上升2.35℃。

在分析宜昌水文站水文变化基础上，分析了三峡水库蓄水前后宜昌站10月和11月水文要素中流量、水位、水温和含沙量的变化情况。三峡水库蓄水后10月和11月流量、水位和含沙量呈不同程度下降，而水温则上升，其中10月和11月的多年平均流量分别减少了24.7%和24%，10月和11月的泥沙含沙量下降更明显，减少量分别为蓄水前多年平均的94%和97%。宜昌水文站水文要素的变化可能使中华鲟长期适应的产卵场可能遭到破坏，给中华鲟的繁殖生育带来的影响，其中流量、水位的下降，会使的中华鲟产卵场的实际水面缩小，尤其是水温上升，将会影响到中华鲟产卵时的温度条件，会造成中华鲟产卵推迟现象出现，分析其原因可能与三峡水库蓄水有直接关系。

(三) 三峡水库蓄水后中华鲟产卵繁殖情况

三峡水库蓄水后中华鲟产卵繁殖情况发生了明显改变，为了说明中华鲟变化情况，从中华鲟产卵时间、次数以及产卵受精率、规模方面进行分析，进而说明中华鲟产卵繁殖期生态水文条件改变对其影响。

1. 三峡水库蓄水前后中华鲟产卵时间、次数变化分析根据对葛洲坝蓄水后三峡水库蓄水前1982—2002年共38次中华鲟产卵资料分析，中华鲟产卵次数一般在一个繁殖季节发生2次产卵，少量年份发生1次或3次，第1次产卵日期最早开始于10月13日，最晚开始于11月7日，第2次产卵日期最早开始于10月30日，最晚开始于11月18日，第1次产卵时间在11月份以后的只有1次，为1983年。然而三峡水库蓄水后，2003—2007年连续5年产卵时间推迟到11月份以后，分别为11月6日、11月7日、11月9日、11月13日和11月24日，且产卵次数仅为1次，并且表现为中华鲟产卵逐年推迟。根据相关监测部门监测结果表明，2004—2006年中华鲟幼鱼到达长江口时间为5月下旬，较以往到达时间5月中旬，推迟10天左右。根据以上分析，可知三峡水库蓄水已经影响到下游宜昌江段中华鲟产卵繁殖。

2. 三峡水库蓄水后中华鲟产卵受精率、产卵规模与三峡水库蓄水前有明显下降，三峡水库蓄水前受精率平均为84%，而三峡水库蓄水后仅仅为30%，受精率平均下降65%。

总之，根据以上中华鲟产卵时间、次数以及规模、受精率分析，与三峡水库蓄水对水文条件改变有关，水温是中华鲟产卵繁殖的限制因子，三峡水库蓄水后中华鲟产卵期10月和11月水温相对于蓄水前水温升高，而中华鲟产卵需要一定的温度条件，因此，中华鲟推迟到11月份合适的温度进行产卵，同时由于中华鲟产卵时间推迟，幼鱼出现在河口的时间也相应地推迟。中华鲟产卵需要适宜的流量、水位、含沙量和流速条件，然而三峡水库蓄水后10月份和11月份流量减少、水位降低和含沙量减少等对中华鲟的产卵活动能够产生一些影响，关于水文条件改变对中华鲟产卵的影响，还有待于以后进一步研究。

三、三峡水库蓄水对四大家鱼产卵繁殖影响

为了分析三峡水库蓄水对四大家鱼产卵繁殖的影响，本书重点分析产卵旺盛季节5-6月份宜昌站生态水文要素变化，包括流量、水位、水温和含沙量，进而分析三峡水库蓄水对四大家鱼产卵繁殖的影响。

(一) 四大家鱼产卵繁殖条件分析

长江是我国青、草、鲢、鳙四大家鱼的主要天然产地，其中长江干流中游自宜

昌至湖口，是四大家鱼的重要繁殖场所，鱼卵产卵量约占全江的3/4。其中，四大家鱼产卵繁殖季节在每年4月下旬至7月上旬。根据相关研究表明，许多鱼类的产卵活动与其产卵场水域的水文状况有密切的联系，四大家鱼产卵繁殖活动的发生就与一定的水温，伴随涨水过程出现的水位升高、流量加大、流速加快、透明度减小以及流态紊乱等一系列水文要素有关。水温是家鱼繁殖的主要外界条件之一，繁殖的最低水温为18℃，水温低于18℃，则繁殖活动被迫终止。产卵盛期水温为21—24℃。由于四大家鱼产卵繁殖时期较长，因此，水温范围也相对较大。此外，四大家鱼产卵活动基本是在涨水期间进行的，涨水过程时流速加快，刺激四大家鱼成熟，亲鱼产卵、排精，当水位下降，流速减缓时，繁殖活动大都停止。根据监利断面四大家鱼产卵繁殖情况分析，发现在江水起涨后大约0.5—2d开始产卵，产卵高峰期为5月中旬至6月下旬，产卵次数至少2次以上；水位日均涨水率为0.27 m/d，范围为0.12—0.36 m/d；平均涨水量为2.51 m，范围为0.73—5.28 m；鱼苗江汛持续时间都在4 d以上，平均历时11 d，范围为4—18 d。

（二）三峡水库蓄水前后四大家鱼产卵期生态水文变化

根据对宜昌水文站5月和6月水文资料变化分析，可知：(1)5月和6月份平均流量呈下降趋势，下降趋势度为 $-10.5\ m^3/s.\ a$ 和 $-14.9\ m^3/s.\ a$，5月份平均流量减少1312 m^3/s，6月份下降1862 m^3/s，分别占多年月平均的11.1%和10%。检验可知，5月、6月份流量下降趋势不显著。(2)5月和6月份平均水温呈下降趋势，下降趋势度为 $-0.035m/a$ 和 $-0.032m/a$，5月份平均水位下降2.0m，6月份下降1.8m。(3)5月和6月份平均水温呈上升趋势，上升趋势度分别为0.008℃ /a和0.002℃ /a，5月份平均水位上升0.41℃，6月份上升0.1℃。(4)5月和6月份平均含沙量呈明显下降趋势，下降趋势度分别为 $-0.015\ kg/m^3\cdot a$ 和 $-0.011\ kg/m^3\cdot a$，5月份平均含沙量下降0.86kg/m^3，6月份下降0.63kg/m^3。

三峡水库蓄水后的5月和6月流量、水位、水温和含沙量呈不同程度下降，其中5月和6月的多年平均流量分别减少了4.1%和10.6%，5月和6月的水温下降较小，5月和6月的泥沙含沙量下降较为明显，减少量分别为蓄水前多年平均的95%，由此可见，流量减少可能会给四大家鱼繁殖带来影响，而水温则不会影响四大家鱼产卵，此外，三峡水库蓄水拦截大量泥沙，清水下泄，可能对四大家鱼产卵场河床进行改变，进而影响四大家鱼产卵繁殖。

（三）三峡水库蓄水后四大家鱼产卵繁殖情况

三峡水库蓄水后四大家鱼产卵繁殖情况发生了较大改变，为了说明四大家鱼产卵繁殖变化情况，从四大家鱼产卵时间、产卵组成以及产卵规模方面进行分析，进而分析四大家鱼产卵繁殖期生态水文条件改变对其影响。

1. 三峡水库蓄水前后四大家鱼产卵时间变化分析。根据对四大家鱼产卵条件分析，四大家鱼繁殖活动最早开始时间为4月28日，最晚开始时间为5月10日；最早结束时间为6月15日，最晚结束日期为7月5日。四大家鱼产卵与水温条件紧密联系，四大家鱼产卵的最低水温为18℃，水温低于18℃，则繁殖活动被迫终止，产卵盛期水温为21—24℃，四大家鱼产卵通常发生在水温稳定在18℃以上后10天左右，如1982年为4月26日，1983年为4月23日，这两年该江段家鱼繁殖季节始于5月上旬。1984年日平均水温已经稳定上升到18℃以上为4月17日，当年繁殖季节也提早到4月下旬。

根据三峡—葛洲坝建坝前后宜昌江段最低水温日期数据分析可知，葛洲坝水库对水温在四大家鱼产卵季节并无明显变化，对四大家鱼的繁殖活动并无影响。三峡水库2003年6月蓄水后，对水库下泄水温有一定的调节作用，根据前面水库下泄水温分析，在每年的4—5月份下泄低温水平均比天然情况下低1℃左右。在2004—2006年四大家鱼产卵季节，日平均水温稳定在产卵温度最低要求水温18℃的时间分别为4月25日、4月26日和4月30日，比三峡蓄水前出现时间平均推迟10天左右。根据相关监测部门监测结果，1997—2002年调查资料，产卵高峰主要集中在5月中旬和6月中旬，2003年蓄水后产卵时间推迟到6月下旬至7月中旬，其中2007年监利断面发现3次苗汛，出现时间分别在6月8日—6月9日、7月14日—7月19日和7月26日—7月28日。可见，三峡水库蓄水对四大家鱼产卵繁殖具有一定的影响，致使产卵时间以及产卵高峰期向后推迟，其中产卵高峰期推迟可能与涨水过程变化有关。

2. 三峡水库蓄水前后四大家鱼产卵组成分析根据历史几次四大家鱼监测资料分析，1997、1998、1999年监利江段采集鱼苗样品分别为35381尾，43224尾，25351尾，其中四大家鱼鱼苗分别为3455尾，3715尾，2005尾，占样品总数的9.77%，8.59%，7.91%。根据四大家鱼鱼苗成色分析，三峡水库蓄水前宜昌至城陵矶江段主要是草鱼和青鱼，其中草鱼占绝对优势，鲢、鳙鱼比例呈继续下降趋势；根据相关渔业监测部门监测结果，三峡水库蓄水后，该江段鱼苗种类组成发生了较大变化，鲢鱼在鱼苗种类比例中最高，草鱼比例下降，2005—2007年鲢鱼比例分别为66.11%、59.91%、60.25%，青鱼比例已经很低，07年未监测到青鱼。

3. 三峡水库蓄水前后四大家鱼产卵规模分析根据对监利断面四大鱼苗径流量历年监测结果分析，三峡水库蓄水前，宜昌至城陵矶分布10余个产卵场，监利断面鱼苗来源于荆江和葛洲坝以上江段产卵场，且产卵规模呈明显下降趋势，1986年产卵量最高，达到72亿尾；三峡水库蓄水后，监利断面卵苗来源于宜昌、宜都、江口、石首和调关等产卵场，因此2003—2006年监利断面四大家鱼鱼苗径流量锐减，其中2005年鱼苗径流量最低，仅为1.05亿尾，并且2005年监利断面首次没有监测到苗汛出现。

根据分析，四大家鱼产卵规模与河流涨水过程具有直接关系，三峡水库蓄水后，由于水库的调蓄作用，5—6月份涨水峰值削平，涨幅变小，可能致使亲鱼繁殖活动受到抑制或停止，其中2005年由于三峡水库调蓄影响，5—6月份监利断面涨幅明显减少，涨水历时变短，主要表现为5月份监利水位缓慢上涨，6月10日后，监利水位处于缓慢下降过程，水文条件不能满足四大家鱼产卵，致使2005年没有发现。

通过以上分析，可以得出研究结论为:(1) 三峡水库蓄水后的10月和11月流量、水位和含沙量呈不同程度下降，而水温则上升，其中10月和11月的多年平均流量分别减少了24.7%和24%，10月和11月的泥沙含沙量下降更明显，减少量分别为蓄水前多年平均的94%和97%，此外，通过分析三峡水库蓄水前后中华鲟产卵繁殖情况，认为三峡水库蓄水使得中华鲟产卵推迟10天左右，产卵受精率平均下降65%以及产卵规模降低等。(2) 三峡水库蓄水后的5月和6月流量、水位、水温和含沙量呈不同程度下降其中5月和6月的多年平均流量分别减少了4.1%和10.6%，5月和6月的水温下降较小，5月和6月的泥沙含沙量下降较为明显，减少量分别为蓄水前多年平均的95%，通过分析三峡水库蓄水前后四大家鱼产卵繁殖情况，三峡水库蓄水导致下泄水温降低，使得四大家鱼产卵时间以及产卵高峰期向后推迟，平均推迟10天以上，此外，四大家鱼鱼类组成发生了较大变化，鲢鱼在鱼苗种类比例中最高，草鱼、青鱼比例下降，产卵规模也由于涨水过程改变，也逐年下降。

三峡水库蓄水后，在一定程度上改变了河流天然水流情势，对下游河流生态系统带来了一定的影响，使得中华鲟和四大家鱼的产卵繁殖条件发生了改变。因此，为了减缓三峡水库蓄水对河流生态系统的影响，有必要开展一些生态补偿措施以保障水库下游河流水生生物安全，实现河流健康可持续发展。

第八章　大型水利工程对长江水沙关系影响分析

河流水、沙和河床之间表现为一个整体联系和互相影响的关系。自然情况下，水沙过程和河床演变表现出其固有的特性，它们之间维持着一种平衡，河流系统的各项功能，都能够适应于这种平衡。一旦水沙过程被干扰超过一定的限度，就会打破原有的平衡，引起河流系统的整体响应。水沙关系变化导致河道冲刷与淤积，从而改变河流形态、断面形状、河床质地如粗化现象，泥沙的输送规律，进而影响河口造陆速度及流域湿地的发展与退化，最终影响河流生态系统的健康与稳定。

第一节　水沙相关分析

流域输沙是复杂过程，受多方面因素影响，包括水库拦沙、土地利用变化、降水变化、径流量变化等，其中径流作为泥沙运动的载体，与其关系密切。本文通过分析长江干流上、中、下游宜昌、汉口、大通三个站的水文资料，来研究径流量与输沙量之间存在的关系。

(一) 不同时期的水沙相关分析

首先对宜昌、汉口、大通三站年径流量和年输沙量的相关关系进行了分析，其相关系数分别为0.57、0.062、0.19，宜昌站的水沙关系显著相关，(0.4–0.7称为显著相关)，而汉口和大通站的相关程度低，特别是汉口站几乎为不相关，大通站则为弱相关（小于0.02称为弱相关)，宜昌站来水来沙同源，汉口和大通站由于区间的影响，存在来水来沙异源，这可能是造成三站年水沙相关关系存在差别的原因，说明水沙同源性在水沙年相关分析中有重要作用。考虑到长江流域径流量和输沙量年内分配不均，分别对各站汛期和非汛期数据作水沙相关分析，相关系数见表8–1。从表中可以看出，与年相关性相比，各站汛期非汛期水沙相关性均有不同程度的提高。除宜昌站外，其他两站非汛期水沙关系与汛期相比更为密切，非汛期水少沙少，水沙关系相对稳定。而沙量大部分集中在汛期，产自上游，沿途经各水库不同方式地调蓄，使中下游水沙关系相对较差。下文将从人类活动对水沙关系的影响着手分析。

表 8-1　汛期非汛期水量沙量相关系数

相关系数	宜昌		汉口		大通	
	汛期	非汛期	汛期	非汛期	汛期	非汛期
R	0.63	0.36	0.08	0.35	0.20	0.55

表 8-2　不同研究时段汛期、非汛期水沙相关分析成果表

	宜昌		汉口			大通		
研究时段	1950–1980	1981–2002	1954–1966	1967–1980	1981–2002	1953–1966	1967–1980	1981–2002
汛期水沙相关系数	0.736	0.822	–0.214	0.361	0.268	0.082	0.599	0.184
非汛期水沙相关系数	0.691	0.740	0.803	0.798	0.709	0.863	0.814	0.830

从表中可以看出，在两个研究时段内宜昌站汛期、非汛期水沙相关性都很好，均达到高度相关。这是由于上游河流以高原和丘陵山地为主，河流两岸地形陡峭，河道坡度大，洪季时径流量大，流短湍急，携带泥沙粒径以粗颗粒为主，因此上游两者呈现出较好的相关关系。同时与不分研究时段的成果相比，汛期与非汛期的水沙相关系数都有相当程度的提高，表明水沙平衡在受到人类活动，如大坝建设的干扰后，在一定的时间后又会达到新的平衡。与其他两个站相比，汛期与非汛期宜昌站水沙相关性都很好，说明该站水沙同源性好。并且受葛洲坝水库“动水冲沙”调度方式的影响，枯水季葛洲坝水库泥沙沉积相对明显，表现为汛期水沙相关关系好于非汛期，但由于葛洲坝水库库容较小，所以对水沙关系的影响不明显。

汉口站各阶段非汛期水沙相关性很好，在三个时段均达到高度相关，但汛期相关系数普遍偏小，均为低度相关，其中第一阶段汛期水沙呈负相关，表明水沙变化不同步。与宜昌站相比，影响汉口站的因素更多，包括上游人类活动影响，汉江流域水沙关系受人类活动影响后在汉口的反应，以及区间水沙变化的影响等。降水集中的 7–8 月来自流域地表大量的极细颗粒泥沙进入河道，以冲泄方式向下输移。而这一部分冲泄泥沙在河流中的运动过程与水流流速无关。宜昌以下由基岩河流转为平原河流，坡降骤减，水流减慢，促使大量泥沙在该段河床及内陆湖泊中堆积，水沙比例失调是影响中游径流量与输沙量相关关系差的因子之一。中上游地区人类活动，如丹江口水库对泥沙的拦截作用明显，但对年径流量的影响却不大，也导致了径流量与输沙量之间相关性差。第二时段汛期水沙关系相对好转，是由于在该时段宜昌上游经历枯水期，同时受丹江口水库影响，汉江汇入长江的水量和沙量减少，

汉口站水量沙量有相当部分是来自于宜昌至汉口区间流域，水沙同源性提高。第三时段汛期水沙相关性有所降低，这可能是由于葛洲坝及其上游水库的建成，对泥沙沉积产生一定影响，致使水沙对应关系下降，但由于葛洲坝水库库容较小，并且距汉口站有一定距离，所以影响不大。在枯水季，水沙相关性很好，这可能是由于枯水季节，水沙大部分来自长江上游，小部分来自汉江及区间，水沙具有同源性。

大通站水沙相关性的变化与汉口站类似，影响汉口站的因素同样也影响大通站，但由于大通站距上游大型水库较远，受水库调度方式的影响进一步减弱，同时水沙经宜昌至大通 1200km 河道及中下游湖泊的调蓄后，汛期与非汛期水沙相关关系都有一定程度的提高。

第二节　水量、沙量双累计关系分析

流域水沙特性如发生突变，在水沙量双累积曲线图上将表现出明显的转折，即累积曲线斜率明显增大或减小。从图 8-1 中可以看出，宜昌站双累积曲线基本呈直线，但近期斜率有所减小（向径流量轴偏转），比较明显的转折点出现在 1988 年左右，主要是受嘉陵江减沙影响，图 8-2 也反映了这一点，1988-2002 年这 15 年的数据，除 1991、1997、1998 年点据位于相关线上方外，其余都位于相关线下方。其后斜率继续减小，特别是 2002 年以后，曲线大幅度向流量轴偏转，沙量继续减小，这主要是由于受三峡水库蓄水影响，并且三峡水库库容较大，对水沙关系影响较其他水库明显。将 1988-2002 年及 2003-2005 年的多年平均径流量和多年平均输沙量与 1950-1987 年的多年平均值相比，可以看出，多年平均径流量的变化不大，三个时段的径流量分别为 4383 亿、4320 亿、4277 亿，而多年平均输沙量则分别为 52525 万 t、40574 万 t、9084 万 t，后两个阶段与前 38 年相比，多年平均输沙量分别降低了 22.8% 和 82.7%。

与宜昌站相比汉口站的斜率总体上要偏小，变化一直比较平稳，1992 年以后曲线逐渐向流量轴偏转，并且在尾部变化明显，这主要是受汉口站上游干支流水库建设和流域水土保持的影响，其中宜昌站的减沙，影响到整个下游河道特性和沙量发生变化，其 1988 年后的明显减沙在 1991-1992 年影响到汉口。同时据初步估计，近 20 年来长江干流宜昌以下河道中共采挖江沙 1.3×10^8t，平均为 0.26×10^8t/a，近年来，江沙采挖量还在加大，河道要保持自然的平衡状态，采沙量越大，势必淤积量越大，致使泥沙在长江干流的淤积，进一步减少中下游各站的输沙量。并且可以看出三峡水库对汉口站减沙的影响要比宜昌站（汉口站距三峡水库 670km）。

大通站整体上也是向流量轴偏转，从60年代开始，斜率就有逐渐减小的趋势，90年代以后斜率减小的速度加快。大通站除受上游干支流水库拦沙的影响外，80年代以后洞庭湖、鄱阳湖沉积速度的加大，以及宜昌至大通段河道的淤积，其中汉口到大通河段，1986年后基本转变成淤积的态势，都直接影响到大通站的输沙量。

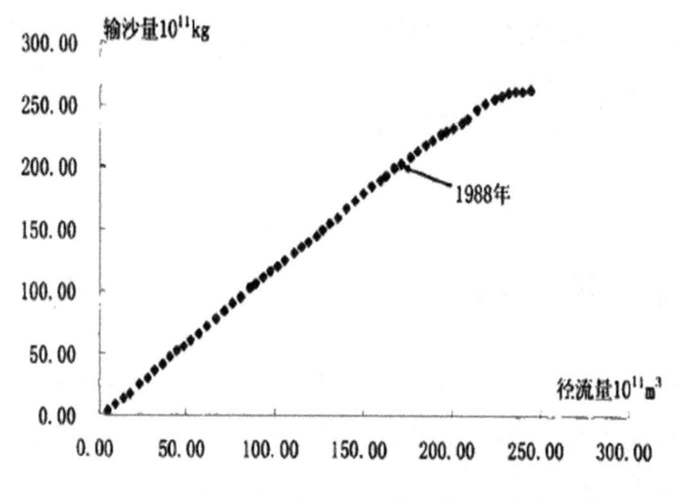

图8-1 宜昌站年径流量－年输沙量双累计曲线

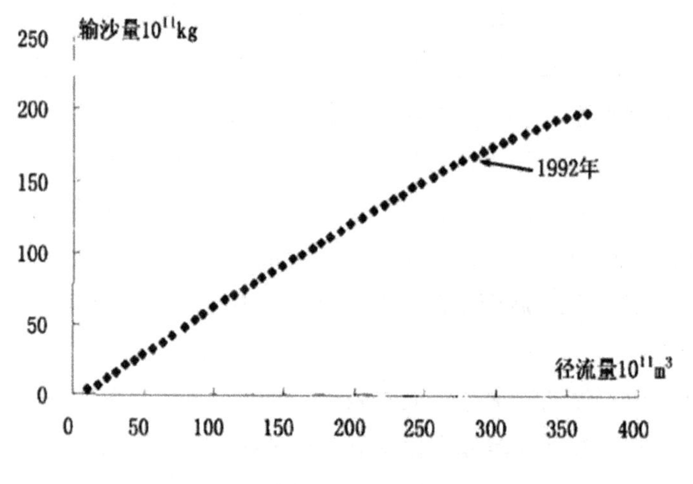

图8-2 汉口站年径流量－年输沙量双累计曲线

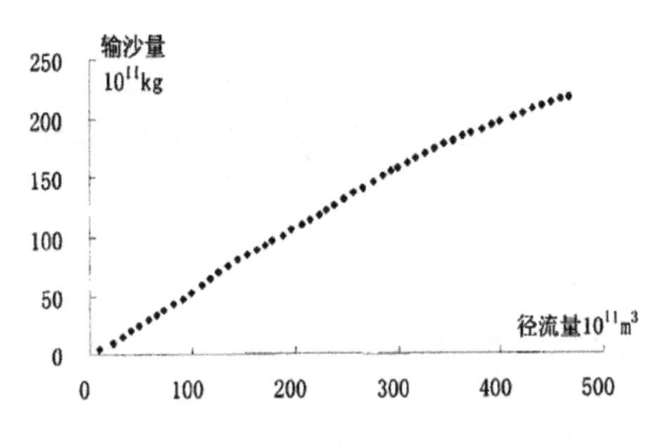

图 8-3　大通站年径流量－年输沙量双累计曲线

第三节　径流量、输沙量年极值分析

一、年极值比

人类活动可能会影响长江中下游干流主要控制站的最大 1 日、最小 1 日径流量和输沙量出现的时间及其比值。表给出了各研究时段内最大 1 日径流量、输沙量的最大值与最小值的比值，以及最小 1 日径流量、输沙量的最大值与最小值的比值。通过对比这些比值在不同时段的变化情况，分析径流量和输沙量极值变化规律及两者对应关系。

宜昌站各时段最大 1 日径流量极值比的变化呈现先增大后减小的规律，极值比在第二时段达到最大值 2.06，最大 1 日输沙量极值比也有相同的变化规律，但极值比最大值 5.37，出现在第三时段。从比值变化上可以看出，输沙量最大 1 日极值比要比径流量的比值大很多，表明输沙量年际间变化幅度大。宜昌站各时段最小 1 日径流量极值比与最大 1 日径流量极值比的变化趋势基本一致，先增后减，但各时段比值普遍偏小一些，可见枯季径流变化较为平缓。最小 1 日输沙量极值比的变化趋势与最小 1 日径流量极值比变化不一致，各时段呈现递减的趋势，从第一时段的下 6.65 降到第四时段的 2.04，表明受人类活动的影响，枯季输沙量的年际间变化逐渐平缓。

汉口站各时段径流量和输沙量的极值比变化较一致，最大 1 日径流量和输沙量极值比，以及最小 1 日径流量和输沙量极值比均在第三时段达到最大值，表明该时段丰枯间年际变化幅度明显，这可能是由于第三时段长江中下游极端降水事件增多引起的。各时段输沙量的极值比要大于径流量的极值比，表明汉口站输沙量的年际变化依然比径流量的明显。总体上看，洪水季的极值比要大于枯季的极值比，可见年内枯水期水沙分配更为均匀。

大通站各时段最大1日径流量极值比，总体上呈递减趋势，但递减速度缓慢，可见径流在各时段变化平缓。而最大1日输沙量的极值比的趋势则为先增后减，最大值4.21出现在第三时段，输沙量比值整体上大于径流量比值，这与汉口站基本一致。最小1日径流量和输沙量极值比在各时段的变化趋势较一致，都是先减后增再减，径流量比值最大值1.8出现在第三时段，表现出该时段径流量在枯水期更枯的特性，而输沙量比值最大值8.84则出现在第一时段，表明该时段枯水期输沙量各年际间变化幅度大。

从结果中可以看出各站输沙量极值比的变化与径流量的并不完全同步，汉口站的同步性要好于其他两站。总的来说，第三时段各站极值比相对于前一时段均有明显的增大，这可能是由于第二时段长江流域为枯水年组，而自90年代以来，极端降水量、降水强度与日数在长江流域中下游地区呈显著增加，致使第三时段径流量和输沙量的年际变化加剧。第四阶段三峡下闸蓄水后径流量和输沙量的年极值比都减小，表明受三峡水库调度方式的影响，各年际间极值均化，但鉴于该时段资料系列较短，这一特性并不完全具有代表性。各站径流量和输沙量变化不一致，可能是由于影响年径流量和年输沙量的因素不完全相同，如径流主要受降水、水库运行方式、引用水量、区间调蓄作用的影响，而沙量则主要受降水量、降水强度及降水分布、河道比降、水流流速、河道类型和河流沉积物粒径范围等的影响，特别是人类活动(如水库库容的大小、运行方式、距断面的远近等等)对沙量的影响更为显著。

表8–3　各时段最大1日、最小1日径流量、输沙量极值比

站名	最大1日径流量最大值与最小值比值				最小1日径流量最大值与最小值比值			
	第一段	第二段	第三段	第四段	第一段	第二段	第三段	第四段
宜昌	1.66	2.06	1.96	1.25	1.37	1.4	1.48	1.26
汉口	1.72	1.71	1.9	1.14	1.65	1.17	1.78	1.22
大通	2.12	1.77	1.82	1.37	1.57	1.39	1.8	1.24
宜昌	2.05	3.79	5.37	2.47	6.65	3.38	2.87	2.04
汉口	3.6	2.82	4.65	1.46	3.36	2.02	4.19	1.37
大通	3.04	3.07	4.21	1.32	8.44	3.02	6.04	2.79

二、年极值出现时间

表格给出了各站最大 1 日径流量和输沙量的最大值以及最小 1 日径流量和输沙量的最小值在各时段中出现的月份。宜昌站最大 1 日径流量与输沙量最大值在各时段出现月份，除第二时段输沙量极值出现时间相比径流量的推迟一个月之外，其他都对应，并且集中出现在 7 月、8 月、9 月。最小 1 日径流量和输沙量的最小值一般出现在 2 月或 3 月，两要素趋同性要比最大 1 日差，除第三时段出现时间相同外，其他几个时段两要素极值出现月份前后相差 1 个月。相对于宜昌站，汉口站和大通站各时段最大日径流量和输沙量的极值出现月份的同步性要差，输沙量相对于径流量一般提前或推迟一个月左右，两站最小 1 日径流量和输沙量最小值出现时间也具有相同的变化规律。三站第四阶段输沙量最大值出现月份均有后移，推迟到 9 月份，虽然第四阶段资料年限较短，但是在一定程度上也说明三峡水库的运行使汛期沙量在库中淤积。宜昌站汛期水沙对应关系明显好于下游汉口和大通站，表明宜昌站水沙同源性好于下游两站。总体上，各时段径流量与输沙量极值出现时间均在前后一个月左右波动，相差不大，表明径流量和输沙量极值出现时间虽然不完全一致，但具有一定的对应关系。

表 8-4　各时段最大日、最小日径流量、输沙量极值出现月份

站名	最大 1 日径流量最大值				最小 1 日径流量最小值			
	第一段	第二段	第三段	第四段	第一段	第二段	第三段	第四段
宜昌	8	8	7	9	2	3	3	2
汉口	8	7	8	7	2	2	2	2
大通	8	7	7	7	2	1	2	2
	最大 1 日输沙量最大值				最小 1 日输沙量最小值			
宜昌	8	9	7	9	3	2	3	3
汉口	9	8	7	9	3	2	2	1
大通	7	8	7	9	2	2	3	1

长江干流径流量和输沙量具有一定的相关关系，其中宜昌站的年及汛期和非汛期径流量和输沙量相关关系显著，表明葛洲坝水库对水沙关系影响不明显。但汉口和大通站受宜昌上游和汉江等支流上人类活动，及区间河道水沙调蓄影响，汛期水沙相关性较差。

水库对径流年内分配影响较小，但对输沙量的年总量及年内分配影响明显，特别是库容大，距离近的水库影响尤为明显，导致水沙关系在一定程度上不同步。各站的水沙双累计曲线图反映，宜昌站在80年代后，汉口站在90年代以后，大通站则从60年代以后都陆续出现水沙不同步的现象，输沙量呈现减小的趋势。

各站不同时段最大1日、最小1日径流量和输沙量极值比，以及极值出现月份的变化表明，虽然径流量和输沙量极值比的变化不完全一致，输沙量年际间变化较为明显，但两者极值出现时间十分接近，两者还是有一定对应关系的。

三、三峡蓄水后径流、输沙量变化

径流、输沙量的逐月变化是流域内水文气象因素、下垫面因素和人类活动因素综合作用的反映，表示了径流量和输沙量随时间变化的规律。年际变化系数的 C_V 值不仅反映总体的相对离散程度，还可以反映该河流的径流量和输沙量的年际变化规律。三峡大坝蓄水前后宜昌站和大通站的多年平均径流量、输沙量的变化统计见表8–5。

表8–5 三峡工程蓄水前后宜昌站、大通站径流量、输沙量统计

站名	径流量 / 亿 m³			输沙量 / 亿 m³		
	1988–2003	2004–2012	距平比 /%	1988–2003	2004–2012	距平比 /%
宜昌	4312.43	3964.78	–8.06	3871.08	427.40	–88.96
大通	9414.39	8278.78	–12.06	3297.12	1383.02	–58.02

(一) 径流量的年内分配变化

宜昌站和大通站径流量的年内分配都有不均衡的特点，洪水季的径流量要大于枯水季，宜昌站洪水季的径流量要占到全年径流量的49.02%。三峡水库按正常蓄水位175m–145m–155m的方式运行，在水库调度的影响下，枯水季宜昌站还出现了“削峰补枯”的现象，2004–2012年1–5月的平均径流量要大于三峡大坝蓄水前平均径流量。

在三峡大坝开始蓄水以后，宜昌站和大通站洪水季也就是7、8、9三个月的径流量有了明显减少，峰值变小，趋势线变化的坡度也开始变缓，尽管大通站径流量的峰值都出现在7月份，但是三峡大坝蓄水以后大通站7月份的径流量从之前的1484.47亿 m^3 下降到了1153.42亿 m^3，下降了大约22.3%。

通过对宜昌站和大通站三峡大坝蓄水前后的径流量进行相关性分析，1988—2003年宜昌站和大通站径流量的相关性系数为0.96，说明宜昌站的径流量变化与大

通站的径流量变化有良好的相关性。2004—2012年宜昌站和大通站径流量的相关性系数为0.96，仍然有良好的相关性，长江上游的大型水利工程对长江下游年内径流量的分配变化影响并不大。2004年三峡工程开始采用蓄水、削洪峰、增补枯期水量的运行方式以来，下游河道洪水季水量比三峡蓄水前略有减少，而枯水季水量有较大的增加，平水季水量的变化并不明显。宜昌站年径流量只占到大通站的47%左右，这是由于长江宜昌站下部的中游段有湘江、汉江、洞庭湖和鄱阳湖水系的汇入。

(二) 输沙量的年内分配变化

长江中下游的输沙量有明显的季节性变化，洪水季输沙量明显高于枯季，径流量和输沙量的峰值都出现在7月，但是输沙量的峰值占全年的比重更大，1988—2003年中，7月份宜昌站的输沙量占全年输沙量的33. 59%，而大通站7月输沙量占全年输沙量的24. 58%。长江流域中泥沙的主要来源区是四川盆地，包括陕南、鄂西、黔西、黔北和滇西等广大地区，该区域暴雨发生时间多为7—8月，暴雨会给中下游带来大量泥沙，直接影响长江下游大通站的输沙量。另外6—7月也是长江中下游的梅雨期，梅雨期降雨频繁，两次降雨间隔时间短，若前期雨量大，土壤中的水分基本饱和，这时连续降雨会产生大量的地表径流，从而引起严重的水土流失，导致夏季大通站输沙量的增大。

三峡大坝蓄水之后，宜昌站各个月份的输沙量都有明显的下降。宜昌站输沙量的减少与上游来沙减少和三峡水库、葛洲坝水库的拦沙作用等密切相关，除此之外还与尺度效应有关。通过对比，三峡大坝开始蓄水以后大通站的输沙量也有了明显减少，整个洪水季的输沙量都大大减少，其中，7月份的月输沙量由之前的810.57亿kg下降到了243.49亿kg，下降了大约70%。通过对大通站径流量和输沙量的相关性分析，1988—2003年大通站径流量和输沙量的相关系数为0.95，2004—2012年径流量和输沙量的相关系数为0.97。大通站径流量和输沙量在三峡大坝蓄水前后都存在良好的相关性，且这种相关性在2004—2012年更为显著。

(三) 输沙量的年际变化

三峡大坝蓄水之后对下游站点的输沙量影响十分显著，在1988—2003年宜昌站和大通站的年输沙量分别为3871.08亿和3297.12亿kg，而2004—2012年宜昌站和大通站的年输沙量分别为427.40亿kg和1383.03亿kg，输沙量减少十分明显。随着长江中下游的泥沙减少，长江入海口的泥沙也会持续减少，加剧海水入侵的范围。

1988—2003年，宜昌站的年输沙量为大通站年输沙量的1.17倍，宜昌站的年输沙量要大于大通站，由于长江上游山区面积大，河流的比降大，悬浮质泥沙难于堆积，而到了中下游，平原比重大，河流比降小，部分泥沙都堆积起来，输沙量则呈现出沿程减小趋势。1988—2003年大通站输沙量的年际变化系数的 C_V 值仅为0.18，由于影响输沙量变化的因素众多，例如人类不合理的开山、采掘造成的水土流失，使得该年份的输沙量增大，造成大通站输沙量的年际变化波动变大。

2004—2012年宜昌站和大通站的年输沙量都有了明显减少，但并非等比例下降，宜昌站年输沙量只占大通站年输沙量的31%，大通站输沙量的年际变化系数的 C_V 值为0.39，输沙量的年际变化已经大大放缓，并且趋于平稳，这是由于大型水利工程的蓄水，会拦截部分泥沙，而上游的水土保持也有了一定成效，使下游泥沙的来源发生改变，大通站泥沙由之前的大部分来源于宜昌站变为了大部分来自区间来沙和河床冲刷，原有的泥沙平衡发生改变，下游泥沙对上游泥沙的依赖性已经大大降低了。

参考文献

[1] 顾浩 . 中国水利现代化研究 [M]. 北京：中国水利水电出版社，2004.
[2] 汪恕诚 . 水利发展与历史观 [J]. 中国水利，2006(23)：1-2.
[3] 曾剑，孙志林，潘存鸿等. 钱塘江河口径流长周期特性及其对河床变形的影响 [J]. 浙江大学学报：工学版，2010，44(8)：1584-1588.
[4] 潘存鸿，曾剑，唐子文等. 钱塘江河口泥沙特性及河床冲淤研究 [J]. 水利水运工程学报，2013(1)：1-7.
[5] 刘树坤 . 中国水利现代化和新水利理论的形成 [J]. 水资源保护，2003，19(2)：1-5.
[6] 王亚华，黄译萱 . 中国水利现代化进程的评价和展望 [J]. 中国人口资源与环境，2012，22(6)：120-127.
[7] 马婷，王乃岳 . 水利支撑经济社会发展能力评价指标体系构建及实证研究 [J]. 水利经济，2013，31(6)：8-12.
[8] 陈家琦 . 论水资源学和水文学的关系 [J]. 水科学进展，1999，20(3)：215-225.
[9] 陈家琦 . 陈家琦水文与水资源文选 [C]. 北京：中国水利水电出版社，2003.
[10] 丁一汇，戴晓苏 . 中国近百年来的温度变化 [J]. 气象，1994，12：418-29.
[11] 何新林，郭生练 . 气候变化对新疆玛纳斯河流域水文水资源的影响 [J]. 水科学进展，1998，9(1)：77-83.
[12] 江涛，陈永勤，陈俊合等 . 气候变化对我国水文水资源影响的研究 [J]. 中山大学学报，2000，增刊(2)：152-157.
[13] 刘春蓁 . 气候变化对我国水文水资源的可能影响 [J]. 水科学进展，1997，83：20-226.
[14] 刘春蓁 . 气候变异与气候变化对水循环影响研究综述 [J]. 水文，2003，23(4)：1-8.
[15] 刘国纬 . 水文科学的历史现状和趋势 [C]. 中国水利学会优秀学术论文集 . 中国科学技术出版社，1991：1-2.
[16] 卢小燕，徐福留，詹巍，赵臻彦，陶澎 . 湖泊富营养化模型的研究现状与

发展趋势 [J]. 水科学进展，2003，14(6)：792-798.

[17] 钱正英，张光斗 . 中国可持续发展水资源战略研究综合报告及各专题报告 [M]. 北京：中国水利水电出版社，2001.

[18] 茵孝芳 . 水文学的发展与研究方法 [A]. 现代水文水环境科学进展论文集 [C]. 武汉：武汉水利电力大学出版社，1999：46-50.

[19] 王燕生 . 工程水文学 [M]. 北京：水利电力版社，1992.

[20] 王建生，张世法，黄国标等 . 气候变化对京津唐地区水资源影响及对策研究 [J]. 水科学进展，1996.

[21] 王维第 . 中国古代对水文循环和水沙关系的认识 [J]. 水科学进展，2003，14(：6)799-801.

[22] 王国平，张玉霞 . 水利工程对向海湿地水文与生态的影响 [J]. 资源科学，2002(03)：26-30.

[23] 长江水利委员会 . 三峡工程生态环境研究 [M]. 武汉：湖北科学技术出版社，1997：45-53.

[24] 李思发 . 长江重要鱼类生物多样性和保护研究 [M]. 上海：上海科学技术出版社，2001.

[25] 王本德，张静 . 基于随机模拟的分类预报调度方式风险分析 [J]. 水力发电学报，2009(4).

[26] 班璇，李大美 . 大型水利工程对中华鲟生态水文学特征的影响 [J]. 武汉大学学报 (工学版)，2007，40(3)：10-13.

[27] 长江四大家鱼产卵场调查队 . 葛洲坝水利枢纽工程截流后长江四大家鱼产卵场调查 [J]. 水产学报，1982，6(4)：287-304.

[28] 邱顺林，刘绍平，黄木桂等 . 长江中游江段四大家鱼资源调查 [J]. 水生生物学报，2002，26(6)：716-718.

[29] 危起伟 . 中华鲟繁殖行为与资源评估 [D]. 北京：中国科学院研究生院，2003.

[30] 邱光胜，涂敏，叶丹等 . 三峡库区支流富营养化状况普查 [J]. 人民长江，2008，39(13)：1-4.

[31] 董哲仁 . 河流生态系统研究的理论框架 [J]. 水利学报，2009，40(2)：129-137.

[32] 周怀东，彭文启 . 水污染与水环境修复 [M]. 北京：化学工业出版社，2005.

[33] 董哲仁 . 河流生态系统结构功能模型研究 [J]. 水生态学杂志，2008，1(1)：1-7.

[34] 王东胜，谭红武 . 人类活动对河流生态系统的影响 [J]. 科学技术与工程，2004.（4）：299–302.

[35] 姚维科，崔保山，刘杰等 . 大坝的生态效应：概念、研究热点及展望 [J]. 生态学杂志，2006，25(4)：428–434.

[36] 余志堂，邓中粦，许蕴玕 . 丹江口水利枢纽兴建以后的汉江鱼类资源 [A]. 中国鱼类学会编辑 . 鱼类学论文集 [C]. 武汉：科学出版社，1981.77–96.

[37] 常剑波 . 长江中华鲟产卵群体结构和资源变动 [D]. 武汉：中国科学院水生生物研究所，1999.

[38] 张春光，赵亚辉 . 长江胭脂鱼的洄游问题及水利工程对其资源的影响 [J]. 动物学报，2001，47(5)：518–521.

[39] 孙宗凤，董增川 . 水利工程的生态效应分析 [J]. 水利水电技术，2004，35(4)：5–8.

[40] 毛战坡，王雨春，彭文启等 . 筑坝对河流生态系统影响研究进展 [J]. 水科学进展，2005，16(1)：134–140.

[41] 姚维科，崔保山，刘杰等 . 大坝的生态效应：概念、研究热点及展望 [J]. 生态学杂志，2006，25(4)：428–434.

[42] 马颖 . 长江生态系统对大型水利工程的水文水力学响应研究 [D]. 南京：河海大学，2007.

[43] 樊健 . 河流生态径流确定方法研究 [D]. 南京：河海大学硕士学位论文，2006.

[44] 贾敬德 . 长江渔业生态环境变化的影响因素 [J]. 中国水产科学，1996，6(2)：112–114.

[45] 彭秀华 . 大坝运行对中华鲟自然繁殖影响及修复措施研究 [D]. 三峡大学，2013.

[46] 刘建康 . 高级水生生物学 [M]. 北京：科学出版社，2000.